哲学与社会发展文丛

王 斌 著

现代科技与社会的多维互动发展

Multidimensional Interactive
Development between
Modern Science & Technology
and the Society

社会科学文献出版社
SOCIAL SCIENCES ACADEMIC PRESS (CHINA)

总　序

在美丽的榕城白马河畔,有一个由中青年哲学学者组成的学术团队,他们以理性的激情,把哲学反思的视野投向当代社会发展,试图以"哲学与社会发展文丛"为题陆续推出他们的研究成果。在与他们做深入交谈中,我深深地被他们的哲学学养和睿识以及他们对哲学与时代的那份眷注、担当的情怀所打动,欣然应邀为该文丛作序。

改革开放三十多年造就了中国社会实践的辉煌,也极大地推动了哲学研究的发展。从历史反思到实践观念,从体系创新到问题意识,从经典诠释到话语建构,哲学在把握时代的同时也被时代所涵养、化育,呈现多样化的研究面相。中国社会在由传统社会向现代社会的变革转型过程中,哲学发展面临着机遇和挑战。哲学不应该以思辨的精神贵族自许,而应该回归生活世界。诚如维特根斯坦所言的"贴在地面行走,而不在云端跳舞",哲学应当"接地气"——在时代变革与发展的实践中获得鲜活厚实的"地气"。社会发展是我们这个时代的一个主题,哲学必须也能够以其理性的力量在反思、把握社会发展的规律、特点、趋势中获得自身发展的生机活力,拓展出新的问题域。

当代中国社会正面临着一个全面而又深刻的变革、转型和发展的历史进程,改革与发展给中国社会带来巨大进步的同时,也日益显现、暴露出发展中存在的问题和矛盾。发展的现代性问题在当代中国并非一个遥远的"他者",而是有了其出场的语境。如社会阶层的分化,利益结构的重组,经济社会结构的转型,公平正义问题,社会失范问题,发展可持续性问题,以及资源、环境、生态问题等,社会发展以问题集呈现在世人面前。

问题表明发展对理论需求的迫切性。当代社会发展的整体性、复杂性、长期性、风险性需要克服单线性的进化论发展观，对社会发展的把握也不能停留在具体的经验实证的认识层面上，全新的社会发展需要全新的发展理念来烛引，对发展的具体的经验的把握必须上升到哲学的总体性的层面上来。因为，在对社会发展的不同学科、不同视角、不同维度、不同层次的研究中，哲学的视角具有总体性、根本性、基础性、前提性、方向性的特点，它是以理性的反思和后思的方式对社会发展的前提、根据、本质、价值、动力、过程、规律、趋势、模式和方法等做出整体性的观照。这种反思使我们能够超越和突破对社会发展的经验的、狭隘的眼界，在总体性、规律性、价值性和方向性意义上获得对当代社会发展的理性的自觉性和预见性。在这个意义上，唯有哲学，才能够对当代社会发展既在后思的意义上充当黄昏后才起飞的"密纳发的猫头鹰"，又在前引的意义上充当报晓的"高卢雄鸡"。

福建省委党校、福建行政学院哲学部的中青年哲学学者正是在上述意义上试图以哲学的多视角的反思性方式介入对当代社会发展问题的研究，在社会发展的元理论研究与问题研究、反思性研究与规范性研究、社会发展的一般规律与特殊规律、本质与价值、方法与模式、历史与逻辑、比较与反思以及社会发展的世界经验与中国经验等方面拓辟哲学观照当代社会发展的问题域。他们有着共同的学术愿景：立足当代中国社会发展的实践，在理论与实践、思想与学术之间形成互动的张力，对时代实践的要求做出哲学的回应，从中寻找哲学自身的生长点，造就一个哲学研究的学术团队，形成自己的研究方向和特点。

在一个急功近利、浮躁虚华的年代，他们以一种哲学的淡定和从容来反思时代，充当哲学"麦田的守望者"。我祝愿他们，并相信通过他们的努力有更多的哲学学术成果问世。就像白马河畔那根深叶茂的榕树一样，有他们哲学思考的一片榕荫绿地。

李景源
2014.5.6

摘　要

在现代科技与社会互动发展的400多年里，无论是在先发展国家，还是在后发展国家，从群众自发的生活理想到伟人的宏大抱负，从利益集团的价值目标到国家的战略决策，人们更倾向于按照自身的期望从科学技术与社会的互动中找到某种具有决定意义的线性关系，并试图通过强化这种关系来实现自身设想的状态，结果却往往引发许多预料之外的状况，为应对这些"节外生枝"的状况人们必须不断地补正原来的思路和规划，这是被动承认复杂性的过程，因此，主动研究科学技术与社会多维互动发展的复杂性成为必要。与此同时，科技系统内部也兴起了复杂性认知范式：复杂性科学。复杂性科学发端于20世纪三四十年代的系统论，系统论探讨了世间万物以系统方式存在的一些基本模态，从而使这个曾被"分析"思维纵向类化拆示的世界，在科学家的视野中，重新恢复了动态的全向关联。随后发展起来的耗散结构理论、协同学、超循环理论、突变论、分形几何、混沌理论等，则使不可逆性、多样性、非线性、随机性等这些与还原论不相容或被经典科学认为可以消除的事物属性重新获得承认。复杂性科学并不否定简单性的存在，而是揭示了简单性的对立面在客观上同样不可消除，复杂性是不可逆性与可逆性、多样性与统一性、非线性与线性、随机性与确定性交互共存的一种状态。所以，复杂性科学纠正了传统科学对世界单极化的片面认识，这就产生了一种新的世界观。这种世界观也为我们探索科学技术与社会的互动演进提供了思维方法，因为在科学技术与社会的互动机制中同样存在着不可还原的多维非线性历史关系。

现代科学勃兴于西方，在现代科学作为主流文化形态登上西方历史舞台之前，西方的主流文化形态依次是哲学和神学。在西方主流文化流变的过程中，"二元对立之中确立中心"的"二分法"思维一直是文化传承的内核，但这种内核是开放性的，从哲学到神学再到科学都是这种内核整合原有社会资源、吸附外来文明而形变的阶段性文化呈现。所以，西方现代科学有着复杂的文化渊源，它既不能被归结为西方某种原初文化形态演进的必然结果，也不能被归结为外来文明渗入西方文化的必然产物，而是一个多元文化脉络纵横交织的复合体。按照西方普遍认同的观念，文艺复兴是"现代化"的起点。文艺复兴的出现与东西方的文明交流密切相关，它也是西方现代科学兴起的主要文化背景，而科学发展又在文化信仰层面上带动了西方的政治变革，政治变革的深入则为新型生产关系的壮大开辟了道路，进而激发了以技术革命为标志的生产力跃进，与此同时，现代科学精神的社会化也为社会成员参与技术革命提供了信仰支持。第一次技术革命的成果为科学发展带来新的研究课题，而新的科研成果又推动了技术进步，科学与技术在推动新兴产业的发展中融合，一种依托产业经济、服务于市场需求的科研模式随之兴起，产业科技与追求"纯粹真理"的科研活动在交互影响中并立发展。西方国家之间科技发展的不平衡导致经济发展的不平衡，进而导致原有国际政治格局的失衡，这是两次世界大战爆发的主要原因。现代科技应用于战争所产生的效力极大地刺激了各国对军事科研的投入，一种由国家出资、组织并服从于国家战略规划的科研模式逐渐盛行起来，二战以后，国家化的高科技竞争成为冷战时期美苏争霸的重要形式。在西方现代科技与社会互动发展的历史进程中，文化、经济、政治这些相继介入科技发展的社会力量都促成了不同的科研模式，并派生出不同的社会功能。但是，每一种功能的实现都不能被完全归结为一种科研模式的产物，科研动机与其所带来的社会效应之间是非线性关系，这就使各种社会动力催生的各种科研模式之间保持着各种直接或间接的关联，它们通过这些关联耦合成一个复杂的科技系统。每一种推动科技发展的社会力量都是为了借助科技实现自身的期望，但是社会发展对科技发展的需求是多元化的，由任一力量主导科技系统都会限制其多元社会功能的实现，而且这些社会功能往往还能通过科技与社会互动的多级反馈环路彼此弥补各自动力源的缺陷，因此，科技发展的理想模型应是各种价值取向的科研活动都能均衡发展。

多元的社会力量推动了生活世界的互联网化，在既非完全规则又非完全随机的分布式网络拓扑空间中，民众正在面对信息科技造就的复杂性生活方式，所以，复杂性科学观代表着时代趋势。复杂性科学观的进步意义还体现在它对"二分法"思维的克服上。"二分法"思维通过"灵魂（精神、意识）/身体"和"人/自然"这两组基本配型主导着西方主流文化的变迁，这两组基本配型都是偏正式结构，即"意识"和"人"是能动的主体，"身体"和"自然"是受动的客体。在早期现代科技开启的文化语境中，主体与主体平权搭配、客体与客体平权搭配就生成这样一种观念："有意识的人"支配"身体↔自然"。在这种语境中，身体代表着错觉、感性、不确定性、偶然性；而精神则意指真理、理性、确切性、稳定性。"二分法"思维在西方文化史中的另一种配型是"男性/女性"，显然，男性在这种二分结构中占据着主导地位，女性被长期疏离于现代科学家共同体，于是，经典科学推崇的那些演绎的、分析的、原子的、理性的、量化的认知方式都被贴上了男性标签；而直观的、综合的、整体的、感性的、定性的认知方式，则都被贴上了女性标签。上述"二分法"配型又对应着经典科学以追求简单确定性为中心的价值取向，而复杂性科学则证明了简单确定性与其对立面是交互共存的，这要求科学家们将事物同质必然性的一面与多元可能性的一面放置在平等地位上加以考量。在这个科学成为强势话语的时代，复杂性科学的这种价值取向将会推进社会平权意识。

"复杂性"也呈现于中西方现代科技发展的历史比较中。西方现代科技发展始于文化理念的驱动，随后依次是经济理念和政治理念的介入；中国现代科技发展始于政治理念的驱动，随后是经济理念的加入，文化理念至今相对薄弱。两种相反的发生机制都是不可逆的历史过程。在我国当前已有的发展路径上，增强文化理念对科技发展的驱动是实现"逆袭"的关键，这就要求文化理念驱动的科技发展模式在成长机会上，能与政治理念和经济理念驱动的科技发展模式相平衡。

关键词：现代化；科技发展；社会发展；多维互动；复杂性

ABSTRACT

In more than 4 centuries of interaction development of modern science and technology and the society, people tend to find some sort of linear relationship of decisive significance from the interaction of science and technology and the society according to their expectations, and try to realize the prospected state by strengthening it, no matter in developed countries or developing countries, from spontaneous ideals of the majority to grand ambitions of celebrities, from the value target of interest groups to national strategic decisions. As a result, tremendous unexpected situations come into occurrence. In order to cope with these situations, people have to revise previous ideas and planning. In this process, people admit complexity passively. Hence, it is necessary to research the complexity of interaction of science and technology and the society. Meanwhile, complexity science as cognitive paradigm of complexity was emerging in the science and technology system, too. Complexity science originates from system theory from the 1930s to the 1940s. System theory discusses basic modes of everything in the world existing in the way of system, making partitioned image of the world which was longitudinally subclassed by "analysis" thinking regaining omnidirectional association of dynamics in views of scientists. The subsequent theories, like dissipative structure theory, synergetics, super cycle theory, mutation theory, fractal geometry, chaos theory, and so on, enable attributes of things to regain admission, such as irreversibility, diversity, nonlinearity, randomness, which are regarded as incompatible to reductionism, or dispensable in classic science. Com-

ABSTRACT

plexity science does not negate simplicity, but reveals that the opposite of simplicity can not be eliminated objectively. Complexity is a state of exchange and coexistence between irreversibility and reversibility, diversity and unity, nonlinearity and linearity, randomness and definiteness. Thus, complexity science corrects unilateral understanding of the single polarized world in traditional science, and brings a new world view. It also offers us the way of thinking to explore interaction between science and technology and the society, which similarly has irreversible, nonlinear multiple relationships.

Modern science booms in the West. Before modern science steps on historic stage, the mainstream of western culture form is philosophy and theology. During the process of this innovation, the "dichotomy" thinking way of "establishing center in dual opposites" is always the kernel of cultural inheritance. While it is open, philosophy, theology and science are all the cultural presentations on each stage of integrating original social resources and adsorbing foreign civilization. Therefore, the western modern science has its complex cultural origin, which neither can be attributed to an inevitable evolutional result of certain original western culture form, nor the permeation of foreign civilization. It is a complex of multicultural context with vertical and horizontal integration. According to general ideas in the West, the Renaissance is the starting point of the "modernization". The appearance of the Renaissance is closely related to the exchange between eastern and western civilization, and it is also the main cultural background of the rise of modern science. The development of science contributes to the western political innovation from the cultural faith level. The depth of political innovation leads to production relations development. Furthermore, it inspires the leaps of the productivity revolution marked with technology revolution. Meanwhile, the socialization of modern scientific spirit also provides belief support for social members' involvement in technology revolution. The achievements of the first technology revolution bring new research subjects for scientific development; whereas the new scientific research achievements promote technology progress. Science and technology fuse in promoting the development of new industries, which give rise to the scientific research mode relying on industrial economy and services on market demand. Industrial technology and scientific research activities pursuing "pure truth" simultaneously develop in mutual influence. While the unbalanced development of science and technology among western countries result in unbalanced economic development, moreover, it leads to the unbalance of previous international political pattern. It is the main cause of the two world wars. The validity of modern science and technology in wars has greatly stimulated military research inputs in various countries, and then the research mode invested, organized by the state and severing for national strategic planning gradually become popular. After the Second World War, nationalized high-tech competition has come to the important way of striving for hegemony between the Soviet Union and the United States in the Cold War. During the historical process of interactive development of western science and technology and the society, the successive intervention of history, culture, economy and politics as social factors help different scientific research modes to bring out, and derive out various social functions. However, the realization of each kind of function can not be integrated into one scientific research mode, because scientific research motivation is nonlinear in correspondence with its social effects, which make different research modes form a complex science and technology system by keeping direct or indirect relations. Each social power pushes development of science and technology in order to achieve its own expectations. However, demands of social development on the development of science and technology are multiple, each science and technology system dominated by certain power may restrict realization of multiple social functions. Moreover, these social functions can often compensate for defects of each power source through the multistage feedback loops of interaction of science and technology and the society, too. Therefore, the ideal mode of scientific development performs as balanced development of scientific research activities on different values orientation.

Diverse social powers promote internet development all over the world. People are confronted with the complex life style created by information technology in distributed network topology space characterized by neither complete rule nor absolute random. Therefore, concept of complexity science represents trend of the

ABSTRACT

times. The advanced insignificance of complexity science is also reflected in overcoming dichotomy methodology which is dominant in the Western mainstream culture innovation by two sets of basic type including "soul (spirit, consciousness)/body" and "human/nature". These two sets of basic type are both modifier-head constructions, that is, "consciousness" and "human" are active subjects, "body" and "nature" are passive objects, which formed a concept, that is, "human owned consciousness" dominated "body↔nature" in the early cultural context which was initiated by modern science and technology. In this cultural context, body represents the illusion, perceptual awareness, uncertainty, contingency, and the spirit signifies truth, rationalization, certainty, stability. "male/female" is another type of dichotomy methodology in the history of western culture. Obviously, in this dichotomy structure, male became the dominant party and female alienated the modern scientific community in the long term. Consequently, cognitive methods such as deduction, analysis, rationalization, quantitative analysis respected by classical science became male characteristics, and others such as intuition, comprehension, emotion, qualitative analysis symbolizes female. All of dichotomy types correspond with the values of classical science emphasizing on pursuit simple certainty. Complexity science verifies that simple certainty and its opposite are in interactive coexistence. This requires that scientists should place two sides of things including the necessity of homogeneity and the possibility of diversity on an equal status. In this era, science becoming the dominant discourse, the value orientation of complexity science will promote social awareness of equal rights.

"Complexity" is also presented in the historical comparison of the development of modern science and technology between China and the West. The development of western modern science and technology begins with the drive of cultural ideas, followed by sequential intervention of economic ideas and political ideas; The development of China's modern science and technology began with the drive of political ideas, followed by the addition of economic ideas, while cultural ideas are relatively weak up to now. The two opposite mechanisms of occurrences are irreversible historical processes. In the current development path of our country, the key to realize "counter attack" is to enhance the driving force of cultural ideas on the development of science and technology, which requires that the development mode of science and technology driven by cultural ideas should be able to balance with the development mode of science and technology driven by political ideas and economic ideas in terms of growth opportunities.

Key words: modernization; development of science and technology; development of the society; multi-dimensional interaction; complexity

目 录
Contents

第一章　绪论 ……………………………………………………… 1
　1.1　研究缘起 …………………………………………………… 2
　1.2　研究背景 …………………………………………………… 4
　1.3　研究基础 …………………………………………………… 16
　1.4　研究意义 …………………………………………………… 20
　1.5　研究方法 …………………………………………………… 23

第二章　复杂性科学的多维透视 ………………………………… 25
　2.1　通往复杂性的科学进路 …………………………………… 26
　2.2　复杂性的本质与复杂性科学观 …………………………… 49
　2.3　复杂性科学的产生与科技系统的复杂化演进 …………… 51

第三章　现代科学兴起的多维文化源流 ………………………… 54
　3.1　关于"现代科学为何兴起于西方"的观点分歧 ………… 56
　3.2　西方文化的内核：开放性的"二分法"思维 …………… 58
　3.3　西方古代科学兴衰流变的多维原因 ……………………… 66
　3.4　西方现代科学与东方古代文明的多维关联 ……………… 73
　3.5　科学在中西文化的交互共存中发展 ……………………… 78

第四章　现代科技发展的多维社会动力系谱 …………………… 84
　4.1　系谱学与复杂性 …………………………………………… 85
　4.2　文化力量主推现代科学发展时期 ………………………… 88
　4.3　经济力量加速现代科技发展时期 ………………………… 95
　4.4　政治力量加速现代科技发展时期 ………………………… 104

  4.5 现代科技发展的社会动力以超循环形式耦合 ················ 114
  4.6 网络复杂性与大众化信息科技创新 ·························· 124
  4.7 信息时代的科学技术一体化 ····································· 137

第五章 社会平权意识与复杂性科学观 ································· 141
  5.1 现代科技的社会化与被抽离主体精神的身体 ················ 141
  5.2 身体危机与现代科技社会化 ····································· 143
  5.3 主体性身体观与复杂性科学观 ·································· 151
  5.4 女性主义认识论与复杂性科学观 ······························· 159

第六章 现代科技与中国社会的多维互动发展 ························ 170
  6.1 中国现代科技缘起与城乡二元化 ······························· 171
  6.2 政治理念驱动中国现代科技发展 ······························· 174
  6.3 "科学"在毛泽东政治话语中的多维含义 ··················· 177
  6.4 中国民粹主义科技观的历史形变及其社会影响 ············ 192
  6.5 经济理念驱动中国现代科技发展 ······························· 194
  6.6 中国现代科技发展需要增强文化理念驱动 ··················· 196

参考文献 ··· 199

后 记 ··· 211

第一章　绪论

文艺复兴以后，科学技术革命带动的西方文明迅速超越其他地域，在追溯那个时代的各种科技史料中，牛顿（Isaac Newton）创立的经典力学和瓦特（James Watt）发明的改良蒸汽机总居于显著位置。因为，牛顿开创的科学范式深刻改造了后人的思维方式、知识结构和世界观；瓦特的技术创新则为整个工业体系的运转提供了通用的核心动力机。两者使人类认识和改造世界的能力有了质的飞跃，也为西方社会文明的全球扩张创造了强大的势能。相对于牛顿用现代科学方法统一说明的全景式自然规律体系和蒸汽机带动的机器大工业时代，文艺复兴以来，欧洲不断改进的机械钟表技术则没有那么耀眼的光环，但这项技术的改进却深刻影响着人们对时间之矢的理解。17世纪后期，欧洲已经出现了用发条驱动的高精度钟表，随着钟表的推广，人们逐渐认同了钟摆和指针匀速重复性运动表征出来的时间，这种精确但又均质的时间概念为工业社会的整体化运作提供了统一的时间标准。按照这种度量方式，工厂中作息表抽象支配的劳动时间取代了农业社会按生物成长周期和天气季节状况而调整的作息时间，时间成为脱离具体劳动内容的外在参照系。在牛顿建构的宇宙模型中，时间也是一个没有物理内容的外在参量，时间与物体的运动性质没有内在关系，过去、现在和未来对于物体运动没有什么区别，物体的运动轨迹都是既定的，可被准确计算。在牛顿的力学方程中，时间之于物体运动是可逆的，尽管后来爱因斯坦（Albert Einstein）的相对论证明了时间寓于物理实体之内，量子力学揭示了微观粒子运动的不确定性，但是，在这些理论的基本方程式中时间都是可逆的，只有热力学方程展现出热量随时间传导的不可逆过程。然而，根据热力学第二定律推导出来的宇宙演化前景却是无序的热寂平衡态，这又与达尔文进化论揭示的未来完全相反。外在与内在、确定与随机、可逆与不可逆、无序与有序，退化与进化，这些关涉时间的科学观念随着科学的发展以看似对立的形式不断呈现出来。究竟是某种理论出错了，还是这些理论彼此之间复杂的辩证关系被学科视界给屏蔽了？20世纪下半叶普里戈金（I. Prigogine）的耗散结构理论回答了这个问题，他在新的解释框架内调和了上述看似对立的范畴。普里戈金的学术贡献代表了科学发展的新趋势，在那个时代涌现了一批类似的科学理论，如协同学、超循环理论、突变论、分形几何、混沌理论等，它们被统称为复杂性科学。这是人类认识能力的又一次飞跃，也可以被视作唯物辩证法进一步获得了科学的证明，但是，这场延续至今的科学运动，其意义远不止这些，它牵扯出来的是更为复杂的社会问题。

1.1 研究缘起

普里戈金通过综合反思各种传统理论来透视自然界复杂演化的全景时，也会认识到科学自身演化的复杂性，而且，科学自身比作为它研究对象的自然界要复杂得多，它是一个嵌套于社会的开放系统，由多重反馈环路与社会链接起来，受到文化、经济、政治等各种社会力量的影响。[①] 下面，本书再以机械钟为切入点，来回顾一下各种社会力量与科学技术的互动过程。

出现于欧洲中世纪后期的轮摆机械钟是修道院制度的产物，主要用来提醒人们祷告的时间，在政教结合的时代，这项发明与操控思想的仪式相联系，而17世纪之后钟表技术改进的主要推动力来自日益兴盛的航海贸易，因为，借助时间与地球纬度之间的关系可以对船测位。[②] 伽利略（Galileo Galilei）、胡克（Robert Hooke）、惠更斯（Christiaan Huygens）这些影响过牛顿的物理学家都曾对钟表技术的改进做出过重要贡献，他们的

---

① 〔比〕伊·普里戈金,〔法〕伊·斯唐热. 从混沌到有序——人与自然的新对话 [M]. 曾庆容, 沈小峰译. 上海：上海译文出版社, 1987：7.
② 吴国盛. 科学的历程（第二版, 上册）[M]. 北京：北京大学出版社, 2002：178.

努力使时间图式呈现为等时性的区间机械运动,这种时间概念被牛顿的经典力学体系整合以后,人们看到被数学方法演绎的未来世界是如此的简洁明确,从而对机器轰鸣的工业文明充满信心,似乎一切都在掌控之中,于是,一种在文化上被科学支持、在现实中被技术执行的时间标准同化着整个社会,工人的工资、资本家的利润都要依据这种同质的时间标准。但是,这种时间概念督促的生活节奏却总在冲击人们的情感,这就为"永生的"上帝在西方俗世留下了伦理空间,而这部按力学原理运转的宇宙机器又可以被理解为上帝创造给人类的杰作,宗教信仰与现代科学在西方许多国家都是如此对接的。所以,物种随时间变异的达尔文进化论要比牛顿学说面临的宗教压力大得多,以致1925年美国田纳西州的一位中学老师还因讲授进化论被告上了法庭,因为这是当时该州法律所明文禁止的。近年来美国的基督教势力仍不断渗透到教育体系中压制进化论的传播[①],相反,19世纪末进化论就在没有浓厚宗教传统的中国被知识阶层视为救亡图存的真理了,严复从赫胥黎(Thomas Henry Huxley)的《进化论与伦理学》翻译而来的《天演论》开始被许多中国学校作为课本。然而,中国直面的殖民压力毕竟来自西方的战争机器,西方国家世界性殖民运动使工业生产模式在全球扩展,那些被卷入资本主义世界经济的民族无一例外地被纳入了西方工业文明的计时体系,相对于政治模式和文化信仰而言,实现工业化几乎成为后发展国家在现代化进程中唯一不可选择的内容。但蒸汽机推动的热力学研究却把不可逆的时间重新带入物理运动,热力学第二定律推导出死寂平衡的宇宙演化终态,如此悲观的未来与牛顿力学带给人们的自信形成鲜明反差,热力学已经昭示了伴随机器化生产而来的能源和生态危机。20世纪下半叶先发展国家不得不去应对工业文明带来的各种负面后果,重新考量人类在自然界的生态位,并对科学技术予以伦理反思。而此时,另一种自然要素——信息,开始成为科技界的新宠,并逐渐超越了人们对物质和能量的开发,以计算机为核心的信息科技全面刷新着人类文明,知识和信息成为最重要的经济资源,微软公司前CEO比尔·盖茨(Bill Gates)一度成为世界首富。随着社会的计算机网络化,以及移动互联网的并入,无数既是信源又是信宿的节点链接而成的即时互动网络,使社会原有的单向式权力中心不断受

---

① 段琦. 论当代美国基督教中的反进化论思潮[J]. 世界宗教研究,2002,24(3):77-87.

到挑战，传统的时间表在这里被打乱，许多新崛起的国际知名网络公司（如 Google 公司）给予员工极为自由的工作时间，钟表的节律、人的生物钟、信息的时效伴随着人们多元的价值追求在网络中交融。①

由上可见，科学技术并非一个只按自身内在逻辑发展的独立系统，它是一种改造社会的力量，同时也是被其他各种社会力量影响着的社会子系统。科学技术与社会的互动机制中存在着不可还原的多维非线性历史关系，我们可以从中总结出启示未来的经验，也可以从中肢解出形而上的线性模式，但如果在新的历史进程中套用这种模式往往会产生非线性的结果。然而，在现代科技与社会互动发展的 400 多年里，无论是在先发展国家，还是在后发展国家，从群众自发的生活理想到伟人的宏大抱负，从利益集团的价值目标到国家的战略决策，人们更倾向于按照自己的期望从科学技术与社会的互动中找到某种具有决定意义的线性关系，并试图通过强化这种关系来实现自己设想的状态，结果却往往引发许多预料之外的状况，为应对这些"节外生枝"的状况人们必须不断地补正原来的思路和规划，这是被动承认复杂性的过程。因此，主动研究科学技术与社会多维互动发展的复杂性是必要的，这正是本书的目标。也是从 20 世纪下半叶开始，复杂性科学兴起，它既是对传统科学的扬弃，也是对科学技术与社会多维互动发展的一种回应，它既揭示了世界的复杂性，也为本书探索科学技术与社会互动演进的复杂效应提供了思维方法。当然，植根于各种专业学科领域的复杂性运思方法不能机械地套用于其他研究领域，提炼复杂性思维及其价值和全面考察科学技术与社会互动发展的各种线索相结合，也是本书必不可少的工作。

1.2　研究背景

1.2.1　现代社会意识与科学主义

文艺复兴和宗教改革以后，科学逐渐成为西方的主流文化形态，神学

---

① 〔英〕约翰·厄里. 全球复杂性 [M]. 李冠福译. 北京：北京师范大学出版社，2009：14.

在思想意识界的统治地位被颠覆。科学可以被抽象地概括为人类认识世界的实践活动,在文艺复兴之前,此类活动在人类历史上一直存在着,它们也曾在某个历史阶段集中于某个特定的地域,聚合成前后相继的历史事件,但都没有像文艺复兴以来的科学革命那样带来一种社会化的"科学"世界观。科学世界观迎合了文艺复兴时期开启的现代社会意识。文艺复兴时期的人文主义者提出"现代"(modern)一词,以表达一个与中世纪相对立的新时代①,他们要在这个时代肯定人自身的价值,追求"现世"的生活理想,而不再像中世纪那样无条件地尊奉"上帝"的超验权威,把希望寄托于"来世"。那么,"现代"就不再是一个简单的历史分期术语,而是富含价值优越感和文化心理内容的思想史范畴②,它蕴含的启蒙精神并非所有民族在同一自然时间段里都能具备的,"现代性"思想是伴随着西方的海外殖民运动逐步向全球扩散的。文艺复兴开启的现代社会意识在早期主要通过文学艺术的形式来反对宗教束缚、高扬人的主体地位,而科技革命一方面证明了神学理论的荒谬,另一方面又使人认识和改造世界的能力变得空前强大,显然,现代社会意识与科学技术之间存在着前后呼应的关系。

然而,科学技术在巩固现代社会意识的同时,也在为其增添新内容,建构新的方向。科学世界观首先在西方通过科学方法的扩散,渗透到了各种已有知识和思想体系。从 17 世纪开始,像培根(Francis Bacon)、笛卡尔(René Descartes)、霍布斯(Thomas Hobbes)、洛克(John Locke)、达朗贝尔(Jean Le Rond D'Alembert)、狄德罗(Denis Diderot)、卡尔纳普(Paul Rudolf Carnap)、孔德(Auguste Comte)等一批思想家都致力于用自然科学的方法来改造各种传统人文学科,在他们看来,用科学去解释社会现象可以避免超自然的想象,只有依靠科学方法取得的认识成果才具有合法性。学术界将他们的思想主张称为"科学主义",伴随着科学革命的深入,科学主义思潮日渐盛行,尤其是技术革命引发工业化之后,人类的生存境遇发生巨大转变,进一步为科学主义思潮做了现实铺垫。在科学主义思潮的推动下,科学逐渐被等同于真理,科学原则被视为普适性原则,随

---

① 罗文东. 论现代社会意识形式的人道主义 [J]. 社会科学辑刊, 2001, 23 (6): 36 - 40.
② 尤西林. "现代性"及其相关概念梳理 [J]. 思想战线, 2009, 35 (5): 81.

着科学原理指导技术创新及改良的作用日益增强，而人类生产和生活对技术应用又日益依赖，人们的各种行为也越来越多地被"科学化"，这就使科学主义进一步获取了话语基础，并在科学技术推动的现代化进程中，由科学引领的现代社会意识也蒸蒸日上。

1.2.2 牛顿科学范式的社会化

当哲学、伦理学、政治学、经济学、历史学、社会学、教育学、心理学等，这些现代社会意识的学术载体广受科学理路辐射时，科学世界观日渐成为人们的信仰基础，而科学世界观又是以科学成果为基础的。文艺复兴以来的第一次科学革命以哥白尼的"日心说"为起点，而牛顿的经典力学则是这次革命最主要的成果，所以，经典力学的思维方式深刻影响了现代社会意识。牛顿运用实验归纳与精确量化的数学演绎相结合的方法，在总结前人科学成果的基础上，对地球物体运动与天体运行的基本规律进行了统一概括，实现了人类历史上自然科学理论的第一次大整合，开启了现代自然科学独立发展的体系化建设。牛顿用一套严密推证的数学逻辑把世界描述成一个由质量单元通过机械力联结而成的既定系统，在这样一个世界图景里，一切都是预先给定的，所以一切都可以被精确地解释和预言。按照牛顿的力学理论，只要知道力、质量、速度中的任意两项，就可以计算出第三项。经典力学描述的世界图景，还有一个重要特征是万物都由绝对简单、不可再分的"原子"构成。由上可见，牛顿经典力学的思维模式带有明显的"决定论""还原论""线性因果论"色彩，但是，牛顿用简洁的数学方法明晰地认识和把握自然规律，驱除了宗教神学的幻想与臆测，在彰显人的主体能动性上具有重要的文化价值，也正因此，经典力学支撑的机械世界观得到广泛的社会认同。还需要指出的是，牛顿成熟运用"数学演绎与实验归纳"相结合的基本科学方法，使现代科学知识在体例上明显区别于传统思辨性知识，自然科学发展至今仍在沿用牛顿成功示范的基本方法和体例，由此可见牛顿在真理呈现范式上的贡献及其深远影响。

在18世纪的法国启蒙运动中，百科全书派的拉美特利（Julien Offroy De LaMettrie）、霍尔巴赫（Paul Heinrich Dietrich von Holbach）等人吸收牛

顿经典力学的成果，形成了法国的机械唯物论①，牛顿经典力学类似的社会影响在欧美其他主要先发展国家的启蒙运动中也多有发生。从此，经典力学的概念体系和解释方法深刻影响了两个多世纪的科学研究，机械世界观成为一切科学研究的出发点和归宿②，"分析→还原"的方法成为科学界的主导方法。科学主义思潮则蕴含着泛化的"决定论""还原论"思维：科学主义者认为科学理性是社会进步的决定力量，它不仅是人们认识和把握自然的精神武器，也是人类追求真理、公平、正义、善良、美感的源泉，在这种信念的引领下，他们主张把一切人文科学向自然科学还原③，那么，一切社会意识也应向自然科学的世界观还原。

1.2.3 科技发展与科技批判

然而，科学主义者的信心和经典科学家的理想终究不能遮蔽世界的本真面目，19世纪的三大自然科学发现，即细胞理论、能量守恒和转化定律、达尔文的生物进化论，揭示了自然界是个普遍联系和运动发展的有机整体。恩格斯依据上述自然科学的新成果批判了依托牛顿经典力学的机械世界观，恩格斯在《自然辩证法》导言中指出："在希腊哲学家看来，世界在本质上是某种从混沌中产生出来的东西，是某种发展起来的东西、某种逐渐生成的东西。在我们考察的这个时期的自然科学家看来，它却是某种僵化的东西、某种不变的东西，而在他们中的大多数人看来，则是某种一下子造成的东西。"④ 而这种以"自然界绝对不变"为"中心"的观点，最终却因牛顿在为自己的体系追寻终极原因的时候陷入了窘境，以致他不得不重新求助于上帝。用恩格斯的话说："哥白尼在这一时期的开端给神学写了挑战书；牛顿却以关于神的第一次推动的假设结束了这个时期。"⑤ 恩格斯相信科学，但不迷信科学，恩格斯的态度反映了科学与哲学之间的辩证关系，一方面，科学拓展了哲学统观世界的视域；另一方面，哲学又

---

① 刘大椿. 科学技术哲学导论 [M]. 北京：中国人民大学出版社，2000：46.
② 刘大椿. 科学技术哲学导论 [M]. 北京：中国人民大学出版社，2000：50.
③ 魏屹东. 科学主义的实质及其表现形式 [J]. 自然辩证法通讯，2007，29（1）：12.
④ 恩格斯. 自然辩证法 [M]. 北京：人民出版社，1971：10.
⑤ 恩格斯. 自然辩证法 [M]. 北京：人民出版社，1971：11.

会对科学源出维度的视界偏狭性予以批判。① 恩格斯作为马克思主义哲学的创始人之一,其唯物主义立场是与经典力学体系相一致的,但他反对机械自然观,坚持辩证自然观。科学自身后续的革命式发展,也在证明着恩格斯观点的正确性,最为典型的科学事件是相对论和量子力学的诞生,相对论证明牛顿力学定律不适用于宇观、超光速领域,而量子力学则证明了经典力学的数学描述不适用于微观粒子的运动。爱因斯坦的狭义相对论揭示了时间、空间、质量会随着物体运动速度的变化而变化,只是在物体运动远小于光速的情况下,时间、空间、质量的变化很小,基本可以忽略;其广义相对论则揭示了时空是伸缩和弯曲的,所谓的重力只是时空的曲率。量子力学揭示了宏观世界的定律可以验证,而微观世界的定律具有随机性。

尽管相对论和量子力学从不同层面突破了经典力学支撑的世界图景,但是,其革命意义更多地属于物理学范畴。由于人们的日常生活基本上不会涉及"超光速运动"和"亚原子层次",因此经典力学的思维方式依然具有"群众基础",加之,符合经典力学原理的机器工业体系已成为现代人生活的基本构架,人们借此无节制地向自然扩张,使人类诉求主体地位的现代意识在人与自然的关系中得到极度张扬。然而,正如恩格斯所言:"我们不要过分陶醉于我们对自然界的胜利。对于每一次这样的胜利,自然界都报复了我们。"② 今天,人类在工业生产和使用工业产品过程中造成的生态危机,已经印证了恩格斯的言判,这是确立人之主体地位的现代性诉求演变为人类中心主义的恶果,这个演变过程折射出渗透着"决定论""线性因果论"的科学主义。人类自认为可以通过技术手段按照自己的设想去掌控自然,但是,人类在实现目的的过程中,却出现了许多非预期的后果,这就使经典力学推崇的"简单确定性"在人类的生存体验中受到挑战,人类被动于自然的一面是无法回避的。

人类创造的技术既负载着人类的价值目标,又必须遵循客观的自然规律,也就是说技术具有自然和社会的双重属性③,那么,在人与技术的关

---

① 邬焜. 自然辩证法新教程 [M]. 西安:西安交通大学出版社,2009:19.
② 恩格斯. 自然辩证法 [M]. 北京:人民出版社,1971:158.
③ 国家教委社会科学研究与艺术教育司. 自然辩证法概论 [M]. 北京:高等教育出版社,1991:257.

系中，人不可能是完全主动的，从20世纪30年代开始，一批西方思想家，如霍克海默（M. Max Horkheimer）、弗洛姆（Erich Fromm）、马尔库塞（Herbert Marcuse）、海德格尔（Martin Heidegger）、哈贝马斯（Jürgen Habermas）等，对现代机器化大工业体系中人的"主体性"丧失进行了深刻的揭批。他们认为，人在参与机器运行、享用现代科技的成果过程中，其自主意识和独立的情感都会被压制，人变成了服从机器的"奴隶"。无论是恩格斯的批判，还是这一批西方思想家的批判，都说明科学技术推动现代社会发展的过程一直伴随着人类对它的反思，这是科学技术引发的与之相对立的现代社会意识。诚然，科学技术是建构现代社会的核心要素，但并非无所不能的新时代神话，正如胡塞尔（Edmund Husserl）质疑的那样，"严格的科学性要求研究者必须小心排除一切作出价值判断的立场"，"如果科学只承认以这一方式客观地可确证的东西为真的"，那么，"人的存在在真理上还有什么意义呢？"① 胡塞尔面对心理学"被具体地设计为在理性主义精神指导下的心理物理人类学"②，感到"苦涩的失望"③。

人类社会是自然界长期演化的结果，它蕴含着世界上各种层次的运动形式，如机械运动、物理运动、化学运动、生命活动、心埋活动、意识活动等，因此，物理学在一定范畴之内可以解释社会现象，但是，由各种运动形式聚合而成的社会运动，并非简单加和的结果，所以，人的心理及意识活动不能简单地还原为物理运动。而科学本身作为一种"意向性"活动，从确立问题、选择研究方向、进行观察实验到提出科学假说、形成理论框架，每一个环节都离不开科学家的价值判断，美国著名科学哲学家库恩（Thomas Sammual Kuhn）通过对科学史研究发现，一定时期科学"范式"的形成，不但与科学家团体的共同理论套路和基本方法相关，而且与他们共同的传统和信念密切相关。科学家力求"排除一切作出价值判断的立场"本身就是一种价值取向，这种价值取向会使科学脱离"生活世界"中人类丰富的感性体验，从而使科学很容易在"价值无涉"的客观性名义

---

① 〔德〕埃德蒙德·胡塞尔. 欧洲科学危机和超验现象学 [M]. 张庆熊译. 上海：上海译文出版社，1988：6.
② 〔德〕埃德蒙德·胡塞尔. 欧洲科学危机和超验现象学 [M]. 张庆熊译. 上海：上海译文出版社，1988：7.
③ 〔德〕埃德蒙德·胡塞尔. 欧洲科学危机和超验现象学 [M]. 张庆熊译. 上海：上海译文出版社，1988：7.

下建构"理想化"的逻辑体系。例如,牛顿的经典力学体系中对"时间"的"理想化"处理,下面是牛顿第二定律的数学表达形式:

$$F = m\frac{d^2 r}{dt^2} \qquad (1-1)$$

在这个方程式里,时间 t 的符号改变($t \rightarrow -t$)后,方程的形式不会改变,正如前文所述,时间在这里只是从外部描述运动的一个参量,过去与未来对运动没有什么区别,也就是说,在这个方程中,时间是可逆的。即使后来作为物理学革命成果的相对论力学和量子力学,也都继承了经典力学的这种特征,它们的基本方程也都对时间做了"理想化"的处理,即时间是反演对称的,由此可见机械自然观在方法论上的深远影响。[①] 这种被"理想化"处理的"时间",显然与我们日常生活中"不可逆转"的时间观念相违背,在我们的"生活世界"里,每个人都能体会到岁月流逝与自身生理变化之间的关联,人的发育与衰老表现出年龄,虽然,我们都想留驻青春,但最终无法抗拒不可逆转的时间之矢。当现实中"对称破缺"的时间被物理学处理为"对称"可逆的时间后,线性因果论与加和还原的思维就具备了"科学"依据,这种思维在科学家创造术语、方法、仪器的专业化进程中得到巩固,那么,这种专业化进程一方面成为科学家后续研究可资依赖的路径,另一方面又成为限制科学家思维突破的壁垒。[②]

1.2.4 科学思维转变与复杂性科学兴起

突破思想壁垒的动力来自主观认识与客观实际的矛盾,机械决定论式的"分析→还原"方法首先在生物学的研究中陷入了困境,机械论者试图把生理现象和心理过程还原为物理运动或化学运动,但无论是物理方法还是化学方法都难以解释生命的整体运行规律。于是,19世纪末20世纪初,生物学界和心理学界兴起了一股有机主义思潮,如法国生物学家贝尔纳(Claude Bernard)提出了生物机体的"自稳定"理论;德国胚胎学家杜里

[①] 国家教委社会科学研究与艺术教育司. 自然辩证法概论 [M]. 北京: 高等教育出版社, 1991: 61.

[②] Thomas S. Kuhn. The Structure of Scientific Revolutions [M]. New York: Random House, 1990: 52-56.

舒（Hans Driesch）通过海胆实验发现了生命机体的自调节能力；美国生理学家坎农（Walter Bradford Cannon）提出了生物机体的"内稳定"理论；德国心理学家柯勒建立了强调心理活动整体组织性的"格式塔"心理学。① 哲学界兴起了生命哲学，代表人物为德国的狄尔泰（Wilhelm Dilthey）和奥伊肯（Rudorf Eucken）、法国的柏格森（Henri Bergson）、活跃于英美的怀特海（Alfred North Whitehead），他们认为世界是一个充满生机和活力的整体，有形事物在时间和空间中的独立形式只是人为分析的产物，反对经典力学的机械论。② 在这样的背景下，美籍奥地利生物学家贝塔朗菲（L. Von. Bertalanffy）创立了"机体系统理论"，随着研究的深入，他发现其研究思路有着广泛的适用范围，并由此形成了一般系统论。1930年，美国无线电公司在发展和研究电视广播时，正式采用系统方法；1940年，美国通讯机械制造厂在彩色电视机的开发计划中，也采用了系统方法，并获成功。③ 20世纪40年代以后，贝塔朗菲的一般系统论思想获得广泛传播，在同一时期，美国贝尔研究所的申农（Claude Elwood Shannon）博士发表学术论文《通信的数学理论》，标志着信息论的诞生；美国另一位科学家维纳（Weiner）创立了控制论。一般系统论、控制论、信息论展现了有共性内涵的科学视角，被统称为系统科学。系统科学是现代科学基本方法的一次重大转变，它们倡导的"整体－综合"思路突破了牛顿经典力学创立以来统治科学界的"分析→还原"思路。需要指出的是，科学分析法对人类深入认识事物的内在机理具有不可替代性，是人类认识能力跃升必经的历史环节，科学发展并非要彻底否定它，而是要为它划定合理的边界。

随着系统科学的深化与发展，20世纪六七十年代，比利时科学家普里戈金创立了耗散结构理论、德国物理学家哈肯（Haken）创立了协同学、德国物理和化学家艾根（Eigen）创立了超循环理论、法国数学家托姆（R. Thom）创立了突变理论、美国气象学家洛伦兹（Lorenz）提出了混沌理论、美籍法国数学家曼德布罗特（Mandelbrot，也被译为"曼德尔勃罗"

---

① 邬焜．复杂信息系统理论基础［M］．西安：西安交通大学出版社，2010：143－144.
② 赵敦华．现代西方哲学新编［M］．北京：北京大学出版社，2001：32.
③ 赵树新．科学技术概论［M］．西安：西安交通大学出版社，1999：296.

"芒德勃罗"等）创立了分形几何学①，前三种理论一般被统称为自组织理论，后三种理论则被一些学者称为非线性数学。② 这些科学理论的共同特征是在方法论上反对片面强调线性因果、加和还原的机械决定论思维，并借此揭示世界演化过程中客观存在而又无法回避的不可逆性、随机性、非线性、无序性的一面。普里戈金和斯唐热（Stengers）20 世纪 80 年代合作出版的《从混沌到有序——人与自然的新对话》一书，将超越经典力学思维方式的科学称为"复杂性科学"，而 20 世纪 80 年代由多位诺贝尔奖获得者推动成立美国圣塔菲研究所（Santa Fe Institute，简称 SFI）之后，该所进行的一系列研讨活动和研究工作，则使"复杂性科学"这一提法得到广泛传播。③ 1999 年世界顶级的美国科学杂志 Science 组织了一批来自不同学科的著名学者探讨各自领域内的复杂性，并出版了"复杂性研究"专集。

1.2.5　经济学领域的复杂性研究

现代科学技术与西方经济是互联互动的，西方经济学领域的复杂性研究几乎与自然科学同步，虽然研究对象不同，但就其基本思想而言，又都是相通的。复杂性研究在西方经济学领域内取得的典型成果是博弈论和路径依赖理论。

著名数学家、被称为"计算机之父"的冯·诺依曼（John Vo Neumann），是数理博弈论的开创者，1944 年他与摩根斯坦（Oskar Morgenstern）共著的《博弈论与经济行为》奠定了经济博弈论的基础。当时年轻的纳什（John Nash）在普林斯顿求学期间开始研究发展这一领域，并在 20 世纪 50 年代提出了新的博弈论概念——"非合作均衡"，也被称为"纳什均衡"。人类社会的各种利益活动中存在着多模态的"纳什均衡"，且无法从中挑选出一个能合理预测一般性规律的模态，这意味着人类社会充满不

---

① 我国内许多学者也将"突变论""混沌理论""分形几何学"归入"自组织理论"，这种划分方法与"非线性数学"的称谓没有本质上的冲突，只是对"复杂性科学"范畴之内的各种分支理论进行梳理时采取的标准不同。
② 刘劲杨. 哲学视野中的复杂性 [M]. 长沙：湖南科技出版社，2008：10.
③ 郭元林. 论复杂性科学的诞生 [J]. 自然辩证法通讯，2005，27（3）：54.

确定性。后来托马斯·谢林（Thomas C. Schelling）与罗伯特·约翰·奥曼（Robert John Aumann）在前人的基础之上创立了非数理博弈理论。托马斯·谢林发现决策主体的期望和行为无法通过纯粹的数学逻辑推导出来，他通过分析众多实际运用的案例来表述自己的思想和概念体系，使博弈论被广泛应用于政治学、生态学、社会学等领域。博弈论研究的是人类社会中的互动决策，即各行动方（player）在决策的时候必须将他人的决策纳入自己的决策考虑之中，当然也需要把别人对于自己的考虑也纳入考虑之中……在如此迭代考虑的情形下进行决策，选择最有利于自己的战略（strategies）。① 博弈论打破了传统经济学思维中的决定论，呈现给世人的是复杂互动的经济行为与难以预测的结果。其实，混沌理论与博弈论是"异曲同工"的，20世纪60年代以来多个领域的学者已用数学方法证明，确定性系统通过若干次迭代以后会产生不确定的结果。

路径依赖理论比博弈论出现得晚，1985年保罗·大卫（Paul A. David）在解释惯常的字版组织是如何标准化和固定化时提出了"路径依赖（path dependence）"问题②，后经SFI阿瑟（Brian Arthur）教授的创造性发挥而成为复杂性理论中的一个重要组成部分。道格拉斯·诺斯（Douglass C. North）运用前人思想成功地阐释了技术经济制度的演进模式。路径依赖理论主要强调的是偶然性事件被强化以后对系统后续演化产生的持久效应，这种思想与混沌学家洛伦兹提出的"蝴蝶效应"是相通的。

对博弈论做出突出贡献的纳什和托马斯·谢林分别于1994年和2005年获得了诺贝尔经济学奖，道格拉斯·诺斯则因对路径依赖理论的贡献于1993年获得诺贝尔经济学奖。诺贝尔经济学奖作为经济学界的最高荣誉，代表了经济学界对复杂性的认同。

1.2.6 哲学领域的复杂性研究

揭示和承认复杂性的学术运动是一场整体层面上的人类思想革命，它

---

① John Vo Neumann, Oskar Morgenstern. Theory of Games and Economic Behavior（Third Edition）[M]. Princeton：Princeton University Press, 1953：80 – 84.

② David P A. Clio and the Economics of QWERTY [J]. The American Economic Review, 1985, 75 (2)：332 – 334.

并没有局限于自然科学和经济学界,在哲学领域它从两个维度展开:一是反对传统哲学以追求纯粹同一性基础为终极目标的学术主张;二是回应自然科学领域内兴起的复杂性思维。

第一个维度上的哲学反思也掺杂着对经典科学范式的批判,但主要属于哲学内在思想脉络上的"反叛",其典型代表是福柯(Michel Foucault)和德里达(Jaques Derrida)。福柯利用系谱学(genealogy)方法对社会结构的历史形成进行了多维度的考察,向我们展现了历史偶然因素促成的社会结构取得统治地位以后,对多元纷争的历史源流进行的整肃。德里达致力于"解构"(deconstrcut)西方哲学二元对立框架中的中心主义,他认为西方哲学传统中的语音中心主义是不可靠的,语音作为语义的载体同样不能证明意识的在场,人类任何形式的理解和认同都是语义与语境双向建构的结果。德里达消解了文本的确定性,呈现给我们一个流变开放而非先验的话语世界。福柯和德里达对决定论、线性因果还原关系的否定,都体现了复杂性科学的思维方式。

第二个维度上的代表人物是法国哲学家埃德加·莫兰(Edgar Morin),他将科学语境中的"复杂性"引入哲学视野,指出复杂性显现于简单化思想搁浅的地方,复杂性思想拒绝单纯通过"分解→还原"的方式去理解事物,但又整合了精确、明晰的认识方法。① 南非学者保罗·西利亚斯(Paul Cilliers)博士也指出,"简单"与"复杂"的区别不像我们直觉设想的那样鲜明,复杂系统不仅由各组成部分构成,也包括了各组成部分之间错综复杂的关系,这种复杂关系意味着一个系统演化的可能性要多于其可实现性,也因此,复杂性很难被定义,而计算机又为我们理解复杂系统提供了建模技术,但强大的技术支持需要思维方式的进一步突破。② 保罗·西利亚斯认为"被标记为后现代"的一些科学哲学视角对我们在新技术环境中理解复杂性系统会有特殊价值③,他在《复杂性与后现代主义》一书中,详细地探讨了后现代主义思想对探索复杂性的启示以及复杂性与后现

---

① 〔法〕埃德加·莫兰. 复杂性思想导论 [M]. 陈一壮译. 上海:华东师范大学出版社,2008:2.
② 〔南非〕保罗·西利亚斯. 复杂性与后现代主义:理解复杂系统 [M]. 曾国屏译. 上海:上海科技教育出版社,2006:2.
③ 〔南非〕保罗·西利亚斯. 复杂性与后现代主义:理解复杂系统 [M]. 曾国屏译. 上海:上海科技教育出版社,2006:3.

代主义之间的关系。

20世纪70年代末期，我国从事自然辩证法课程教学和科技哲学研究的学者开始大量译介西方的复杂性理论，并在马克思主义哲学的视域中对其进行研究。一般系统论、控制论、信息论、耗散结构理论、协同学、超循环理论、混沌理论等在20世纪80年代初就已经为我国哲学工作者所熟知，1982年由清华大学、大连工学院（今大连理工大学）、西安交通大学、华中工学院（今华中科技大学）共同发起的"全国系统理论中的方法论与哲学学术研讨会"上，与会的千名学者对上述理论的哲学意义展开了广泛的探讨，著名科学家钱学森院士在这次会议的开幕式上做了专题报告。1989年国家教委社会科学研究与艺术教育司组织专家编写的《自然辩证法概论》，作为研究生通用教材的典范，在其第一篇"自然观"中，有机地融入了"系统论"和"自组织理论"的内容。20世纪90年代以来，我国哲学界对复杂性的研究逐渐形成了自己的特色：吴彤对科学自身演化的自组织性的研究，以及从实在论、认识论、方法论等维度对复杂性本质的探析；刘劲杨的研究方法与吴彤相似，他将复杂性纳入几个有代表性的哲学主题中去澄清；邬焜则在论证世界的物质与信息双重演化之基础上，提出了通过信息思维研究复杂性的纲领，他还挖掘了古代希腊、印度、中国哲学中蕴含的复杂性思想；白利鹏则将复杂性运思引入了历史哲学，力图建构一种复杂性历史观；等等。

1.2.7 复杂性科学与社会文化之间的互动

复杂性思维在科学之外的兴起也符合复杂性科学的发展需要。复杂性科学作为一种新的科研范式，亦如经典力学与社会文化之间的交互影响，其发展也会与各种社会观念之间产生交互影响。例如，维纳（Norbert Wiener）就受到柏格森哲学思想的影响，在其著作《控制论——或关于在动物和机器中控制和通信的科学》中专门用第一章评述了牛顿的时间观和柏格森的时间观[1]；普里戈金也受到柏格森的影响，他的著作中穿插着对黑

---

[1] 〔美〕N. 维纳. 控制论（或关于在动物和机器中控制和通信的科学）[M]. 郝季仁译. 北京：科学出版社，1962：30—44.

格尔（G. W. F. Hegel）、柏格森、怀特海哲学思想的评述[①]，普里戈金还曾盛赞恩格斯的辩证自然观[②]，他借此努力使自己的耗散结构理论成为一种能在哲学层面上被广泛接受的新观念；又如托姆在将自己的突变论推广至语言学、心理学、人类学等领域时，也不可避免地会纠拨"柏拉图主义"[③]；而哈肯则要用其突变论去诠释和解决社会政治、经济问题[④]；再如，曼德布罗特在因创立分形几何而扬名之前，热衷于各行业的"反正统"研究，他的研究领域涉及物理学、经济学、生理学、语言学等一些与其成名专业似乎毫不相关的学科，他的"非主流"思想虽然屡屡遭到学术期刊的拒绝，但他始终坚守自己的信念，最终利用"分形几何"成功突围[⑤]，他的分形理论现在已被广泛地应用于工程技术和人文艺术领域；SFI不仅致力于推动各个领域的复杂性研究，而且要改造自然科学原有的学科建制，努力打通自然科学与人文学科之间的壁垒。由上可见，致力于建构复杂性科学范式的科学家正在自觉地整合各种社会文化资源。

1.3　研究基础

复杂性科学代表着一种新的科学范式，而历史上的任何科学范式都是科研人员在本体论、认识论、方法论上的基本信念与他们凭借的技术路线、使用的科研设备聚合而成的综合体，这个综合体的形成又必然关联着一定的社会文化、经济、政治背景，也正因此，科学在随社会发展的过程中会产生各种向度的社会功能，这正是"科学社会学"这门学科的研究领域。

[①] 参见〔比〕伊·普里戈金与〔法〕伊·斯唐热合著的《从混沌到有序——人与自然的新对话》中的第3章，此书由曾庆容、沈小峰翻译，上海译文出版社1987年出版。

[②] 李刚. 恩格斯对科学技术哲学的重大贡献 [J]. 西南师范大学学报（人文社会科学版），2006，32（2）：85.

[③] 参见〔法〕勒内·托姆所著的《突变论：思想和应用》中的第9~17章，此书由周仲良翻译，张国梁校，上海译文出版社1989年出版。

[④] 参见〔德〕赫尔曼·哈肯所著的《协同学——大自然构成的奥秘》中的第12章、13章，此书由凌复华翻译，上海译文出版社2001年出版。

[⑤] 刘华杰. 分形之父芒德勃罗 [J]. 自然辩证法通讯，1998，20（1）：55-63.

1.3.1 关于"科学技术与社会"的研究

美国的默顿（R. K. Merton）与英国的贝尔纳（J. D. Bernal）是"科学社会学"这一研究体例的开创者。默顿被称为"科学社会学之父"，其代表作是《十七世纪的科学、技术与社会》《科学社会学》，默顿曾受到怀特海科学观的影响，在《科学社会学》一书的扉页致谢中，怀特海名列其中。怀特海在《科学与近代世界》一书中论述了科学世界观取得支配地位的历史渊源和社会条件，以及科学与哲学、宗教互动发展的关系①，此书可以说已经具有了科学社会学的雏形。默顿前期的研究重点是社会环境对科学技术的影响，后期则将科技系统视为社会大系统的一个子系统进行研究，他认为科技系统不能脱离社会环境，但科技系统又应该具有相对的自主性，因为，科学共同体有自身独特的精神气质：普遍主义（universalism）②、共有性（communism）、无私利性（disinterestedness）、有条理的怀疑态度（organized skepticism）③，这种科学精神是科学共同体内在的价值规范，它源于科学知识的创生原则④。显然，按照默顿的理论，科技系统如果过多地受到外来社会价值取向的干预，科学共同体就会失范，进而影响其内在的精神动力。可见，默顿已在其研究中使用了"系统方法"，而自然科学领域内的复杂性研究正发端于"系统论"，默顿对"系统方法"的运用与系统论在自然科学领域内的日渐盛行是同步的，所以，在"科学技术与社会"这一领域运用复杂性思维，也是时代趋势。

贝尔纳的许多思想与默顿类似，其代表作是《科学的社会功能》《历史上的科学》。他也将科学视为一种体制化的社会活动，他指出，纯粹地为科学本身而进行科学研究的境界⑤，从来不曾存在过，但他同样反对社

---

① 参见〔英〕A. N. 怀特海所著的《科学与近代世界》中的第 9 章、第 12 章，此书由何钦翻译，商务印书馆 1989 年再版。
② 也有学者将"universalism"翻译为"普适性"。
③ 也有学者将"organized skepticism"翻译为"有组织的怀疑"。
④ 〔美〕P. K. 默顿. 科学社会学（上册）[M]. 鲁旭东，林聚任译. 北京：商务印书馆，2003：365.
⑤ 〔英〕J. D. 贝尔纳. 历史上的科学（上册）[M]. 伍况甫译. 北京：科学出版社，1959：8，18.

会功利目标和政治图谋对科学发展的扭曲[1]，从而限制科学成果的共有共享。他认为科学知识具有积累性，前人取得的科学成果是后续科学发展的基础，而在此基础上取得的新成果会再并入这个基础，从广义上讲，科学是"人类一致合作的努力"[2]，因此，科学的社会建制才得以形成，也因此，科学是世界性的[3]，这与默顿提出的科学共同体特有的精神气质相通。对于科学权威的产生，贝尔纳认为，众多"平凡科学家"的工作累积是"大人物"展开工作的必要资料[4]，默顿则发现了科学权威的两面性，一方面科学权威产生的社会效应有利于提高整个科学共同体的社会地位，另一方面科学权威也会因优势累积效应而获得更好的研究条件和更高的荣誉、受到更多的关注，并掌握了评判他人成果的话语权，而其他科研人员有价值的科学成果则可能因这种被默顿称为"马太效应"的社会运行机制而被冷落或压制。[5] 贝尔纳与默顿最明显的区别在于研究对象的梳理上，贝尔纳在《科学的社会功能》一书中，力图展现科学与社会交互影响的方方面面，虽然呈现出很多有新意的视角、提出许多有新意的见解，但它们彼此之间的关系却显得散乱。相对于贝尔纳，默顿的"学生"伯纳德·巴伯（Bernard Barber）在《科学与社会秩序》一书中对科学与社会交互影响的梳理则较为明朗，在此书中，贝尔纳书中"包罗"的众多科学之社会功能，被巴伯统筹地呈现于科学与"大学和学院""工商业""政府"等社会子系统互动发展的过程中。[6] 贝尔纳在《历史上的科学》一书中试图按照历史进程来阐释科学发展与各种社会因素之间的动态关系，但许多闪光的见解又散落于浩繁的科学史叙事之中。当然，绝不能就此否定贝尔纳的学术贡献，他对科学及其社会功能的多维细致的分析至今仍对我们认识科

---

[1] 〔英〕J. D. 贝尔纳. 历史上的科学（下册）[M]. 伍况甫译. 北京：科学出版社，1959：791.

[2] 〔英〕J. D. 贝尔纳. 历史上的科学（上册）[M]. 伍况甫译. 北京：科学出版社，1959：18.

[3] 〔英〕J. D. 贝尔纳. 历史上的科学（上册）[M]. 伍况甫译. 北京：科学出版社，1959：21.

[4] 〔英〕J. D. 贝尔纳. 历史上的科学（上册）[M]. 伍况甫译. 北京：科学出版社，1959：18.

[5] 参见〔美〕P. K. 默顿. 所著的《科学社会学》（下册）中的第20章，此书由章鲁旭东、林聚任译，商务印书馆2003年出版。

[6] 参见〔美〕伯纳德·巴伯所著的《科学与社会秩序》中的第6~8章，此书由顾昕等译，生活·读书·新知三联书店1991年出版。

学全貌具有重要启示意义，而默顿提出的一些科学社会学概念现已成为学术界的常识性概念。

其实，贝尔纳的历史方法此前已经在科学史研究领域被丹皮尔（W. C. Dampier）运用于其《科学史及其与哲学和宗教的关系》之中，陈方正的《继承与叛逆——现代科学为何出现于西方》和吴国盛的《科学的历程》也可以被视为这种研究方法的运用，只是他们的主体工作更侧重于对科学"内史"的研究。在贝尔纳之前，还有一位美国学者刘易斯·芒福德（Lewis Mumford）以"技术"与社会的交互影响为视角梳理了人类文明史，其代表性著作是《技术与文明》。在此书中，芒福德把人类的技术进程划分为三个互相渗透的阶段：始技术时代、古技术时代、新技术时代。他的划分标准是人类社会使用的能源和原材料组构的"技术复合体"，始技术时代对应的是"水－木材"复合体；古技术时代对应的是"煤－铁"复合体；新技术时代对应的是"电－合金"复合体。① 这种划分方式很容易让我们联想到马克思关于"手推磨"产生封建制生产关系、"蒸汽磨"产生资本主义生产关系的形象说明。②

1.3.2 关于"科技演化的复杂性"之研究

按照芒福德的标准划分的文明进程与马克思按照"生产力－生产关系"划分的社会进程是难以契合的，芒福德认为马克思"看到并部分证明了每个时代的发明和生产对人类文明都有着其自身的特殊价值"，这是马克思"对社会经济学的伟大贡献"③，至于两者的分歧，芒福德没做解释。那么，我们是不是应根据马克思理论来否定芒福德呢？这种状况正如本书开篇引出的议题——学科视界带来的不同观念之间存在着复杂的辩证关系，芒福德与马克思的理论差异恰恰反映了科技与社会的关系复杂性。不但马克思与芒福德之间存在这种状况，怀特海、默顿、贝尔纳、丹皮尔、

---

① 〔美〕刘易斯·芒福德. 技术与文明 [M]. 王克仁，李华山译. 北京：中国建筑工业出版社，2009：102.
② 马克思恩格斯选集（第一卷）[M]. 北京：人民出版社，1995：108.
③ 〔美〕刘易斯·芒福德. 技术与文明 [M]. 王克仁，李华山译. 北京：中国建筑工业出版社，2009：102.

吴国盛的理论之间也会因视角不同而存在差异,这种差异往往是新理论的价值所在,当然,也不能就此认为某种理论比另一种理论更具解释力。

再回到"复杂性"这个议题上来,美国匹兹堡大学科学哲学中心主席尼古拉斯·雷舍尔(Nicholas Rescher)在其著作《复杂性——一种哲学概观》中指出,科学进步要求技术更加精致复杂,这又导致科学本身益愈复杂;科技进步使得特殊任务更易执行,其全部影响却使整个生活变得更复杂;科技进步在解决现存问题的同时,其本身又会产生新问题,随着问题产生的速度大于其被解决的速度,科学技术渐增的复杂性会使我们面临很多管理、决策的难题。① 该书中文版译者吴彤曾著有《生长的旋律——自组织演化的科学》一书,在这本书里吴彤已从自组织科学观的视角对作为科学系统外部控制参量的科学政策进行过探讨。按照他的观点,适度的外在控制参量与科学系统内在的非线性关系和要素的多元异质性恰是其自发有序进化的条件②,也就是说,复杂性科学系统具有自组织能力,仅就规划科学发展的决策的问题而言,来自科学之外的过多决策干预反而会给社会和科学带来"麻烦"。秦书生在其著作《复杂性技术观》中也阐发了类似观点,他认为,虽然技术系统在日趋复杂化,但人类共同的价值取向却是技术系统自组织演化的序参量,也正因此,技术进步能为人类提供更高级的生活方式。③ 所以,复杂性并不排斥有序化,伴随着科学技术渐增的复杂性,人们的生活以及应对科学技术的方略也会自组织地进化,吴彤和秦书生的见解都不同程度地化解了雷舍尔的"担忧"。

1.4 研究意义

由上可见,国内外学者关于"科学技术与社会"的研究已经在多个维度上展开,而他们借此取得的理论成果又显示出"科学技术与社会"之间

---

① 〔美〕尼古拉斯·雷舍尔. 复杂性——一种哲学概观 [M]. 吴彤译. 上海:上海科技教育出版社,2007:203.
② 吴彤. 生长的旋律——自组织演化的科学 [M]. 济南:山东教育出版社,1996:157-164.
③ 秦书生. 复杂性技术观 [M]. 北京:中国社会科学出版社,2004:92-93.

第一章 绪论

的复杂性，综合"各家所长"探究这种复杂性，正是本书的目标。上述国外内学者在研究科技自身演化的复杂性上取得的理论成果既为本书提供了立论支持，又是本书需借鉴的重要思想资源。相对于机械还原论思想占据支配地位的时期，复杂性科学开启的思维方式毕竟还是新生事物，因此，要说明这种思维方式在勘考科学技术自身发展的历程上所具有的优势，将其与已有理论进行比较还是必要的。研究科技发展规律的知名学派和学者很多，如关注科学积累渐进式发展的维也纳学派、关注科学革命跃进式发展的波普尔（Karl Popper）、将科学发展过程描述为常规与反常两个时期交替循环的库恩、提出"科学研究纲领"竞争论的拉卡托斯（Imre Lakatos）。研究技术发展理论的代表学者是日本的石谷清干和星野芳郎，前者着重研究了社会需求对技术进步的刺激，后者从纵向和横向两个维度阐释了技术发展的一般模式，技术的纵向发展被概括为局部改良和原理创新交替的过程，技术的横向扩张是指技术发展不平衡的情况下技术会从高水平地区流向低水平地区，以及某些国家和地区在较短时间内实现了别国和地区需要长时间才能完成的技术跃升。

这些理论都依据科技史廓勒了科学技术发展过程中的某些遍历性特征，深化了我们对科学技术发展规律的认识，然而科学技术之于不同的历史境况、不同的人文地理环境，又会呈现出历时性、地方性的独特一面。由于促成这一面相的各种历史因素本质上是不可重演的，这又意味着，科技进步不存在绝对预成的模式，而是历史生成的结果。当然，承认科技演化的历史生成性，不应被理解为夸大人为主观因素在科学理论生成中的作用，波普尔、库恩都曾经强调了科研主体的信仰与态度在建构科学理论中的作用，受到波普尔和库恩影响的费耶阿本德（Paul Feyerabend）甚至要消解科学知识的客观真理性，把人们对科学的理解引向相对主义，这其实走向了另一种极端。观察和实验是任何科学理论得以成立都不可回避的环节，尽管科学理论的产生会受制于科研主体的实验规划和价值预期，但不能借此就否定科学理论中客观性的事实判断，片面强调价值判断，从而把新理论的产生视为对旧理论的彻底摒弃，无视新旧理论之间的继承性。科技发展具有遍历性特征，已有的科技发展模式可资借鉴，它是后续历史演进的基础；但是已有的模式不应成为无条件套用的模板，因为历史是不可还原的，这是科技发展非遍历性的一面。这种科学技术发展过程中遍历性与非遍历性相互"僭越"的复杂性,更确切的表述应该是科学技术与社会互动发展的复杂性。本书引入"科学社会学"的研究视角,相对于此视角下形成的已有理论,本书的特色在于复杂性思维的运用。本书将运用复杂性思维重新认识具体社会历史境况与科技结构及其功能之间的非线性关联,把科学技术演化过程中同质必然性的一面与多元可能性的一面放置在平等地位上加以考量,这利于我们形成更加全面的科技观,这也符合马克思主义的辩证唯物史观。

按照社会存在决定社会意识、社会意识又会反作用于社会存在的辩证关系,依托复杂性思维的科技观,也会对现代科技的未来规划带来重要启示。科技观蕴含着人们对科学技术的理解和期望,伴随着科学技术开启的现代化进程,它业已成为现代社会意识的重要组成部分,并通过其辐射效应引发各种社会观念的嬗变。那么,复杂性科技观纠拨传统科技观的同时也必然会带来新的文化价值导向,进而通过各种社会路径影响至政治、经济领域,再反馈到科学技术本身。

中国要在世界竞争中赶超西方,必然要学习和借鉴西方科技成果,鸦片战争之后,以坚信科学真理的确定性、科学方法的普适性、科学价值的扩张性为特征的科学主义理念逐渐被中国社会所认同。[1] 但中国人在西学过程中又有着后发展国家"反殖民、反霸权"的自主意识,所以在"学习"与"自主"双重诉求的指引下,现代科技在中国本土的发展既呈现出相对于西方的共性又呈现出不同于西方的个性。那么,一直以西方先发展国家为参照的中国现代科技体系,究竟该如何在"进步的尺度"上去全面评价自身"共性"和"个性"的意义呢?运用复杂性思维重新认识现代科技在中西方的演化路径,将引导我们把中西方科技发展中的共通价值与其在文化品格、经济功能、政治选择上的独特表现统一起来进行比较,通过这种比较反思中国的科技观、科技发展样态、现代化进程、现代社会意识变迁之间的互动过程,将有助于我们发掘中国科技本应推动社会整体进步的多维价值中被阻滞的部分,借此纠拨那些偏狭的社会价值取向,为中国科技的全面发展提供建设性的思路。

---

[1] 李丽.科学主义的本土化特质[J].自然辩证法通讯,2010,32(5):84.

1.5 研究方法

1.5.1 复杂性方法

本书在借鉴复杂性科学方法的基础上，将科学技术视为一个耦合于社会大系统之中的动态子系统，并借此分析科技在发展过程中与文化、经济、政治等社会子系统的互动关系，然后再对这些互动关系进行综合考察，以探究它们之间的冲突与融合，以及由此推动的科技形态、科研方式的变迁。复杂性科学另一个重要的方法论意义是它具有调和"自然科学"与"人文学科"的文化潜质，运用复杂性思维方法去理解新近崛起的社会思潮是本书探讨科技与社会互动的一个重要初衷。还需指出的是，复杂性方法并不排斥"分析方法"，正如前文中法国哲学家莫兰强调的那样，复杂性科学只是反对经典科学单纯通过"分析→还原"方法去理解事物，并不否认分析方法在深入认识事物细微机理上的功效，所以，复杂性方法整合了明晰的分析方法，使其归宿不再只是线性还原，分析方法同样可以用来发掘系统要素的异质多元性及它们之间的非线性关系。

1.5.2 个案分析法

本书中的个案既指科技发展进程中被公认的标志性事件，也指那些科技发展中相对被"埋没"不被公众熟知的但实际上却引动社会转变的典型事件。这些事件是各种历史因素和现实条件的聚焦，往往昭示着一种新的科技发展动向，并能带动科技系统各种外围社会因素的连锁反应，进而使社会对科技发展产生新的期望。细致地剖析这些事件，可以帮助我们发现一些"特殊因素"通过科学技术带给社会的深远影响。

1.5.3 系谱学方法

人类社会很早就出现了记载系谱的活动，如中国人续写家谱的活动，后来尼采（Friedrich Wilhelm Nietzsche）用追溯系谱的方法进行道德探源，使学术领域产生了"系谱学方法"，福柯扩大了系谱学方法的适用范围，他通过对事物源头的考察揭示了事物的历史形成是异质多源流汇聚的结果，进而否定了关于历史存在同一本质的假设，也否定了线性的历史进步观。福柯的系谱学方法与复杂性方法有相通之处，可资借鉴用以分析科技系统演化的历史。科技系统的演化是自身与社会互动的结果，各种社会因素在不同的历史时期都对科技系统的发展扮演过不同的动力角色，因此对科技现状的成因也可做系谱化考察。但福柯彻底否定历史规律的学术主张又与复杂性理论不相一致，按照复杂性理论，系统演化的规律性与随机性统一于一个历史进程。

1.5.4 比较研究法

本书主要在科技与社会互动发展的各种阶段、科学观念与其他社会意识、中国科技发展与西方科技发展之间展开比较。通过这些比较来探寻不同时期科技发展速率与各种社会动力配比之间的关系、科学观念变迁与社会思想转变之间的亲疏关系、科技演化与不同社会结构之间的关系。比较的过程也是本书基本研究脉络延展的过程。

第二章 复杂性科学的多维透视

自然科学以探究世界的客观属性为宗旨，那么，复杂性科学运用复杂性思维，创立和使用复杂性方法的目的，也是探究世界的客观复杂性。20世纪六七十年代以前，简单性被科学界视为世界的基本属性，复杂性则未受到关注，它至多被认为是简单性的复合产物，复杂性甚至被认为是认识主体运用简单性原则处理问题的能力不足所导致的结果。① 简单性信念是早期西方现代科学研究的重要传统和发展动力，它与前文述及的机械还原论思想相互依存，而这种信念从古希腊先哲那里开始，就已经在本体论和认识论意义上都占据了绝对的统治地位，这些先哲们试图通过一种对本源的寻求来认识自然现象的复杂性。② 而今，随着复杂性科学的兴起，人们逐渐认识到不但自然现象是复杂的，而且其本质也复杂的，加之"复杂性"思维在各种人文学科中的兴起，简单性信条在各个领域都受到了挑战，但由于各门类学科所凭借的研究方法各异，关于复杂性的定义也是"五花八门"，据美国麻省理工学院的物理学家劳埃德（Seth Lloyd）统计，复杂性的定义已达 45 种。③ 针对这种状况，《科学的终结》一书的作者约翰·霍根（John Horgan）不无讽刺地将"复杂性科学"称为"混

---

① 吴彤. 科学哲学视野中的客观复杂性 [J]. 系统辩证学学报, 2001, 9 (4): 44.
② 黄欣荣, 吴彤. 复杂性科学兴起的语境分析 [I] 清华大学学报（哲学社会科学版），2004, 19 (3): 38.
③ 〔美〕尼古拉斯·雷舍尔. 复杂性——一种哲学概观 [M]. 吴彤译. 上海: 上海科技教育出版社, 2007: 10.

杂学"。① 那么究竟该如何应对如此众多关于"复杂性"的定义呢？其实，这种状况恰恰说明，不能再用传统的"还原论"思维统一概括"复杂性"；另外也说明，探索复杂性的方法路径繁多，"复杂性"已经成为众多学科的关注对象。所以，理解"复杂性"需要先梳理不同理论背景下的复杂性运思及其相互关系。

2.1 通往复杂性的科学进路

2.1.1 系统：万事万物的存在方式

复杂性科学发端于20世纪三四十年代的系统科学，如前所述，系统科学的主要代表是一般系统论、控制论和信息论，正是这些理论为复杂性研究提供了"系统""信息""反馈""熵"等基础性概念和超越"还原论"的思维方法。②

1. 何谓系统？

一般系统论的创始人贝塔朗菲认为，世界上的万事万物都以系统的方式存在着。③ 所谓系统可以概括为，若干有特定属性的要素经特定关系而构成具有特定功能的整体。④ 组成系统的要素必须有两个以上，这样，要素之间才能存在某种特定的关系，从而形成一定的结构，特定的结构使系统在内、外部关系中表现出特定的功能，任何系统都存在于一定的环境之中，环境是指系统所处的各种外部联系因素的总和，系统与环境的相互作用中表现出外部功能。由于若干系统能通过一定的联系方式结合成大系统，那么相对于这个"大系统"而言，这些系统就是"大系统"的要素

---

① 参见〔美〕约翰·霍根所著《科学的终结》中的第8章，此书由孙雍君译，远方出版社1997年出版。
② 苗东升.复杂性研究的现状与展望[M]//北京大学现代科学与哲学研究中心.复杂性新探.北京：人民出版社，2007：14.
③ 邬焜.复杂信息系统理论基础[M].西安：西安交通大学出版社，2010：158.
④ 国家教委社会科学研究与艺术教育司.自然辩证法概论[M].北京：高等教育出版社，1991：28.

（子系统），在这个"大系统"中，这些"子系统"彼此之间既是要素关系，又互为环境，而若干"大系统"又可以结合成更大的系统，"子系统"内的要素则可以视为更小的系统，这就是系统的层次性，所以，系统与要素、系统与环境的区分都是相对的。要素、结构、功能、环境是括勒一个系统的基本规定，这几种规定彼此之间的关系可以用下面的关系式表达：

$$F = f(K,S,E) ① \qquad (2-1)$$

F，K，S，E 分别指功能（Function）、要素（Key element）、结构（Structure）、环境（Environment），f 表示相互关系。从这个关系式可以看出，系统功能反映了系统要素、系统结构、系统环境之间的联结秩序和约束关系。

2. 信息与系统的确定性和不确定性

具体来讲，系统与环境之间通过物质、能量、信息三态的交换而发生相互作用。在自然科学的视野中，物质、能量和信息是构成自然界的三大要素，但科学界对信息的认识和开发，却远远晚于物质和能量，直到20世纪40年代，随着信息论和控制论的创立，信息才逐渐受到关注。申农于1948年发表在《贝尔系统技术学报》上的《通信的数学原理》一文是信息论的奠基之作；第二年，他又发表了《噪声下的通信》。通过这两篇文章，申农首次建立了通信系统的基本模型（见图 2-1），给出了信息量的数学公式。

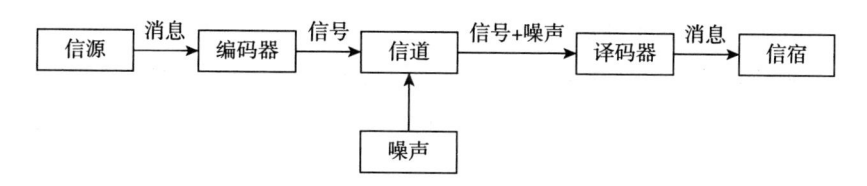

图 2-1　申农通信系统模型

从图 2-1 中可以看出，申农的通信模型描述的仅仅是单向式信息接收系统，缺乏反馈机制。维纳则在其"控制论"中给予了"信息反馈"高度的重视。在维纳看来，系统能根据周围环境的变化来调整自身的运动，它

---

① 李喜先. 科学系统论 [M]. 北京：科学出版社，2005：38.

具有不确定性和不可逆性的特征。① 一个系统可以在控制作用下改变自身的运动状态，控制作用的发挥者是"控制系统"，而接收者则成为相应的"被控系统"，"控制系统"通过对"被控系统"的信息输入来调控该系统，但"控制系统"需要"被控系统"输出信息的反馈，来测度"被控系统"的运动状态是否符合自己的预期，以调整下一步的施控方向。图 2-2 是控制系统与被控系统的简易关系模型：

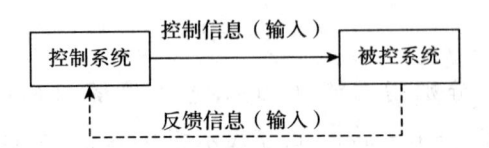

```
            控制信息（输入）
控制系统 ───────────────────→ 被控系统
    ↑                           │
    └───────反馈信息（输入）─────┘
```

图 2-2　控制系统与被控系统的简易关系模型

由图 2-2 可见，控制系统与被控系统通过信息互动结成了一个关系系统，二者在这个关系系统中互为环境，主动与被动是相对而言的。无论是控制系统，还是被控系统，信息的接收和使用都是至关重要的，因此，在维纳的控制论中，广泛涉及了信息度量、信息提取、信息预测、抵抗噪声干扰的研究，这说明信息论是控制论的基础，控制论必须回答"信息是什么"的问题。②

在《通信的数学原理》一文中，申农运用数学方法论证了在通信过程中，联合事件的不确定性（the uncertainty of a joint event）小于或者等于个别不确定性（the individual uncertainties）之和，信息量的增加则意味着不确定性的减少③，学界也由此推导出"信息是消除了的不确定性"④。

3. 描述系统有序程度的"熵"

控制论的创立者维纳认为信息的实质是负熵。⑤ "熵"这个概念最早是由德国学家克劳修斯（Rudolph Clausius）提出的。1850 年克劳修斯提出了

---

① 魏宏森等. 复杂性系统的理论与方法研究探索 [M]. 呼和浩特：内蒙古人民出版社，2007：104.
② 魏宏森等. 复杂性系统的理论与方法研究探索 [M]. 呼和浩特：内蒙古人民出版社，2007：105.
③ C. E. Sannon. A Mathematical Theory of Communication [J]. The Bell System Technical Journal, 1948, 27 (7)：392.
④ 邬焜等. 自然辩证法新编 [M]. 西安：西安交通大学出版社，2003：47.
⑤ [美] N. 维纳. 控制论（或关于在动物和机器中控制和通信的科学）[M]. 郝季仁译. 北京：科学出版社，1962：65.

热力学第二定律,即:"热量总是从高温物体传到低温物体,不能作相反的传递且不带有其它的变化。"① 并由此推演出了著名的"宇宙热寂论",1865 年克劳修斯将热力学第二定律表述为"熵增原理":在孤立系统内实际发生的过程,总使整个系统熵的数值增大。在克劳修斯的熵增公式中,"熵"与"热量和绝对温度的比值"相关联。虽然克劳修斯用熵增公式描述了一个物理系统不可逆转的运动过程,但他没有对某一物理系统所具有的"熵"做出一般意义上的规定和解释,从而使"熵"的概念带有了某种神秘性和猜测性色彩,故学界也把"熵"比喻性地称之为"熵妖"。② 19 世纪 70 年代末,奥地利物理学家玻尔兹曼(Boltzmann,也被译为"玻耳兹曼")从分子运动论的角度,运用概率统计方法对熵的物理意义及熵增原理做出了解释,使人们认识到,熵所描述的并非某个物理系统的"质量"或"能量"状态,而是系统要素的组构秩序,熵值增大,系统则趋于无序。申农创立的信息论沿用了玻尔兹曼统计熵理论的统计方法和熵公式,并将度量信息源产生信息量的数学公式称为"信息源的熵"③;而维纳则从"信宿"的角度考察信息量,推导出"信息损失的过程与熵增加过程十分相似"④。

2.1.2 自组织:复杂系统的有序进化机制

申农和维纳都利用"熵"来解读信息,在他们的理论体系中,信息的传输本质上是"秩序模式"的传导,那么,一个开放的系统,获得的信息量增加,则该系统的有序化程度就会提高,其熵值趋于减小。20 世纪六七十年代兴起的自组织理论就是专门研究系统有序结构生成过程的科学,其代表主要包括耗散结构理论、协同学、超循环理论,所谓自组织可以简单地概括为:在开放背景下,系统自发形成内部有序结构的过程。⑤

1. 有序系统的非线性结构及其演化动力的随机性

普里戈金是耗散结构理论的创立者,他对物理系统随时间不可逆转的

---

① 邬焜等.自然辩证法新编 [M].西安:西安交通大学出版社,2003:137.
② 邬焜.信息哲学:理论、体系、方法 [M].北京:商务印书馆,2005:566.
③ 邬焜.信息哲学:理论、体系、方法 [M].北京:商务印书馆,2005:572-573.
④ 〔美〕N.维纳.控制论(或关于在动物和机器中控制和通信的科学)[M].郝季仁译.北京:科学出版社,1962:66.
⑤ 邬焜.自然辩证法新教程 [M].西安:西安交通大学出版社,2009:101.

演化有着浓厚兴趣，可他发现，无论是经典力学方程式，还是量子力学方程式，对于时间的反演都是不变的，唯有热力学第二定律在物理学中"与众不同"。但是，热力学第二定律表达的无序性方向（熵增），以及由此推导出来的"宇宙热寂论"，又与达尔文的进化论相悖，也与人类社会的演化方向相反，如何理解二者的矛盾呢？普里戈金试图找到一种新的解释方法。①（这一点在前文中已经述及）普里戈金在深入研究热力学第二定律的基础上，提出了耗散结构理论，他指出，一个系统的熵变由两方面因素引发，一个因素是系统与环境在相互作用中产生的熵（$d_e s$）；另一个因素是系统内部自发产生的熵（$d_i s$）。据此，他给出了一个系统的总熵变（ds）公式：$ds = d_e s + d_i s$。在孤立系统中，系统与环境之间没有物质和能量的交换，$d_e s = 0$，$ds = d_i s \geq 0$，克劳修斯的热力学第二定律描述的正是这种状况。在开放系统中，$d_e s \neq 0$，如果 $d_e s < 0$，且 $|d_e s| > d_i s$，则 $ds < 0$，系统会沿着熵减方向进行有序演化。②由上可见，克劳修斯热力学第二定律描述熵增状况并非普遍现象，而普里戈金给出的总熵变公式则揭示了由于系统内外部条件的差异，系统未来演化的方向存在无序、不变、有序的多种可能，虽然开放系统并不一定趋向有序化，但有序进化的系统必然是开放性的。按照普里戈金的耗散结构理论，开放系统只有被外力驱动到远离"平衡态"的非线性区域，其"序"才能自组织起来。③平衡态是系统组构要素的运动方向在概率分布上处于最均匀的状态，此时，要素之间不存在任何有规则的联系和传动，系统混乱无序，熵值最大，而非平衡态则是熵值递减的状态，下面用图示来直观地表征"非平衡态"与"平衡态"（见图 2-3）。

普里戈金利用化学反应阐释平衡态时指出："在平衡态，分子作为基本上独立的实体而动作；它们互不理睬。"④［这就是图 2-3（b）表征的

---

① ［比］伊利亚·普里戈金. 从存在到演化：自然科学中的时间及复杂性［M］. 曾庆容等译. 上海：上海科学技术出版社，1986：2.
② 邬焜. 复杂信息系统理论基础［M］. 西安：西安交通大学出版社，2010：204.
③ 沈小峰，吴彤，曾国屏. 自组织的哲学——一种新的自然观和科学观［M］. 北京：中共中央党校出版社，1993：34.
④ ［比］伊·普里戈金，［法］伊·斯唐热. 从混沌到有序——人与自然的新对话［M］. 曾庆容，沈小峰译. 上海：上海译文出版社，1987：228.

(a) 具有小熵的非平衡态　　　　(b) 具有大熵的平衡态

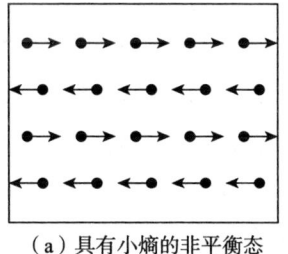

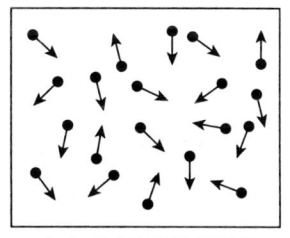

图 2-3　非平衡态与平衡态

状态]"非平衡却把它们唤醒",相隔宏观距离的分子变成连接的,长程关联出现,系统通过这种长程关联而组织起来。① 但是,非平衡态具有多种组织模式,图 2-3(a)只是一种示例,用专业术语来说,就是系统进入自组织之前的演化分叉处往往同时存在着若干个分支,系统究竟会进入哪一自组织分支,事先并不能预见,而是由"涨落"决定的。涨落是一种随机扰动,简单地说,涨,即上升、增大;落,即下降、减小。涨落也即是系统状态此起彼伏的波动。涨落可分为系统组构要素运动所自发产生的内部涨落和系统环境中各种组成部分运动产生的外部涨落。外部涨落通过各种渠道对系统的演化产生影响。② 涨落概念的提出使系统演化过程中的偶然性受到关注。在耗散结构理论中,涨落与系统的结构、功能相互作用,形成互逆的环链(见图 2-4)。

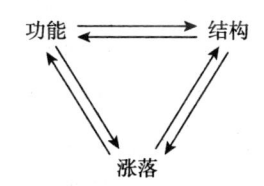

图 2-4　涨落与系统结构、功能之间的关系

图 2-4 左旋环表示:涨落使系统产生新的结构秩序,新结构派生出具有新序的功能,功能的作用又会引发新的涨落,依此类推,周而复始……图 2-4 右旋环表示:涨落引发系统新的功能表现,新的功能导致结构新秩

---

① 〔比〕伊·普里戈金,〔法〕伊·斯唐热. 从混沌到有序——人与自然的新对话 [M]. 曾庆宏,沈小峰译. 上海:上海译文出版社,1987:227.
② 沈小峰,吴彤,曾国屏. 自组织的哲学——一种新的自然观和科学观 [M]. 北京:中共中央党校出版社,1993:57-59.

序的生成，新结构又会引起新性质的涨落，依此类推，周而复始……

2. 系统宏观可变模态与其微观可变要素之间辩证的互动关系

联邦德国物理学家哈肯为研究系统从无序到有序的生成过程创立了协同学，他借鉴了控制论和信息论的一些思想，试图发现一种普遍适用于物理学、化学、生物学，以及社会科学领域内的自组织机制[1]，因此，哈肯更关注由大量完全不同性质的子系统（诸如电子、原子、分子、细胞、神经元、力学元、光子、器官、动物乃至人类）组构而成的各种系统[2]。哈肯不再运用"熵"这个源于热力学的概念来认识和处理自组织问题，而是引入了"序参量"进行替代。序参量（也被译为序参数）由系统组成部分的协作而产生，反过来，序参量又支配各组成部分的行为。[3] 这里的"协作"可以理解为"协同"，在哈肯的理论中，"协同"意指系统中诸多子系统（组成部分）相互协调、同步合作的联合行动、集体行为[4]，序参量正是从宏观层面上描述诸多子系统这样的集体运动，而序参量一旦产生又会支配（役使）各子系统。但是，系统内部产生协同共变的前提是各子系统之间存在竞争，子系统间的竞争使系统趋向非平衡，而子系统间的协同则使非平衡条件下的某些运动趋势联合起来并加以放大，从而使之占据主导地位，支配系统整体的演化。[5]

哈肯创立协同学的灵感源于他对激光的研究，他发现，光电子将所有能量输给那些非常有规律地振动的波之后，激光才会出现，但是，一开始各种波完全由电子偶然、自发地产生，而所有电子都受某种波的支配是一种竞争和选择的过程，当输入激光器的电流达到临界强度时，某种偶然、自发的波就会被强化为激光器中的序，它起到序参量的作用，使各个电子按其周期共振。[6] 哈肯认为这个过程是偶然性与必然性的相互作用，偶然

---

[1] 〔德〕赫尔曼·哈肯. 协同学——大自然构成的奥秘 [M]. 凌复华译. 上海：上海译文出版社，2001：9.
[2] 吴彤. 自组织方法论研究 [M]. 北京：清华大学出版社，2001：46.
[3] 〔德〕赫尔曼·哈肯. 协同学——大自然构成的奥秘 [M]. 凌复华译. 上海：上海译文出版社，2001：7-8.
[4] 吴彤. 自组织方法论研究 [M]. 北京：清华大学出版社，2001：42.
[5] 吴彤. 自组织方法论研究 [M]. 北京：清华大学出版社，2001：41.
[6] 〔德〕赫尔曼·哈肯. 协同学——大自然构成的奥秘 [M]. 凌复华译. 上海：上海译文出版社，2001：52-54.

性是自发的放射，必然性是不可抗拒的竞争规律①，类似现象在生物界和人类社会中普遍存在，例如，在政治和经济决策中，一个小小的涨落时常最终决定事件的主要发展方向。② 但哈肯也认识到系统的开放性是序参量得以产生的必要条件：激光器要维持有序状态需要持续的电流（能量）输入，借此才能保持激光的放射，而激光本身又是一种能量损耗，这就形成了一个与周围环境进行能量交换的开放系统。③ 哈肯又从信息论的视角把序参量视为"信息子"，他认为，要描述所有的原子状态需要大量的信息，而一旦有序态建立，便只需要一个描述总体光场位相的量。④ 在哈肯看来，信息由系统的合作性产生⑤，他以黏性霉菌的细胞聚集过程为例加以说明：在食物减少的情况下，黏性霉菌的细胞会通过发射 cAMP（环状单磷酸腺苷）聚集于某特定点（吸引子），单个细胞发射的 cAMP 分子遇见其他细胞就会增殖（见图 2-5）：

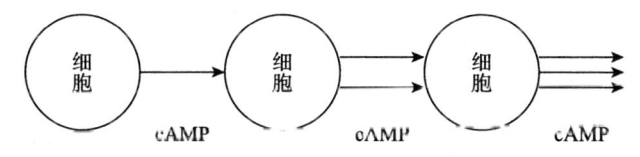

图 2-5　黏性霉菌细胞中 cAMP 分子数目的放大过程

通过 cAMP 分子的发射、扩大，便形成了 cAMP 分子浓度的螺旋图样（见图 2-6）。

单个细胞测知到螺旋波形成的梯度场（信息子）以后，便会迁移到梯度场的最高处，哈肯认为，这种信息传递过程普遍存在于各类系统之中，系统中各种"信号"的竞争与协作亦是系统自组织演化的重要方式，系统

---

① 〔德〕赫尔曼·哈肯. 协同学——大自然构成的奥秘 [M]. 凌复华译. 上海：上海译文出版社，2001：53.
② 〔德〕赫尔曼·哈肯. 协同学——大自然构成的奥秘 [M]. 凌复华译. 上海：上海译文出版社，2001：35.
③ 〔德〕赫尔曼·哈肯. 协同学——大自然构成的奥秘 [M]. 凌复华译. 上海：上海译文出版社，2001：54.
④ 〔德〕H. 哈肯. 信息与自组织——复杂系统的宏观方法 [M]. 郭治安译. 成都：四川教育出版社，1988：56.
⑤ 〔德〕H. 哈肯. 信息与自组织——复杂系统的宏观方法 [M]. 郭治安译. 成都：四川教育出版社，1988：56.

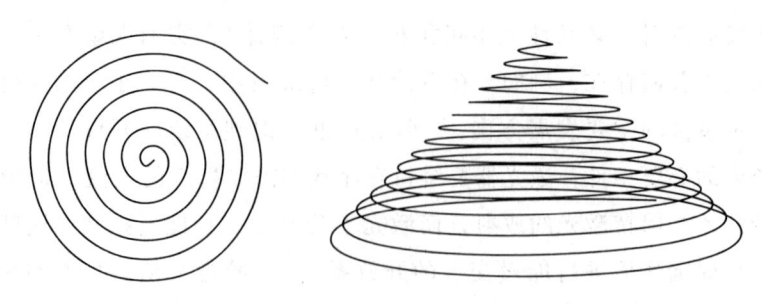

图 2-6　cAMP 分子浓度的螺旋图样

在进行自组织演化的同时发生信息压缩，宏观层面的信息出现。[1] 可见，在哈肯的研究视野中，信息与系统的有序化密切相关。

3. 系统要素通过多级环路联动的自组织方式

与哈肯一样，联邦德国物理学家和化学家艾根在创立超循环论时，也借鉴了控制论和信息论的一些思想，他认为，维纳将"信息"视为物理学中的一个新变量，是一种开创性的工作，但艾根又指出，维纳和申农的通信理论探讨的都是信息的"处理"，而非信息的"发生"。艾根发现，在维纳和申农的理论中，信息一开始便以"完全明确的形式存在"，人们所要面对的问题只是如何通过传输过程将某种信息复原出来。[2] 艾根则尝试从生物起源、进化、代谢的过程中阐释信息产生的机理。在超循环理论创立以前，科学界普遍认为，从无机界进化到有机界分为化学进化和生物进化两个阶段，艾根发现，如果把这两个阶段链接起来，必须解释两个问题：其一，究竟是先有核酸还是先有蛋白质；其二，生物进化的统一性和多样性是如何协调的？[3] 从分子生物学的研究成果可知，核酸是遗传信息的载体，蛋白质的结构由核酸编码，而核酸的复制和翻译须借助蛋白质，并通过蛋白质表达，艾根认为，"蛋白质"与"核酸"的关系可以转化为"功能"与"信息"的关系：信息使功能以有组织的形式出现，而信息又通过它为之编码的功能获得意义。[4] 那么，究竟是先有"信息"还是先有"功

---

[1] 〔德〕H. 哈肯. 信息与自组织——复杂系统的宏观方法 [M]. 郭治安译. 成都：四川教育出版社，1988：58.
[2] 〔德〕M. 艾根，P. 舒斯特尔. 超循环论 [M]. 曾国屏，沈小峰译. 上海：上海译文出版社，1990：213.
[3] 邬焜. 自然辩证法新教程 [M]. 西安：西安交通大学出版社，2009：235.
[4] 〔德〕M. 艾根，P. 舒斯特尔. 超循环论 [M]. 曾国屏，沈小峰译. 上海：上海译文出版社，1990：209.

能"呢？艾根认为，如果将两者的相互作用视为一个循环系统，起点就"无足轻重"了，[①] 但这个系统并非线性可逆的循环，而是"超循环"。艾根将循环分为三个等级，即反应循环、催化循环、超循环。在反应循环中，反应环链上每一步的产物都是前一步的反应物，如生物体内的酶促反应，酶 E 先与底物 S 结合成为 ES，ES 再转化成 EP，EP 释放出 P 和 E，E 再返回去与 S 结合（如图 2-7 所示）。

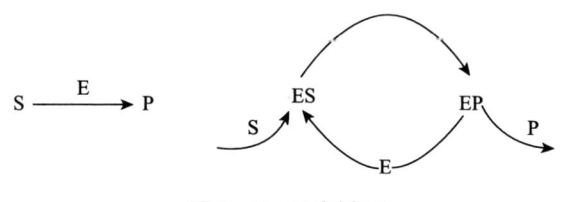

图 2-7 反应循环

反应循环是一种开放的非平衡态演化系统，它虽然不能改变最后生成物的性质，但却加快了反应速度，通常不易发生的化学反应在反应循环建立之后便可进行，反应循环提供了物理运动向化学运动转化的组织形式。[②] 如果在反应循环中有一种中间产物是能催化"反应循环"本身的催化剂，那么，这个反应循环就成为催化循环，催化循环其实就是反应循环的循环（见图 2-8）。

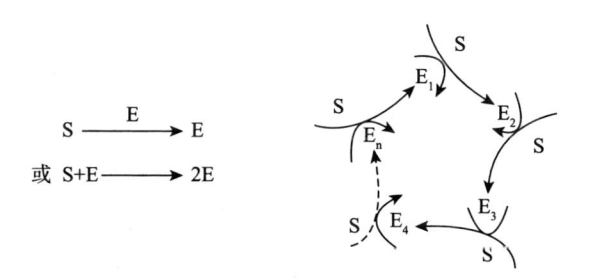

图 2-8 催化循环

DNA 分子的半保留复制就是典型的催化循环，整个催化循环就相当于一个自复制单元，如果，若干自复制单元再耦合成新的循环，超循环就出

[①] 〔德〕M. 艾根，P. 舒斯特尔. 超循环论 [M]. 曾国屏，沈小峰译. 上海：上海译文出版社，1990：210.

[②] 国家教委社会科学研究与艺术教育司. 自然辩证法概论 [M]. 北京：高等教育出版社，1991：46.

现了（见图2-9），若干超循环还可以耦合成更高级的超循环。艾根认为，化学进化和生物进化之间，存在着一个生物大分子自组织进化的过渡阶段，自组织的形式是超循环，核酸与蛋白质就是以超循环的形式组织起来的。

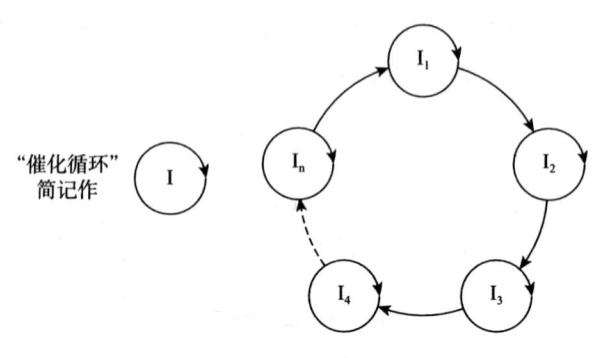

图2-9 超循环

生物通过遗传和变异而进化，核酸与蛋白质是遗传和变异过程中最重要的两类生物大分子。各种生物细胞的核酸与蛋白质都使用统一的遗传密码和基本一致的译码方式，但译码过程的实现需要几百种分子的相互配合，显然，在生命起源的过程中，这几百种分子不可能"一蹴而就"地组织起来。艾根认为，生物大分子形成并向原生细胞进化，是一个渐进过程，在这个过程中，一些关系亲和的分子种按照一定概率分布组成"拟种"，拟种作为自然选择的对象，要达到足够丰度，超循环才会产生。虽然拟种的出现具有随机性，而且存在多个相互竞争的备选拟种，但某个拟种通过循环反馈使自身不断放大，就会使环境越发趋利于自己[1]，而超循环产物在理论上是按双曲线增长的[2]，这意味着，超循环的出现，能使某一拟种迅速扩张，从而取得支配地位，所以，艾根指出，生物细胞运用统一的遗传密码，并非这种密码是唯一的选择，而是超循环组织的结果，超循环是大分子组织能够积累、保存和处理遗传信息的起码要求。[3] 这样，

---

[1] 〔德〕M. 艾根，P. 舒斯特尔. 超循环论 [M]. 曾国屏，沈小峰译. 上海：上海译文出版社，1990：210.

[2] 沈小峰，吴彤，曾国屏. 自组织的哲学——一种新的自然观和科学观 [M]. 北京：中共中央党校出版社，1993：93.

[3] 〔德〕M. 艾根，P. 舒斯特尔. 超循环论 [M]. 曾国屏，沈小峰译. 上海：上海译文出版社，1990：11.

现代进化论利用竞争、选择、分叉、突变等机制说明了生物种类的多样性,艾根则利用超循环模型解释了生物分子水平上的统一性,从而在理论上调和了生物进化的多样性和统一性。艾根认为,超循环是一种动态的稳定结构,一方面,超循环能整合各竞争单元的协同作用[1];另一方面,突变,即自复制错误,又会导致新拟种的产生,新拟种作为一种新的信息源,它于存在着大量劣势竞争者的情况下,能够通过反馈环路放大自己,从而使系统的原有秩序失去稳定性,并向新秩序进化。[2] 因为,一个系统一旦选择了一定的结构,就必须以牺牲其它结构为代价使其选择的结构稳定化[3],所以,进化的过程被艾根视为系统"有选择地组织自己"[4],亦因此,艾根认为"信息源于选择"[5]。

2.1.3　复杂系统生成和演化的数学形式

耗散结构理论、协同学和超循环理论都涉及系统自组织演化的路径分叉问题,法国数学家托姆于20世纪60年代末至70年代初创立的突变论,则是一种专门研究演化路径的拓扑数学理论。

1. 突变:系统演化过程中的结构跃迁

事物的演化有渐变和突变两种形式,牛顿和莱布尼茨(G. W. Leibniz)创立微积分以后,人们可以用导数的值描述变化的快慢,但此数学工具只能描述"光滑"连续的渐变,却无法描述不连续的突变。突变现象在自然界和人类社会中广泛存在,如火山地震、水沸冰融、细胞分裂、生物变异、物种灭绝、人的休克、古城兴衰、战争爆发、政权更迭、改革维新、工厂倒闭、经济危机,等等。突变过程往往是不可逆的,这在生命演化中

---

[1] 〔德〕M. 艾根,P. 舒斯特尔. 超循环论 [M]. 曾国屏,沈小峰译. 上海:上海译文出版社,1990:19.
[2] 〔德〕M. 艾根,P. 舒斯特尔. 超循环论 [M]. 曾国屏,沈小峰译. 上海:上海译文出版社,1990:22.
[3] 〔德〕M. 艾根,P. 舒斯特尔. 超循环论 [M]. 曾国屏,沈小峰译. 上海:上海译文出版社,1990:21.
[4] 〔德〕M. 艾根,P. 舒斯特尔. 超循环论 [M]. 曾国屏,沈小峰译. 上海:上海译文出版社,1990:22.
[5] 〔德〕M. 艾根,P. 舒斯特尔. 超循环论 [M]. 曾国屏,沈小峰译. 上海:上海译文出版社,1990:218.

尤为明显，因此，传统的还原论方法难以应对，正如托姆所言："还原论方法给予人们的安全感实际上只是一种虚幻的想象……"[①] 托姆结合微分拓扑对奇点性质的研究成果，创立了突变论，试图对突变现象做出解释。传统观念认为突变是系统力求规避的破坏性变化，而托姆则认为突变是系统稳定结构之间的跃迁（例如，水在一定条件下气、液、固三相之间的转变）[②]，是系统得以"生存的手段"，具有积极的作用。[③] 鉴于微分数学定量化预测存在的缺陷，托姆采用定性的数学模型对突变现象进行解释[④]，他将事物变化的因素分为控制因子和反应因子两类，前者为外部条件参量，后者为内部状态变量，当系统的外部控制参量小于或等于4个时，突变类型有7种，当控制参量增加至5个时，突变类型会增加至11种。托姆对这11种初等突变类型进行了命名，分别为"折叠""尖拐（尖顶）""燕尾""蝴蝶""椭圆脐点""双曲脐点""抛物脐点""印第安人茅舍""第二椭圆脐点""第二双曲脐点""符号脐点"，它们都有对应的势函数，并可根据势函数绘制出突变过程的几何图式。例如，"符号脐点"型突变的势函数（V）为：$a_1 x + a_2 y + a_3 xy + a_4 y^2 + a_5 xy^2 + x^3 + y^4$，其中 a_i（$i = 1, 2, 3, \cdots\cdots$）是外部控制参量，$x$ 和 y 是状态变量。当势函数处于某种极限状态时，系统的结构才会稳定，但势函数往往存在多个极限值，这说明系统往往存在多个稳定态[⑤]，而稳定态之间又被结构不稳定的区域阻隔，[⑥] 那么，在系统的演化过程中，就会出现从一个稳定态向另一个稳定态跳跃，也就是所谓的突变。系统多稳态的存在，意味着系统演化的路径选择面临多种可能性，而突变则发生在路径分岔处，它反映了事物演化过程中不确定性的一面。

---

① 〔法〕勒内·托姆. 突变论：思想和应用 [M]. 周仲良译. 上海：上海译文出版社，1989：176.
② 刘劲杨. 哲学视野中的复杂性 [M]. 长沙：湖南科技出版社，2008：69.
③ 〔法〕勒内·托姆. 突变论：思想和应用 [M]. 周仲良译. 上海：上海译文出版社，1989：106.
④ 〔法〕勒内·托姆. 突变论：思想和应用 [M]. 周仲良译. 上海：上海译文出版社，1989：123.
⑤ 刘劲杨. 哲学视野中的复杂性 [M]. 长沙：湖南科技出版社，2008：70.
⑥ 〔法〕勒内·托姆. 突变论：思想和应用 [M]. 周仲良译. 上海：上海译文出版社，1989：6.

2. 分形：系统不可还原的生成性结构

托姆的突变论数学弥补了微积分在描述非连续性变化上的缺陷，而分形几何则源于对函数曲线不可微性质的研究。微积分诞生以后，函数曲线上的点，在数学表达上便有了"可微"与"不可微"之分。传统观念认为，连续函数必然有一个导函数，或者它不可导的点集合在某种意义上非常小，而德国数学家维尔斯特拉斯（Weierstrass）于 1872 年设计出一个处处连续却点点不可微的函数，挑战了传统观念。维尔斯特拉斯函数为：

$$W(x) = \sum_{k=0}^{\infty} a^k \cos(2\pi b^k x), \text{其中 } 0 < a < 1 < b, \text{且 } ab \geq 1. \qquad (2-2)$$

1916 年英国数学家哈代（Hardy）证明，对于满足上列条件的所有 a 和 b 的值，维尔斯特拉斯函数都是无处可微的，[①] 但是，维尔斯特拉斯函数曲线极难绘制，故不够直观。1904 年瑞典数学家科赫（H. V. Koch，也被译为"柯赫""科克""科契"等）通过重复使用同一初等几何方法，设计出一条处处连续却点点不可微的曲线，此曲线被称为科赫曲线。构造科赫曲线的第一步是三等分一条直线段；第二步，用一个等边三角形的两边替代三等分线段的中间部分；第三步，在这个新图形的每条直线上重复前两步。科赫曲线就是前述过程无限重复的结果，图 2-10 为科赫曲线的构造过程，科赫曲线在一维的欧几里得几何空间里的长度是无穷大，或者说，科赫曲线在传统的欧氏几何领域内不可度量。

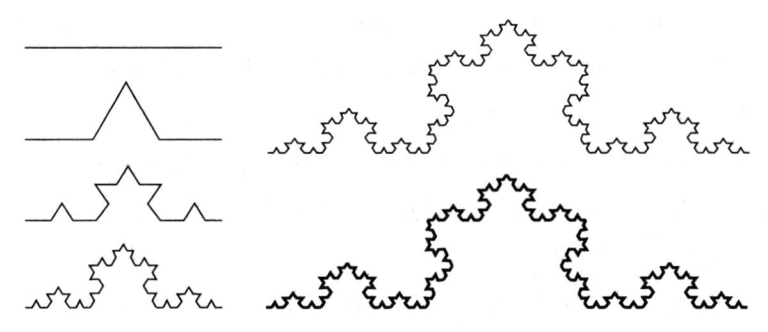

图 2-10 科赫曲线的构造过程

与科赫曲线的构造过程相类似的几何图形还有谢尔宾斯基（Sierpinski，也被译为"希尔宾斯基""席尔宾斯基"等）三角形，它是由波兰数

---

① 李水根. 分形 [M]. 北京：高等教育出版社，2004：2.

学家谢尔宾斯基于1915—1916年构造的。其构造过程的第一步是对一个等边三角形的三边取中点并相互连接，从而形成四个小的全等三角形；第二步，对新形成的每个小三角形重复第一步。谢尔宾斯基三角形就是前述过程无限重复的结果，图2-11为谢尔宾斯基三角形的构造过程。

图2-11 谢尔宾斯基三角形的构造过程

从图2-11可以看出，原来的黑色三角形每重复一次操作，其面积就会减少四分之一，当这种重复操作趋向无穷时，原来的黑色三角形会变成无数个小点，它们的边缘长度之和为无穷大，面积之和却为零，同样，谢尔宾斯基三角形在传统的欧几里得几何领域内不可度量。除了谢尔宾斯基三角形外，谢尔宾斯基还构造了"海绵""墓垛"等几何图形，这些图形都无法用传统的欧氏几何语言去描述它们的整体和局部性质，故被称为"数学怪物"，此外，还有德国数学家康托（Cantor）构造的三分集，也是这样的"数学怪物"。

无论是科赫曲线、谢尔宾斯基三角形，还是康托三分集，都是数学家创造的"怪物"，那么自然界中是否存在类似现象呢？分形几何学的创立者曼德布罗特的论文《英国的海岸线有多长？》对这个问题做了肯定的回答，此文于1967年发表在美国《科学》杂志上。曼德布罗特之所以会思考海岸线的问题，其灵感来自英国数学家理查森（Richardson，也被译为"理查逊"）（1881—1953）的遗稿中一篇鲜为人知的晦涩论文。当初理查森为了解一些国家锯齿形海岸线的长度，翻阅了西班牙、葡萄牙、比利时、荷兰的百科全书，结果他发现这些书上在估算同一国家的海岸线长度时，竟然有高达20%的误差。理查森指出，造成误差的原因是他们使用了不同长度的量尺。理查森发现，绘制地图的比例尺由大变小时，海岸线的长度却变得越来越长，这是因为当以公里为尺度时，海岸线小于公里的曲折就会被忽略；若以米为尺度，海岸线小于米的曲折就会被忽略；若以厘米为尺度，海岸线小于厘米的曲折就会被忽略……只要尺度可以无限缩小，海岸线就可以无限长，所以，曼德布罗特认为，任何海岸线在某种意义上都是无限长的。这说明，自然界中同样存在欧氏几何无法描述的现象。

为了解决这类自然界中的"怪现象"和前述"数学怪物",曼德布罗特突破了欧氏几何整数维的限制,主张用非整数维来描述它们,并由此创立了分形几何学,其研究对象为分形。在欧氏几何的整数维空间中,几何对象的特征量用长度、面积、体积来描述,而分形的特征量只能用分数维来描述。那么,分数维是如何计算出来的呢?下文的例子可以简单地说明其基本原理。设一条线段的长度为1,对这条线段进行n等分,每条线段长为r,则$n \cdot r = 1$;若对面积为1的正方形进行n等分,每个小正方形的边长为r,则$n \cdot r^2 = 1$;若对体积为1的正方体进行n等分,每个小正方体的边长为r,则$n \cdot r^3 = 1$。r的幂次实际上是上述几何体的空间维数,由此可以得到公式:$n \cdot r^D = 1$,两边取对数,则得到空间维数D的表达式:$D = -\frac{\ln n}{\ln r}$,就科赫曲线而言,在第n步时,其等长折线段总数为$4n$,每段长度为$\left(\frac{1}{3}\right)^n$,那么,科赫曲线的维数$D$应为:$D = -\frac{\ln 4^n}{\ln\left(\frac{1}{3}\right)^n} = \frac{\ln 4}{\ln 3} \approx$ 1.26186;谢尔宾斯基三角形的维数D则为:$D = \frac{\ln 3}{\ln 2} \approx 1.58496$;对于英国的海岸线,曼德布罗特确定其维数$D = 1.25$,其他国家的海岸线也大体相近。[①] 用分数维描述分形的方法突破了传统数学加和还原法的局限性。按照传统数学思维,求一条曲线的长度,就把这条曲线分割为若干小的直线段,然后求这些小的直线段之和就是该曲线的长度(见图2-12)。

图2-12 连续光滑的曲线 L

如果把这些小直线段的长度记作u_i($i = 1, 2, 3\cdots\cdots$),则n个小直线段的和(L_n)就可用此式计算:$L_n = \sum_{i=1}^{n} u_i$,当小直线段u_i越取越小时,L_n的极限就是已知曲线的长度,即L的长度 $= \lim_{x \to \infty} L_n = \lim_{x \to \infty} \sum_{i=1}^{n} u_i$,这种求曲线长度的积分方法显然是基于还原论的,它对求解连续而光滑的曲线长

---

① 李水根. 分形 [M]. 北京:高等教育出版社,2004:5-6.

度，是相当有效的。① 但是，对于像科赫曲线（见图 2 – 10）那样处处连续却处处没有导数（不可微）的曲线，以及像海岸线那样的天然分形物而言，传统的数学方法却不能提供有效的描述，其特征量则需要用分数维来描述。

除了维数的非整数性以外，分形的另一个重要特征是自相似性。曼德布罗特认为，无论是数学家利用数学规则构造的分形图，还是天然的分形物，都具有自相似性，所谓自相似性，简单地讲，就是分形的任何一个片段都跟其整体相似。这种自相似性可以是近似的，也可能是统计意义上的。科赫曲线、谢尔宾斯基三角形都是严格的人造自相似分形，其自相似性源于其生成格式的不断重复，它们的形状不会随着观察尺度的改变而改变，故分形又是无标度性的。前面提及的海岸线，是一种天然的自相似分形。同一条海岸线，通过不同的比例尺绘制，其形状都大体相同，之所以这样，就是因为海岸性具有自相似性。自然界中比较常见而又直观的分形是树的形状，其整体形状与树枝、树叶的形状都是相似的，只是这种自相似不像人造分形图那么严格，而是近似的（或是统计意义上的）。此外自然界中自相似的分形还包括云朵、山脉、河流、雪花、孔雀的羽毛、斑马的条纹、星体在宇宙中的分布、人体神经网络、人体血管分布、大脑皮层褶皱等。从地球生物进化的树型分叉图可以看出，生物进化是一种在时间上具有自相似性的分形演化。

3. 混沌：既定系统向未来演化的不确定性

上段述及人造分形图之所以具有自相似性是因为它们的生成格式，即分形图的生成是不断重复同一种构图规则的结果，这种方法在代数学上被称为"迭代"，即不断重复同一种运算的算法。我们在高中数学中学过等差序列：

$$a_0, a_0 + d, a_0 + 2d, a_0 + 3d, \cdots\cdots \qquad (2-3)$$

和等比序列：

$$a_0, a_0 q, a_0 q^2, a_0 q^3, \cdots\cdots \qquad (2-4)$$

这两个序列的共同之处是，自第二项起，每一项都是对其前一项作同一种运算的结果：等差序列是由方程 $x_{n+1} = x_n + d$ 生成的迭代序列；等比序列则是由方程 $x_{n+1} = x_n q$ 生成的迭代序列（其中 $n = 0, 1, 2, 3, \cdots\cdots$；$x_0 = a_0$）。

---

① 林夏水. 分形的哲学漫步 [M]. 北京：首都师范大学出版社，1999：169 – 170.

这是两个非常简单的迭代范例，但却能形象地说明迭代法的基本原理。数学家提出了各种描述分形的迭代方法，并利用计算机进行迭代生成了各种逼真的自然分形图像。例如，用于生成海岸线的中点细分内插法；用于生成山脉、岩石、云团的三角形中点位移法和二维随机网格法；用于生成植物的 L 系统；用于描述自然形态的形成过程及机理的 DLA 模型；用于生成自然景物的迭代函数系统（IFS）；等等。

迭代算法与数学上的动力系统（dynamical systems）密切相关，动力系统是对事物在时间上演化的动态过程进行抽象描述的函数系统，而迭代步骤正是一种在时间上延展的序列，所以，由迭代形成的轨迹是展现某种系统运动过程的有效方法，比如主要用来研究生物种群数量演变的逻辑斯蒂方程（Logistic Equation）：$x_{n+1} = \lambda x_n (1 - x_n), x \in [0,1], \lambda \in [0,4]$，就是一个著名的动力系统。从控制论的角度来看，迭代就是一个反馈过程，λ 则可被视为控制参量，反映环境对系统的影响。20 世纪 70 年代中期，美国洛斯·阿拉莫斯国家实验室（Los Alamos National Laboratory，简称 LANL）的费根鲍姆（Feigenbaum）利用计算机对逻辑斯蒂方程进行了深入研究，他发现，当 $\lambda > 3$ 时，x_{n+1} 的值不再是唯一的，其轨迹会出现分叉，x_{n+1} 将在两个值点上周期性（两点周期）跳动，随着 λ 值的增大，分叉会倍加性递增，而每增加一次分叉，x_{n+1} 周期性跳动的值点就会增加一倍，因此，这种分叉被称为倍周期分叉。但是，分叉点序列 $\lambda_1, \lambda_2, \lambda_3$ …… 趋向于一个极限值 λ_∞，$\lambda_\infty = 3.569945672$……，当 $\lambda > \lambda_\infty$ 时，x_{n+1} 的周期性值点有无穷多个，这说明，当 $\lambda > \lambda_\infty$ 时，迭代值 x_{n+1} 就变得不可预测了，这种现象被学术界称为"混沌"（chaos），图 2 - 13 是对上述数学变化的直观描述。

英文 "chaos" 的原意是"杂乱无章"，图 2 - 13 所示的混沌区域是否就是这样一种状态呢？如果对混沌区域放大则可以发现，其中镶嵌着许多周期性分叉的窗口，再对这些窗口继续放大，又会发现图 2 - 13 的微缩版，这就是层层嵌套的自相似分形结构，所以说，混沌是时间上的分形[①]。混沌区域除了具有自相似性外，其在各层级上倍周期分叉的几何收敛性都服从于费根鲍姆常数。费根鲍姆发现，若以相邻两段分叉点间的距离之比去定义分叉点的收敛速率：

---

① 林夏水. 分形的哲学漫步 [M]. 北京：首都师范大学出版社，1999：218.

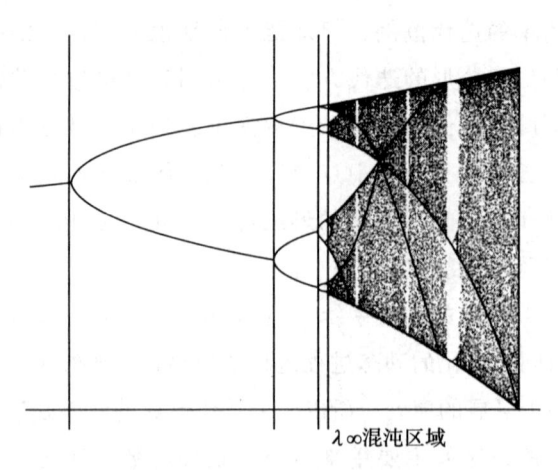

图 2-13 λ∞ 常数的几何意义

即 $\delta = \dfrac{k_n - k_{n-1}}{k_{n+1} - k_n}$，则有 $\delta = \lim\limits_{n\to\infty} k = \lim\limits_{n\to\infty} \dfrac{k_n - k_{n-1}}{k_{n+1} - k_n} = 4.6692016091029909\cdots\cdots$

(2-5)

δ 就是费根鲍姆常数，随后，费根鲍姆揭示了此常数广泛适用于数学函数领域。费根鲍姆常数在混沌领域被发现，不但进一步证明了其普适性，也为我们深入研究分形规律开启了新的思路。在费根鲍姆之前，生物数学家罗伯特·梅（Robert May）于20世纪六七十年代就已经利用一个带有简单编程功能的计算器画出了逻辑斯蒂方程分叉的大致轮廓，并且发现了当 λ 在4左右时出现的"杂乱无章"。对于确定的方程所带来的随机混乱，罗伯特·梅感到惊奇和困惑，后来，他与美国的马里兰大学的约克（Yorke）教授及其博士生李天岩合作，通过建立非线性数学模型，重新阐释了自然种群在时间序列上看似非规律性的变化，从而开启了非线性的生态学研究方法，此外，他运用非线性数学模型在传染病传播动态上的研究，也有效地推进了人们对疾病预防的认识。

罗伯特·梅的合作者约克和李天岩，1975年在美国《数学月刊》上发表了题为《周期3意味着混沌》的论文，这篇论文证明了，一个区间上的自映射，只存在一个周期为3的轨道，则一定有混沌现象，这进一步说明了混沌的普遍性。[1] 根据萨可夫斯基定理可知，如果某个具体区间到自身

---

[1] 李忠. 迭代 混沌 分形 [M]. 北京：科学出版社，2007：31-32.

的映射有周期为 3 的轨道,它就一定有周期为任意自然数的轨道。但是,20 世纪 60 年代中期发现此定理的乌克兰数学家萨可夫斯基(Sarkovskii),却没有发现混沌。在图 2-13 所示的混沌区域中可以发现周期为 3 的窗口,而且倍周期分叉为 6 点周期、12 点周期、24 点周期等。

约克和李天岩的研究灵感来源于美国气象学家洛伦兹的一篇关于天气预报的论文,这篇发表于《大气科学杂志》上的论文,在此之前的几年里一直未受到关注。1961 年洛伦兹用计算机进行天气预报计算时,为考察一个很长的序列,他没有令计算机从头算起,而是把上次输出的六位小数省略了最后三位(比原数值小了约万分之一),输入计算机,一小时以后,他发现此次计算机形成的曲线竟与上次大相径庭。按照传统观念,相近的初值代入确定的方程,结果也应相近,洛伦兹看到的结果显然与传统相悖。为了说明这种现象,洛伦兹后来简化了自己的数学模型,得到一个有 3 个变量的一阶常微分方程组。他发现,这个方程组中的常数取某些值时,其解会形成奇异吸引子(这个吸引子被称为"洛伦兹吸引子",它后来被证明是一个介于 1 维和 2 维之间的分形物),表现出某种不可预测性。洛伦兹据此撰写了题为《确定性非周期流》的论文,并于 1963 年发表,约克和李天岩正是受到了此篇论文的启发。

洛伦兹的研究成果说明,天气变化对初始条件具有敏感依赖性,初始条件的微小变化都可能引起系统行为的巨大变化,这是确定性系统内在随机性的反映,所以,长期的天气预报不可能实现。1979 年洛伦兹在一次演讲中,曾用"蝴蝶效应"比喻这种现象:一只蝴蝶轻轻地扇动翅膀,就可能引起大洋彼岸的一场暴风雨。"蝴蝶效应"这个概念后经美国科普作家格雷克(J. Gleick)的作品《混沌——开创新科学》而风行世界。洛伦兹被誉为混沌之父。20 世纪 80 年代,流体力学、天体力学、生命科学、医学、经济学等诸多领域都发现了混沌现象,混沌不再是数学家的专利。

2.1.4 圣塔菲研究所:复杂性理论创新与科研组织创新共进

数学是现代自然科学必不可少的工具,数学观念的重大转变能迅速波及整个自然科学界的思维方式。自系统论诞生以来,简化还原的思维方式不断受到新理论的挑战,而分形与混沌理论在数学界的勃兴则进一步冲击了这种思维，反思传统科学范式逐渐成为一批科学家的共同旨趣。1984年，在这样一批有"共同旨趣"的科学家和学者的推动下，圣塔菲研究所成立。圣塔菲研究所发起人是前美国洛斯·阿拉莫斯国家实验室主任乔治·考温（George Cowan），几十年的科学生涯使他深刻认识到，占据统治地位的简化还原思维"造成了科学上越来越多的碎片"，从而背离了真实世界的整体关联性[1]，于是，他想创建一个新型研究机构来改变这种状况。他的想法很快得到许多资深科学家的支持，其中包括三位诺贝尔奖得主：创建夸克理论的马瑞·盖尔曼（Marray Gell-Mann）、凝聚态物理学权威菲利普·安德森（P. W. Anderson）以及数理经济学家肯尼斯·阿罗（K. J. Arrow）。在研究所成立之初的研讨会上汇聚了各种学科的顶级专家，虽然他们的学科背景迥异，但通过讨论，他们发现源自不同学科的问题存在大量共性，所有问题的核心都涉及一个由无数能动主体（agent）组成的系统，无论这些能动主体是什么，它（他）们都通过相互适应和竞争而经常性地重组，形成新结构，新的整体行为也随之涌现（emerge）。圣塔菲研究所的主要领导者认为，他们的研究目标就是发现"涌现（emergence）"的法则，多种学科围绕这一目标而整合为一种新的科学："复杂性科学"。[2]

复杂适应系统（Complex Adaptive Systems，简称 CAS）理论是圣塔菲研究所具有代表性的学术成果，它由加盟该所的约翰·霍兰（John Holland）于1994年最先提出。CAS理论最基本的概念是适应性主体（Adaptive Agent），它不同于早期系统论中的元素、子系统概念，而是既受系统整体性的制约又具有自由意志的个体。适应性主体在一定约束条件下的演变过程被称为"受限过程"，适应性主体的运动机制是对外部输入的各种行为（或信息）进行处理再输出行为（或信息）[3]，而各种相互作用的机制链接成各种网络后，各个适应性主体就要彼此适应、相互协调，这些网络也就形成了对能动主体的约束，CAS 即被视为由相互作用的适应性主体组成的系统。在 CAS 中，任一特定适应性主体所处环境的主要部分，都由

---

[1] 〔美〕米歇尔·沃尔德罗普. 复杂——诞生于秩序与混沌边缘的科学 [M]. 陈玲译. 北京：生活·读书·新知三联书店，1997：72.
[2] 〔美〕米歇尔·沃尔德罗普. 复杂——诞生于秩序与混沌边缘的科学 [M]. 陈玲译. 北京：生活·读书·新知三联书店，1997：115.
[3] 〔美〕约翰·霍兰. 涌现——从混沌到有序 [M]. 陈禹等译. 上海：上海科技教育出版社，2006：128.

其他适应性主体组成，因此，任一主体在适应上所做的努力就是去适应别的主体，这是 CAS 生成自身复杂动态模型的主要根源。① 霍兰总结出所有 CAS 都通用的 4 个特性和 3 个机制：4 个特性是聚集（aggregation）、非线性（nonlinearity）、流（flows）、多样性（multiplicity），3 个机制是标识（tagging）、内部模型（internal models）、积木（building blocks）。② 聚集具有两种含义，一是指各种适应性主体能被分门别类，也就是物以类聚；二是指各种适应性主体相互链接涌现出复杂的大尺度行为。非线性是指适应性主体之间的相互作用是非线性的。流是指适应性主体之间相互沟通的物质流、能量流、信息流。多样性是指主体、关系、层次都具有多样性。标识是引领主体聚集并生成边界的标的，也是主体相互识别和选择的信号。内部模型是指每一个主体内部都有动态的内部机理。积木是指主体的内部结构由若干基本构件组合而成，内部结构的变化通过改变内部构件的组合方式来实现。积木具有层次性，高层积木是低层积木组合的产物。

从上段可以看出，在阐释 CAS 主要特征的核心概念中，有些是隐喻性的，国内学者苗东升教授在评价 CAS 理论时，就指出其描述框架带有明显的隐喻性，概念的界定和原理的阐释都比较粗糙，可以说，这种理论还不够成熟。但是 CAS 理论毕竟开创了许多新的研究视角，比如，能动的适应性主体取代了早期系统论中的受动性要素；在方法论上主张整体论与还原论的有机统一。CAS 理论最具特色的是其可操作性，在 CAS 理论提出之前，霍兰就因提出"遗传算法"而享有盛名，所以，CAS 理论与"遗传算法"之间存在着密切关联，这种关联使 CAS 理论很容易借用先进的计算机技术，SWARM 仿真系统（SWARM 是自由软件，任何研究者都可以通过互联网免费下载，并用来构建模拟的复杂适应系统）就是圣塔菲研究所以 CAS 理论为基础开发的软件平台。随着 SWARM 软件在经济学、生态学等研究领域的推广，CAS 理论的影响力也不断增强，2000 年圣塔菲研究所被评为全美最优秀的 5 个研究所之一，它的贡献不止 CAS 理论，其一直秉承其建所初衷，致力于消弭学科门类之间的壁垒，努力将该所营建为一个开

---

① 〔美〕约翰·H. 霍兰. 隐秩序——适应性造就复杂性 [M]. 周晓牧，韩晖译. 上海：上海科技教育出版社，2000：10.
② 参见〔美〕约翰·H. 霍兰所著《隐秩序——适应性造就复杂性》中的第 1 章，此书由周晓牧、韩晖译，上海科技教育出版社 2000 年出版。

放的研究平台,该所的常驻研究人员很少,大都是来自世界各地的外聘教授和期限不等的访问学者,他们会短期或不定期地汇聚于该所,借助该所积累的资源进行跨学科的交流与研究,并在此形成了许多开创性的学术成果。圣塔菲研究所每年都会组织向企业介绍复杂性科学最新进展的会议,21世纪以来,该所与中国学者和学术机构的合作开始增多,不断有中国学生加入该所组织的暑期学校。圣塔菲研究所对于复杂性科学共同体的壮大,以及推进世界范围内的复杂性科学运动,都有着重要贡献。

2.1.5 钱学森的开放复杂巨系统理论

复杂性科学在西方世界的兴起也带动了中国学者对复杂性的关注,在探索复杂性方面,我国著名科学家钱学森院士提出的开放复杂巨系统理论最具影响力。20世纪30年代中后期,钱学森在美国留学并获博士学位,其间他曾参与美国早期火箭研究,20世纪40年代早期,他开始在美国从事教学科研工作,曾任加州理工学院、麻省理工学院教授。其间钱学森在空气动力学和航空工程理论方面做出了开创性的贡献,并成为世界级的火箭专家;与此同时,诞生于美国的一般系统论、信息论、控制论开始在科学界产生重要影响,钱学森借鉴了这些学术思想,于1954年出版了《工程控制论》,成为工程控制论的创始人。可见早期的系统论是钱学森学术思想的一个重要渊源,他主张运用系统观来认识复杂性,运用系统方法来处理复杂性问题。开放复杂巨系统首先要具备一般开放系统的基本特征,系统一般被概括为若干有特定属性的要素经特定关系而构成具有特定功能的整体[①]。开放性是指系统与环境之间有物质、能量和信息的交换,正是在这种交换中系统的外部功能才能得以表现。开放复杂巨系统相对于一般开放系统而言,其组构要素的数量庞大,且种类繁多,其内部具有多重结构层次和非线性的组织关系。整个宇宙可以被视为一个逐级渐次嵌套着星系系统、地球系统、生物圈系统、社会系统、人体系统、大脑系统的开放复杂巨系统。

20世纪80年代末,钱学森针对开放复杂巨系统问题提出了综合集成

---

① 国家教委社会科学研究与艺术教育司. 自然辩证法概论 [M]. 北京:高等教育出版社,1991:28.

法,其要略是定性研究与定量研究相结合、科学理论与经验知识相结合、宏观研究与微观研究相结合、多科学综合、人与计算机相结合。1992年钱学森根据世界科技发展的新状况,在综合集成法的基础上提出了建立综合集成研讨厅体系的设想,"研讨厅"由专家体系、知识体系和机器体系三大部分构成,该设想主要汲取了"研讨班(seminar)"经验、C^3I(communication, command, control and intelligence systems)及作战模拟理论与实践的成果、综合集成法、人工智能、灵境(virtual reality)技术、系统学、信息采集及处理技术。近年来,构建"综合集成研讨厅体系"的思想在环境预测、经济预测、工程决策、军事战略决策、模式识别等领域都进行了富有成效的尝试。[1]

2.2 复杂性的本质与复杂性科学观

纵观前述复杂性科学的发展历程,分处不同时期的各种流派虽然源出背景各异,其认识方法和成果形式也各不相同,但它们都不同程度、不同角度地揭示了世界的复杂性,证明世界在本质上是复杂的。传统科学观认为世界在本质上是简单的,所有形态各异的事物都由同一种"宇宙之砖"构建而成,找到"宇宙之砖"再将它们组合到一起,就可以还原某个事物,也就是说,整体等于部分之和,这就是"分析→还原"的思维方式。早期的系统论打破了这种思维传统,提出整体大于部分之和的新观念,并探讨了世间万物以系统方式存在的一些基本模态,从而使这个被"分析"思维纵向类化拆示世界,在科学家的视野中,重新恢复了动态的全向关联。随后的耗散结构理论、协同学、超循环理论、突变论、分形几何、混沌理论等,则使不可逆性、多样性、非线性、随机性等这些与还原论不相容的或被经典科学认为可以消除的事物属性重新获得承认。这些属性相互关联,学术界倾向于把复杂性归结为这样一组属性的联合,但是这样一来,复杂性也很容易被理解为对可逆性、统一性、线性、确定性的否定,而事实上,复杂性并不否定前述这

---

[1] 顾基发,唐锡晋.综合集成方法的理论及应用[M]//北京大学现代科学与哲学研究中心.复杂性新探.北京:人民出版社,2007:105-107.

些属性，而是兼容了这些属性，复杂性是不可逆性与可逆性、多样性与统一性、非线性与线性、随机性与确定性交互共存的一种状态。

前文述及科学界对不可逆现象的关注始于热力学，后来有科学家就根据热力学第二定律推导出了著名的"宇宙热寂论"，认为宇宙的演化最终会按照热量传导不可逆的规则走向绝对均衡的状态，即整个宇宙的均质化，也就是普里戈金所说的"平衡态"，其内部元素的运动方向在概率分布上完全等概，这是一种完全随机的无序状态，元素之间只存在短程相干的线性关系。然而，在现实中我们会发现，尽管生命是一种不可逆的生长过程，但很多生命体有自发调节自身温度的能力，它（他）们在与环境的交流中能够根据自身需要释放和"回收"热量，不至于被"冻死"或"热死"，相对于热力学第二定律揭示的热传导过程，这种热运动过程是可逆的，正是这种运动过程维持着各种生命体特有的生长秩序，也保证了世界的多样性。这种运动过程并非只限于生命系统，也并非仅限于热力学的理解，它是生命系统和非生命系统中都普遍存在的一种自组织过程，哈肯比较细致地描述了个体随机运动转化为集体协同共变的自组织过程，也就是无序转化为有序的过程。他发现有序模式的产生和维持离不开连续的能量（或物质、信息）输入与输出，换言之，系统的有序结构需要一个反应循环来维系。按照艾根的学说，反应循环会耦合成催化循环，催化循环又会耦合成超循环，自组织过程更多地是以超循环形式出现的。超循环理论揭示了多种子系统逐级耦联的自组织演化过程，它首先在生物学领域协调了组成部分多样性与组织统一性。艾根与普里戈金、哈肯一样，都认识到随机因素会引发系统组织模式的生成与变迁，托姆用数学语言把这种变迁描述为突变，即系统从一种稳定结构到另一种稳定结构的跳跃式演化。突变发生在系统演化路径的分岔处，分岔即意味着路径选择面临多种可能性，它反映了事物演变过程中不确定性的一面。

由上可见，前期复杂性科学揭示的复杂性是不可逆性与可逆性、多样性与统一性、非线性与线性、随机性与确定性交互共存的一种状态，随后的分形几何、混沌理论、CAS理论以及钱学森院士的理论亦如此。分形的存在使纯粹的加和还原法失效，但分形的整体与组成部分之间又是自相似的。混沌作为时间上的分形，是确定性系统随时间演化而产生的不确定性，这种不确定性并非纯粹随机的无序状态，而是无序与有序交互共存的状态。同样，CAS理论在强调适应性主体通过非线性互动带来整体新质涌现的同时，也承认还原法的有效性，而钱学森院士提出的综合集成法也渗透着还原论与整体论辩证统一的哲学思想。

复杂性科学并不否定简单性的存在，而是揭示了简单性的对立面同样客观不可消除，两者是一种交互共存的状态，从而纠正了传统科学对世界单极化的片面认识，这就产生了一种新的世界观。认同这种世界观的科学家必然要把"不可逆性"与"可逆性"、"非线性"与"线性"、"随机性"与"确定性"、"多样性"与"统一性"、"无序"与"有序"放置在平等的地位上去探求，正如经典科学起初为明确人的主体价值而以追求世界的简明确定性为中心那样，平等看待各种对立属性而承认和探索它们交互共存的状态，则是各流派复杂性科学共同的价值取向。在这个科学成为强势话语的时代，复杂性科学的价值取向将会推进社会的平权意识，这是本书第五章的一个重要议题，在此不再赘述。

2.3 复杂性科学的产生与科技系统的复杂化演进

以上述及的复杂性科学主要指的是一种知识形态，而非广义上的"科学"生产过程。从系统论的视角看，作为科学家劳动成果的复杂性科学理论属于科学系统的功能，这种功能一方面会影响自然界和人类社会，另一方面又会成为后续科学研究的资源，前者属于外部功能，后者属于内部功能。外部功能是相对于系统外部环境而言的；内部功能是相对于系统内部结构而言的，外部功能在系统与环境的交流中表现出来，内部功能是系统各种组构要素互动的结果，可见，两种功能又可以显示出复杂性科学得以产生的内外动因。以圣塔菲研究所为例，它的发起人考温在担任白宫科学顾问时发现，科学专家很难应对政府提出的在现实上牵扯着经济、文化、生态、政策等诸多因素的科学问题①，这是考温筹建圣塔菲研究所的外部动因；在科学家共同体之内，考温领导洛斯·阿拉莫斯国家实验室期间发

---

① 〔美〕米歇尔·沃尔德罗普. 复杂——诞生于秩序与混沌边缘的科学[M]. 陈玲译. 北京：生活·读书·新知三联书店，1997：72.

现，传统分科建制的组织模式严重限制了科研人员的视野，这是考温筹建圣塔菲研究所的内部动因。作为回应，考温联袂众多科学家、经济学家成立圣塔菲研究所以后，组建了没有学科壁垒的研究平台，该平台在科研人员的组织上坚持开放流动性，许多学者，包括人文科学的学者，被吸纳进来，完成一定目标的研究之后，又分流到世界各地。他们在圣塔菲研究所对复杂性进行研究而形成的学术成果，一方面成为包括圣塔菲研究所在内的其他学者继续研究的资源；另一方面又经圣塔菲研究所组织的各种社会活动向各方传播。圣塔菲研究所定期向企业宣讲复杂性科学的新成果，这使其赢得了大量的赞助资金，但是圣塔菲研究所又一直坚持其非营利性，其精神是既承认科学创新的荣誉又提倡学术资源的自由共享，所以圣塔菲研究所不参与企业的具体项目，以免过多地受制于经济利益；为防止过多地受制于政治利益，圣塔菲研究所接受的官方赞助基金只占年度科研预算的10%。由此可见，圣塔菲研究所发展的社会动力是多元化的。

圣塔菲研究所的运行模式是一个微缩版的科学系统原型，由此我们可以看出，复杂性科学的产生与科学系统结构、环境的复杂化密切相关。研究现代科学史不难发现科学系统的结构在日趋复杂化，例如，知识的非加和性累积、科学从业人员的日益增多、科研设备的日渐集成化等；研究科学史也不难发现科学的社会影响力与日俱增，越来越多的社会子系统被引向科学系统，而科学系统与各种社会子系统的互动又以超循环的模式耦联在一起，由此引发科学环境的日趋复杂化。概括上述内容就是科学系统的复杂性，但是，面对科学与技术在当代呈现的一体化趋势，如果仅仅将之归为科学系统的复杂性，又是欠妥的。吴彤曾形象地把当代科学与技术之间的关系比喻为一个硬币上的两面[①]。我们可以在很多研究领域发现，科学、技术、科技三个概念能相互替换，例如，计算机科学、计算机技术、计算机科技在很多时候表述的是同一个内容，而复杂性科学的发展在很大程度上就归功于计算机的应用。混沌现象的发现直接受益于计算机，洛伦兹吸引子、逻辑斯蒂迭代方程的几何图像都是计算机应用的产物，如果没有计算机成像技术，混沌区域展现出的自相似结构是很难被认知的，同样，数学家正是利用计算机生成了大量的分形图案、模拟出逼真的自然分

---

① 吴彤. 生长的旋律——自组织演化的科学 [M]. 济南：山东教育出版社，1996：15.

形,但这本身又是计算机成像技术的一种发展;由分形自相似性衍生出来的计算机图像处理技术、信息压缩技术则被称为分形技术;此外,圣塔菲研究所开发的 SWARM 软件平台,在这个信息时代,我们很难说清它是复杂性科学理论还是一种复杂性应用技术。

由上可见,"复杂性科学"用"复杂性科技"来替换,则会概括得更全面,只是学界从认识论的层面上出发,更青睐于"复杂性科学"这个称谓,从而在一定程度上遮蔽了科学技术一体化的趋势。既然"复杂性科学"应被更全面地概括为"复杂性科技",那么"复杂性科技"就应该被归结为科技系统复杂化演进的结果,这个复杂化演进的过程表现出的也就是科技系统的复杂性,而科学技术一体化本身也正体现的是科技系统的复杂性。自第二次世界大战以来,世界瞩目的高科技工程都是科学技术一体化的经典案例,如制造原子弹的曼哈顿工程、苏联的人造卫星工程和载人航天工程、美国的阿波罗登月工程等。参与这些工程的专家很难区分出专职于认识世界的科学家或专职于改造世界的工程师,这些工程要求众多专家的理论与技能彼此兼容——理论要转化为可操作的技术,经验要转化为可通用的原理,这正是现代科学技术的发展的两个趋势,即科学的技术化和技术的科学化。这些庞大的工程需要跨学科、跨行业地统筹调配各种科技人员和设备,由此形成的科技研发平台使众多工作者既有分工又要协同,相对于早期的研发模式,这种科研组织模式显然是极为复杂的,可以说,科研组织模式的复杂化催生了科学技术一体化。那么,现代科学与技术缘何早期处于分离状态呢?吴彤认为西方早期现代科学是自组织产生的,这种自组织是相对于被(或他)组织而言的。他指出中国古代科学由官方掌控,是典型的被(或他)组织科学,也就是说科学发展模式完全成为一种政治规划。[①] 可见,吴彤所说的自组织性旨在强调现代科学系统能生成有序模式主要源于西方科学家的自觉。这种自觉又密切联系着文艺复兴以来西方信仰体系的变革运动,因而西方早期现代科学主要在信仰领域扮演了重塑世界观的角色,而其在技术领域的应用价值还未被关注和启动,第一次技术革命主要被归结为工匠们在经验积累的基础上发挥个人才智的成果。至于后来科学与技术又是如何逐渐融合的,本书将在第四章的相关小节中详细论述。

---

① 吴彤. 生长的旋律——自组织演化的科学 [M]. 济南:山东教育出版社,1996:13.

第三章　现代科学兴起的
　　　　多维文化源流

　　复杂性科学揭示了客观世界在运动过程中不可逆性与可逆性、多样性与统一性、非线性与线性、随机性与确定性、无序与有序交互共存的本质状态，由此形成的复杂性世界观，也为我们勘考现代科学自身发生、发展的历程提供了新的思维方法，即利用复杂性思维探讨科学自身演化的复杂性特征。但从社会整体层面上对科学发展进行研究，就其成果形式来看，主要属于"科技史""科技哲学""科学社会学"等人文学科范畴，有学者认为，人文学科考察的社会现象比自然现象更复杂，源出"自然科学"的复杂性思维未必能胜任。的确，社会运动不能还原为它所包含的物理运动、化学运动、生物运动，但它们之间又存在着相互制约的辩证关系，人们对"低级运动"的理解与他们对"高级运动"的理解也是相互促进的，正如恩格斯在《路德维希·费尔巴哈与德国古典哲学的终结》一文中所言："随着自然科学每一个划时代的发现，唯物主义也必然要改变自己的形式。"[①] 恩格斯曾依据自然科学的新发现对依托牛顿力学的机械自然观进行了哲学批判，这说明自然科学成果经提炼以后能融入哲学，当代哲学领域会积极地回应复杂性科学（前文绪论部分已述及）。就辩证唯物主义而言，复杂性科学通过逻辑实证进一步丰富了"联系"和"发展"的具体形式，使辩证法具有了更坚实的唯物主义基础和更广泛的解释力。当然，运用复杂性思维并非直接将复杂性科学的概念和程式套用于社会现象，那样

---

① 马克思恩格斯选集（第四卷）[M]. 北京：人民出版社，1995：228.

只会重蹈"索卡尔事件"①的覆辙，因此，本文专门在第二章中详细阐释了各流派复杂性科学的产生背景、研究对象、理论模型，以避免想当然地泛泛而谈，并在此基础上对复杂性的本质进行了哲学反思。从前文第一章和第二章的部分内容可知，许多研究复杂性的科学家除证明了复杂性客观而普遍的存在，也尝试运用复杂性思维去考察社会问题，但他们并没有机械地搬用自然模型去思考社会问题，而是根据研究对象的特性来建构适宜的动态解释框架，"削足适履"式地追求研究对象与理论形式的线性对应，恰是复杂性科学观所反对的。

随着圣塔菲研究所的成立，依托该所的复杂性科学家共同体开始致力于消弭传统学科壁垒。加盟该所的学者不再局限于"自然科学家"，他们探讨的复杂性问题很多也是针对社会现象的，像该所阿瑟教授研究的"路径依赖"问题，按照传统学科划分主要属于经济学领域，而阿瑟教授却一反现代经济学运用数学公式计算说明的流行方式，他用日常语言叙事对"路径依赖"进行了隐喻式阐释②，"路径依赖"与科学家用数学方法阐释的"混沌"在机理上是相通的，而"混沌"又是时间上的"分形"，可见，复杂性思维不但适用于研究社会现象，而且其运用也并非只能依靠专业的科学语言。同样，本文要运用复杂性思维考察现代科学自身演化的复杂性特征，也不能刻板地套用已有术语，把简单的事物非要说成复杂的，而要通过"激活"分控于各种传统理论化叙事结构中的科学发展事件，让科学发展的"复杂性"全貌自然地呈现出来。那么，科学发展的全貌是否在各种理论化叙事结构中被圈上了相对偏狭的价值观念呢？如果不能证明这个问题的存在，本书的研究就没有立论前提，而下面关于"现代科学缘何发生"的观点分歧，正说明了该问题的存在。

---

① 1996年5月美国著名的文化研究刊物《社会文本》刊发了纽约大学量子物理学家艾伦·索卡尔一篇题为《跨越界限：走向量子引力的超形式的解释学》的文章，该文长达20页，并附注释109条、参考文献207篇。然而该文刊发几天后，索卡尔又在另一刊物《佛兰卡语》上发文爆料说，稍有能力的物理学家和数学专业的学生都能看出来，他投给《社会文本》的那篇文章上的科学内容都是"胡言乱语"，而他之所以这样做，就是为了测试一下那些对科学进行文化研究的学者够不够学术水准。该事被称为"索卡尔事件"，在当时不但引起了学术界的哗然，而且受到媒体的普遍关注，甚至上了《纽约时报》的头条。"索卡尔事件"无疑反讽了一些人文学者只会"不懂装懂"地玩弄一些新鲜的科学概念和提法。

② 吴彤. 复杂性的科学哲学探究[M]. 呼和浩特：内蒙古人民出版社，2007：243.

3.1 关于"现代科学为何兴起于西方"的观点分歧

现代科学在西方兴起以后,西方世界逐渐成为强势文化产生和传播的中心,而其他地域文明则呈现出相对的被动状态。但在欧洲处于基督教统治下的中世纪,欧洲之外的一些东方国家却在科学技术上处于优势地位,或者至少不亚于欧洲,可是现代科学缘何没有在这些国家兴起呢?

上述问题相对于中国,被称为"李约瑟问题"。因撰写《中国科学技术史》而闻名于世的英国学者李约瑟认为,在长达一千六百多年的古代历史中,中国科技一直领先于西方,然而,文艺复兴之后,西方却出现了现代科学,反超中国。为何现代科学没有出现于中国?这个被李约瑟提出的问题,其实在20世纪上半叶也被中国的胡明复、任鸿隽、梁启超、王琎、冯友兰、竺可桢等学者提出过,而最早提出中国"四大发明"的李约瑟则因其鸿篇巨制《中国科学技术史》使这个问题备受关注。自20世纪80年代以来,"李约瑟问题"一直是中国学术界讨论的热点[1],但是,美国宾夕法尼亚大学的席文(Nathan Sivin)教授认为"李约瑟问题"是"关于历史上未曾发生的问题"[2],这样的问题很难找出原因,与其探究"现代科学为何没有出现于中国?"倒不如去研究"现代科学为何出现于西方?"香港中文大学的陈方正教授也持类似观点,他认为李约瑟提出问题的基本假设误导了中国学者对西方科学的理解[3],西方科学的兴盛并非从文艺复兴才开始。[4] 陈方正按照时间秩序深入追索了现代科学的西方文化渊源,并形成了将近七十万字的著作《继承与叛逆——现代科学为何出现于西方》,

---

[1] 陈方正. 继承与叛逆——现代科学为何出现于西方 [M]. 北京:生活·读书·新知三联书店, 2009:6-7.
[2] 余英时. 一个传统,两次革命——关于西方科学的渊源 [J]. 读书, 2009, (3):14.
[3] 参见陈方正所著《继承与叛逆——现代科学为何出现于西方》中"导论"部分的第4小节,此书由生活·读书·新知三联书店2009年出版。
[4] 陈方正. 继承与叛逆——现代科学为何出现于西方 [M]. 北京:生活·读书·新知三联书店, 2009:33.

力图呈现出"西方科学坚韧久远的传统"①，如果没有这种传统，现代科学得以产生的所有外围因素都将"无所附丽"，而中国科学始终未发展出这种传统，所以，中西科学早已在文化源流上分途。② 香港中文大学的余英时教授在《读书》杂志上发文支持陈方正的观点，他认为中西方探究自然现象的方法自始就已"分道扬镳"，西方现代科学的性质与古希腊科学同条共贯③，中国古代科学沿着自己的轨道无论如何发展都不可能"脱胎换骨"④，呈现出西方现代科学的样态。

陈方正和余英时的观点代表了西方一批科学史专家的看法⑤，他们与李约瑟的主要分歧在于西方现代科学兴起的根本原因，即西方科学传统的延承和科学的外部社会条件，哪一个对现代科学在西方的勃兴起到了决定性作用。显然，陈方正和余英时支持前者，而李约瑟则认为中西方传统科学在本质上是相通的，现代科学之所以没有在中国兴起主要是社会环境的原因。由此可见，陈、余两位教授视西方科学系统内在要素的互动为现代科学在西方兴起之根本原因，而李约瑟则更倾向于外部环境的决定作用。究竟孰错孰对？其实科学作为一个社会子系统，要实现自身结构的跃迁，适度的开放性必不可少，其内在要素的更新以及要素组织模式的维持与变迁，都需要与社会环境交流。西方古代科学转变为现代科学，是一种革命性的结构跃迁。新结构的产生需要从环境中吸收新的动力，但在吐故纳新的同时又继承了旧结构中的积极成分，因此新结构是被内化的外来要素与被保留的传统要素联结而成的新秩序，外来要素与传统要素之间没有恒定的比例。在不同历史时期，由于科学系统开放程度的差异，两者所占权重此起彼伏，也就是说，科学发展作为一个延绵的动态过程，既不能简单地归结为由外在动力所主导，也不能简单地归结为由内在传统所主导。李约瑟强调外在动力因素；陈、余两位教授强调内在传统因素，科学作为主流

---

① 陈方正. 继承与叛逆——现代科学为何出现于西方 [M]. 北京：生活·读书·新知三联书店，2009：633.
② 陈方正. 继承与叛逆——现代科学为何出现于西方 [M]. 北京：生活·读书·新知三联书店，2009：628.
③ 余英时. 一个传统，两次革命——关于西方科学的渊源 [J]. 读书，2009，(3)：16-17.
④ 余英时. 一个传统，两次革命——关于西方科学的渊源 [J]. 读书，2009，(3)：19.
⑤ 参见陈方正所著《继承与叛逆——现代科学为何出现于西方》中"导论"部分的第4小节，此书由生活·读书·新知三联书店2009年出版。

文化形态登上现代西方文化史恰恰是两者的有机融合。文艺复兴是现代科学出现的文化背景，它一方面借助了古希腊、古罗马文化传统中的优秀成分，另一方面，自11世纪以来不断汇入欧洲社会的东方文明又为其提供了张力，因此，现代科学不能归结为纯粹西方文化脉络延展的必然结果，其兴起的背后有着跨越西方文化的复杂渊源。在下文中，笔者将依据史实，结合陈、余两位教授的相关文本以及李约瑟的观点，就西方现代科学复杂的文化渊源展开深入的探讨。

3.2 西方文化的内核：开放性的"二分法"思维

现代科学的一个显著特征是数学化，余英时将其称为运用"精确的数学以量化自然界的研究"[①]，陈方正在西方文化史中为哥白尼、开普勒、伽利略、牛顿等大师引发的数理科学革命勘源到了古希腊时期的毕达哥拉斯教派。[②] 陈方正认为，古希腊科学开花结果于亚历山大城，而亚历山大的科学传统源于柏拉图的学术范式，这种学术范式的形成又是柏拉图深受毕达哥拉斯教派影响的产物。[③] 毕达哥拉斯教派因其创始人而得名，该教派是数学史中，尤其是西方数学史中无法回避的宗教性学术组织，其基本思想是"万物皆数也"[④]。那么，毕氏教派的数学精神是否真如陈方正所言，通过长达两千多年的传承而成为现代科学在西方兴起的文化渊源呢？

从前文阐释的混沌理论可知，一个要素（子系统）参与一个系统运行后，随着时间的推移，其产生的后果会逐渐"分裂"，并最终会"散布"到难确其宗的地步。毕氏教派的数学思想属于古希腊文化系统中的一个分支系统，它的发展会与哲学、宗教等子系统产生交互影响，从而使它们在

---

① 余英时. 一个传统，两次革命——关于西方科学的渊源 [J]. 读书，2009，(3)：16.
② 参见陈方正所著《继承与叛逆——现代科学为何出现于西方》中的第4章和"总结"部分的第600~601页，此书由生活·读书·新知三联书店2009年出版.
③ 陈方正. 继承与叛逆——现代科学为何出现于西方 [M]. 北京：生活·读书·新知三联书店，2009：140.
④ ［美］M·克莱因. 数学：确定性的丧失 [M]. 长沙：湖南科技出版社，1997：4.

相互渗透中发生变异，而这个变异的过程也是这些思想向彼此"裂散"的过程，而各类思想间的"裂散"还会滋生出新的文化形态，就像犹太教的《旧约》与古希腊哲学在碰撞与融合过程中生成了基督教的《新约》，由此也可见，不同地域的文化系统会跨越地向彼此"裂散"。文化以"裂散"的形式向后世传播是必然的，但能够"裂散"出什么新的文化形态却不是某一种原初文化形态所能决定的，所以，两千多年以后在西方"裂散"出来的现代科学，既能从西方文化版图之内找到一条"曲折"链接到毕氏教派的历史线索，也能从西方文化版图之外找到类似的历史线索，并且毕氏教派的数学思想推动"反科学"精神发展的历史面相在西方文化源头上同样也可以被找到。接下来本书将从毕氏教派数学思想的文化特质切入，讨论其在源头上的文化价值。

3.2.1 古希腊数学的哲学语境和神秘主义色彩

毕氏教派发现世间万物虽然千差万别，但都具有数学性质。他们由此推断数学性质是各种现象的本质，自然界是按照数学原理组构而成的，数学关系决定了万千现象背后的自然秩序①，因此，毕达哥拉斯教派极为重视数学研究。毕达哥拉斯教派对数字的理解是点或者微粒，积点成线，积线成面，各种几何图形都被看作点集，按照这种思路，数学计算应与几何图形的构造相符，数学计算不能脱离几何原理。由此，毕达哥拉斯教派引入了点、线和整数等最基本的抽象数学概念，而三角形、矩形等几何图形则可以由这些基本概念来定义，这就是演绎法的雏形。毕达哥拉斯教派用演绎法证明了勾股定理、三角形的内角之和等于两个直角之和。②但是将某些理想化的数学关系通过演绎法而泛化又很容易推导出错误的结论，毕达哥拉斯教派建立的几何结构与数字间的基本对应关系是：1是点，2是线，3是面，4是体，他们非常重视数字4，认为由"面"聚合成"体"后，"体"会产生出水、火、气、土四种元素③，这四者又由冷、热、湿、

---

① 〔美〕M.克莱因.数学：确定性的丧失［M］.长沙：湖南科技出版社，1997：7.
② 〔英〕W.C.丹皮尔.科学史及其与哲学和宗教的关系［M］.李珩译.桂林：广西师范大学出版社，2001：16.
③ 赵敦华.西方哲学简史［M］.北京：北京大学出版社，2007：17.

燥四种物性两两相合而成①，由于 10 = 1 + 2 + 3 + 4，所以，数字 10 也非常被他们看重，借此，毕达哥拉斯教派又赋予了"4"和"10"崇高的社会属性，他们认为，"4"代表正义，"10"代表完满②，并用"10"来建立宇宙模型，断言天上运动的发光天体应为 10 个，之所以只看到 9 个，是因为还有一个看不见的"对地星"③，这些演绎出来的观念显然都是臆测。

数学是从自然规律中抽象出来的数理、几何关系，虽然它自身正确的逻辑推演可以在一定程度上预见世界的演化模式，但后者并非被动地服从前者，两者是相互印证的，因此，人类在数学意义上对世界的理解应以世界的真实存在为基础的，也就是说，数学抽象必须是真实的，否则，数学的理想形式反而会误导人们的实践。然而，毕氏教派并不关心前人发展起来的实用算术，他们使数学抽象脱离了经济生活的需要④，这主要是因为他们探索数学原理的热情主要来源于信仰。古希腊的主流文化形态是哲学，它的基本特征是"信仰"与"知识"交合一体。古希腊先哲们以"信仰"为向标，导引自身的认知活动，他们相信存在着一个纯粹无形的"理智"，它支配万事万物，包括人及其各种活动。当"理智"与人的灵魂相通时，它构成了灵魂的纯粹部分，统摄人的行为、意识和情绪。⑤ 因此，希腊先哲们的认知目标是探寻超越可感世界的"理智"，他们推崇通过纯粹思辨，使灵魂理智化，于是关于灵魂的探究在古希腊的各个哲学流派中都备受重视，当然"毕达哥拉斯教派"也不例外。

毕氏教派认为数量关系和几何形式是自然万物最基本的规定，"数"作为构成事物的基本单元，先于事物而存在，按照这种逻辑，世界很容易被还原为一种没有物质基础的数理关系，即数是万物的本原。而人要获得作为"世界本原"的数理关系，就必须凭借灵魂去理性思索，因此毕达哥拉斯教派给予灵魂极高的待遇，在他们看来，数是永恒的，灵魂是不朽

---

① ［英］W. C. 丹皮尔. 科学史及其与哲学和宗教的关系 [M]. 李珩译. 桂林：广西师范大学出版社，2001：16.
② 赵敦华. 西方哲学简史 [M]. 北京：北京大学出版社，2007：17.
③ ［英］W. C. 丹皮尔. 科学史及其与哲学和宗教的关系 [M]. 李珩译. 桂林：广西师范大学出版社，2001：17.
④ ［英］J. F. 斯科特. 数学史 [M]. 侯德润，张兰译. 北京：商务印书馆，1981：26.
⑤ 赵敦华. 西方哲学简史 [M]. 北京：北京大学出版社，2007：8.

的。① 在古希腊时期，数学被分为"算术"和"庶务"，前者是关于数的抽象关系的研究，后者是用数进行计算的实际技能。毕达哥拉斯教派是发展前者的先驱②，但他们把这种研究发展成了神秘主义的基础，他们根据数字关系制定出许多宗教禁忌，后来欧洲流行的巫术、法术、占星术、占卜术也可以在这里找到源头。③ 由此可见，由于研究的出发点不同，数学不仅能为科学服务，也会衍生出迷信。

综上所述，毕氏教派的数学思想是一粒"文化种子"，它根植于古希腊整体"文化土壤"之中，其发育、成长要从"文化土壤"中汲取能量。哲学作为当时"文化土壤"的底质，会从根部为其发展注入方向，但毕氏教派的数学思想又具有区别于哲学的特质，因此，其发展不是一个完全被当时的哲学氛围所同化的过程，而是其数学思想既"裂散"出神秘主义文化形态又"裂散"到哲学中去的过程，前者为欧洲后续各种新神秘主义文化形态的出现提供了一粒可变异的"文化种子"，而后者则影响了古希腊哲学的后续发展。那么，究竟带来了什么影响呢？这是本书接下来要讨论的问题。

3.2.2 "人与自然"和"灵魂与身体"

余英时在其文章中提到"柏拉图接受了毕达哥拉斯教派对于数学的无上重视，在他的'学园'中全力推动数学研究以探求宇宙的奥秘"；陈方正在其著作中举证柏拉图学园中的"四艺"和柏拉图《对话录》中以科学和宗教为核心的思想均承接于毕达哥拉斯教派。"四艺"是指算术、几何、乐理、天文，在前文中，笔者已经述及毕达哥拉斯学派在算术、几何、天文学上的研究，他们在乐理上的研究也与其数学观紧密相连。毕达哥拉斯学派发现用三条弦发出一个主音以及它的第五度、第八度时，三条弦的长度比例是 6∶4∶3④，由此认为数字比例关系决定了事物构造以及事物间的

---

① 〔英〕罗素. 西方哲学史（上卷）[M]. 何兆武，李约瑟译. 北京：商务印书馆，2005：64-65.
② 〔美〕H. 伊夫斯. 数学史概论 [M] 欧阳绛译. 太原：山西人民出版社，1986：63.
③ 〔美〕H. 伊夫斯. 数学史概论 [M]. 欧阳绛译. 太原：山西人民出版社，1986：64.
④ 〔美〕H. 伊夫斯. 数学史概论 [M]. 欧阳绛译. 太原：山西人民出版社，1986：17.

和谐关系①，然而，无理数的出现一直困扰着这种"和谐"。由于当时毕达哥拉斯教派所知的数仅限于自然数，这意味着所有几何图形的线段都有公度，但他们发现几何图形的一些边长或者它们的一些线之间的比例不能表示为整数或者整数之比，例如，正方形的一条对角线与其一边之比②，这样一来，长度为无理数的边或者比例为无理数的两条线段，就失去了对应的数字单元，这严重触犯了毕达哥拉斯教派关于数学计算必须符合几何结构的信条。

  柏拉图通过对无理数的思考，来揭示数学推理的前提公设并非自明的真理③，在他看来，数学"并不能证实有关现实世界的任何有绝对意义的论断"④。当然，柏拉图并非不重视数学，只是相对于"纯粹的知识"，数学是"介乎意见与理智之间"的低级知识，柏拉图认为，哲学属于纯粹的知识，其方法是辩证法，数学推理是由假设下降到结论，而辩证法是由假设上升到原则。⑤ 在毕达哥拉斯教派看来，数学是超越万事万物变化的永恒逻辑，能使灵魂获得净化，柏拉图则认为数学方法还不能使人达到这种境界，数学的意义在于其假设能为辩证法的升华提供"跳板"。柏拉图意图通过灵魂的理性思辨摒除数学尚保留的感性色彩，最终认识统摄一切的原则。柏拉图把灵魂分为理性、激情、欲望三部分，身体作为欲望的根源，会妨碍人们追求知识，获得真理⑥，柏拉图由此树立了灵魂与身体的二元对立。毕氏教派追求的"数"是与灵魂相通的，而"数"对自然万物的"超脱"则被柏拉图进一步强化⑦，这就使具有灵魂的人与自然世界之间呈现二元对立。以上是古希腊哲学中两组最基本的对立，即灵魂与身体的对立、人与自然的对立，而这种二元对立是有中心的，就人与自然而言，人是中心；就灵魂与身体而言，灵魂是中心。无论是早期的伊奥尼亚派、爱利亚派、元素派、原子论派，还是继柏拉图之后的亚里士多德，其

---

① 赵敦华. 西方哲学简史 [M]. 北京：北京大学出版社，2007：17.
② 〔英〕J. F. 斯科特. 数学史 [M]. 侯德润，张兰译. 北京：商务印书馆，1981：26.
③ 赵敦华. 西方哲学简史 [M]. 北京：北京大学出版社，2007：49.
④ 〔英〕罗素. 西方哲学史（上卷）[M]. 何兆武，李约瑟译. 北京：商务印书馆，2005：181.
⑤ 赵敦华. 西方哲学简史 [M]. 北京：北京大学出版社，2007：49.
⑥ 〔英〕罗素. 西方哲学史（上卷）[M]. 何兆武，李约瑟译. 北京：商务印书馆，2005：182.
⑦ 〔美〕M. 克莱因. 数学：确定性的丧失 [M]. 长沙：湖南科技出版社，1997：8.

思想都在这两组基本对立之上展开。

3.2.3 "二分法"思维在文化变迁中传承

古希腊的这种"二元对立之中确立中心"的思维模式被学界称为"二分法"(dichotomy),西方很多学者都对这种影响至今的"二分法"传统进行过剖析。例如,已故的法国当代思想家雅克·德里达(Jacques Derrida)就试图解构源自古希腊二分法框架下的"逻各斯中心主义",他认为,自古希腊以来,西方各种权力意志都通过二分法限定的逻辑结构获得了文化上的合法性[①];美国当代女性主义认识论的代表人物南希·哈特索克(Nancy C. M. Harstock)指出,西方自古代城邦制度建立以来形成的二分法思维,使哲学、技术、政治理论、社会组织都呈现出二元性。[②] 这种普遍而又持续传承的思维方式,是西方文化形式流变中的稳定内核,从整个西方文化史来看,不能简单地说它是积极的还是消极的,它在不同的历史背景中吸附不同的元素而形成各种文化形态,也就是说,文化内核本身是开放性的,这种开放性又使其不同程度地受制于各种环境因素,不同时期的文化形态是其整合了各种环境因素的结果,因此,文化形态的积极性和消极性,与其所处的具体历史环境密切相关。希腊哲学之后兴起的基督教神学,到后来的现代科学,作为主流文化形态都是这种二分法思维整合各种环境因素的产物。神学在"灵魂与身体的对立"中强调灵魂的优越地位,现代科学(尤其是前期)在"人与自然的对立"中强调人的主体地位,神学与现代科学虽然在基本精神上是对立的,但它们的基本价值取向却都是按照"二分法"思维架构的。

相对于"二分法"思维的传承,毕氏教派的数学思想作为一种文化形态,其"裂散"出来的那部分具有潜在科学价值的内容,相当长一段时间(尤其是中世纪)处于西方文化的边缘。被边缘化的文化价值再次被激活,

---

① Dermot Moran. Introduction to Phenomenology [M]. New York: Routledge, 2000: 448-450.
② Nancy C. M. Harstock. The Feminist: Standpoint: Developing the Ground for a Specifically Feminist Historical Materialism [M] // Sandra Harding. Feminism and Methodology: Social Science Issue. Bloomington and Indianapolis: Indiana University Press, Milton Keynes: Open University Press, 1987: 169-170.

继而发展壮大，仅靠其自身的生命力是不能实现的，必须有外力的介入，更何况从前述内容可知，毕氏教派的数学思想也会滋生"反科学"的神秘主义，这也说明其"裂散"的方向是多维的，其他思想派系亦如此。正是这种多向的文化运动使它们彼此间因碰撞而发生竞争，在竞争的过程中又会形成一种相互贯通的机制，这种机制使它们能聚合成一个主流文化系统，"二分法"思维就是这样一种机制，它就像协同学提出的"序参量"，支配着西方主流文化形态变迁过程中价值坐标重构的基本技术路线。也正因此，柏拉图学说通过否定毕氏教派学说的部分内容而将其整合，亚里士多德学说又对柏拉图学说做了类似的整合，后继者虽然在学术内容上有很多"创新"，但其基本学术目标都以服务"两组基本对立"内的"中心方"为价值归宿。在神学思想占据主导地位的中世纪，欧洲虽然存在着天主教与东正教的对峙，但其基本教义是一致的，"人与自然的对立"被教会势力搁置，以整肃灵魂为要旨的"二分法"思维"独步西方"。在现代科学的历程中，爱因斯坦的理论为牛顿的"真理"设置了边界，但两位科学巨擘的学术成果都使人类面对自然界而产生的主体诉求获得满足，他们探索自然界的热情也是社会文化诉求的集中体现，而这种社会文化诉求又源于人们反抗神学枷锁的斗争，在斗争中"人与自然"的主题逐渐取代了"灵魂与身体"的主题，或者说，一种"二分法"取代了另一种"二分法"，而科学家们的贡献则使新"二分法"的文化地位不断获得强化。"二分法"思维是贯通西方主流文化形态更迭的内核，它是西方主流文化历经哲学形态、神学形态、现代科学形态的真正内在"传统"。毕氏教派的数学成果虽然与现代科学的知识体系相近，但这种数学精神却不是主流文化形态更迭过程中一直秉承的"传统"，毕氏教派学说掺入古希腊哲学整体发展而强化的"二分法"思维才是真正的"传统"。

3.2.4 "二分法"思维与现代科学之间的非线性关系

这种"二分法"思维在古希腊时期被启动以后，产生了巨大的文化惯性，从而使西方后续文化形态在取代原有主流文化形态而重置使命时也要依赖这种"二分法"思维，这就是圣塔菲研究所阿瑟教授研究的"路径依赖"机制，它是人类社会变迁过程中普遍存在的一种演化机制，它说明一个系统一旦锁定一种模式就会对其后续发展带来深远的影响，这种模式还会因该系统与其他系统的互动而扩展到其他系统。阿瑟教授找出了很多与此相关的案例，在此仅举一个大众在日常生活中都能接触到的案例。顺时针旋转的表盘是我们普遍接受的时间图式，但在钟表诞生之初也有逆时针旋转的表盘，至今我们还能在佛罗伦萨教堂看到佩奥罗·厄塞罗（Paolo Uccello，也被译为"保罗·乌切洛"）于 1443 年设计的按逆时针方向旋转的钟表，这说明早期的钟表表盘存在两种可供选择的模式。① 但各种带有"偶然性"的历史事件促使顺时针表盘渐成主流，尽管后来钟表技术结构不断创新，但都沿用了顺时针旋转模式，以及许多非计时性仪表也采用了顺时针旋转模式，现在人们在进行空间定位时所说的"几点钟方向"也依据的是这种顺时针旋转模式。虽然，电子表带来了数字显示模式，但它是与顺时针旋转的表盘模式相对应的，例如，我们现在使用的 Windows 电脑操作系统，它自带的计时器通常是以数字形式显示的，但也能切换成虚拟成像的表盘形式，而这种表盘只会是顺时针旋转。

"二分法"思维就像顺时针的表盘，成为西方文化流变过程中长久隐性传袭的稳定内核，而毕氏教派的数学思想只是这种内核的阶段性选择。"二分法"思维在西方文化的长久传袭是否就导致现代科学必然出现于西方呢？现代科学对于整个人类的进步意义在于它承载的真理性内容，在这个意义上，"二分法"思维与现代科学的关系就如表盘模式与钟表技术之间的关系，即使当初流行的是逆时针表盘，钟表技术也会向前迈进，因为社会有需求；同样，即使西方文化的内核是另一种思维方式，现代科学会不会出现，关键看社会有没有需求，而这种需求又往往是多重社会因素的综合表达，总之，"二分法"思维与现代科学之间不存在线性的因果关系。即使社会有需求，作为文化内核的"二分法"思维也会被破解，后现代主义思潮和复杂性科学都从不同层面上挑战了这种文化内核，路径依赖理论将这种状况概括为"退出闭锁"，寻求"路径替代"。② 当然，"路径替代"的出现并不意味着"二分法"思维只有消极作用，正如前文所述，"二分法"思维是一个开放的文化内核，它既能用于神学，也能用于科学，在整

---

① 〔美〕米歇尔·沃尔德罗普. 复杂——诞生于秩序与混沌边缘的科学 [M]. 陈玲译. 北京：生活·读书·新知三联书店，1997：41.
② 吴彤. 复杂性的科学哲学探究 [M]. 呼和浩特：内蒙古人民出版社，2007：199.

个西方文化流程中，哲学、神学、科学这些主流文化范式如何置换的呢？或者说，怎么由两组对子，演变成一组对子，随后又变成了另一组对子的呢？这是一个复杂的社会问题，仅在文化范畴之内无法阐释出完整答案，接下来本书要在更广阔的社会背景中讨论这个问题。

3.3 西方古代科学兴衰流变的多维原因

在亚里士多德之后，晚期的希腊哲学呈现出明显的伦理化倾向，其重点放在了"灵魂与身体的对立"之上，不再以追求智慧为主要目标，逐渐走向衰落。这种衰落在很大程度上归因于当时的社会结构。

3.3.1 贵族化的哲学理念制约古希腊科学发展

当时，进行哲学、数学、艺术活动的大都是富贵阶层，他们不从事体力劳动，承担体力劳动的是地位低下的奴隶、非公民、自由手工业者，即使从事商业活动也会受到歧视，例如，柏拉图认为自由人从事商贸是一种堕落；亚里士多德认为理想条件下的公民不应从事任何商业。[1] 毕达哥拉斯教派本身就是一个明显倾向于贵族政治的团体[2]，因而这个教派在基本政治立场上与柏拉图及其追随者是一致的，这也是柏拉图能接受毕氏教派观念的重要原因。但是，柏拉图比毕氏教派走得更远，他将几何图形理想化，主张尽可能少地借助机械器具进行几何学研究[3]，他认为他的学生为发展几何数学而引入机械工具会亵渎其崇高性与纯洁性[4]，因而柏拉图极为排斥实验和机械技术[5]，他对天文学在航海、历法和计时中的应用也没兴趣。[6] 出身富贵阶层的柏拉图在数学研究上脱离实验和观察，曾主张通

---

[1] 〔美〕M. 克莱因. 数学：确定性的丧失 [M]. 长沙：湖南科技出版社，1997：13.
[2] 〔美〕H. 伊夫斯. 数学史概论 [M]. 欧阳绛译. 太原：山西人民出版社，1986：62.
[3] 吴国盛. 科学的历程（第二版，上册）[M]. 北京：北京大学出版社，2002：75.
[4] 〔美〕M. 克莱因. 数学：确定性的丧失 [M]. 长沙：湖南科技出版社，1997：8.
[5] 〔英〕W. C. 丹皮尔. 科学史及其与哲学和宗教的关系 [M]. 李珩译. 桂林：广西师范大学出版社，2001：28.
[6] 〔美〕M. 克莱因. 数学：确定性的丧失 [M]. 长沙：湖南科技出版社，1997：9.

过演绎推理来获取真理,这一主张后来几乎成为所有希腊哲学家的信念,但是,柏拉图在探寻绝对"理念"的路上,认为演绎证明也是不必要的。根据柏拉图的"灵魂回忆说",灵魂"堕入"身体之前,已经对理念领域有所观照,包含着天赋的知识,只是受到身体的干扰以后,灵魂忘却了曾经观照过的内容①,所以,知识不是后天获得的,而是灵魂固有的,人们只需"回忆"那些毋庸置疑的真理。②

柏拉图的学生亚里士多德反对柏拉图关于"理念"可以脱离事物本身而存在的论断,他认为事物的本质寓于事物本身,这种唯物主义色彩的世界观推动亚里士多德进一步巩固了演绎法的学术地位,他将当时在几何学中比较完备的演绎形式泛化为所有学科都应遵循的基本逻辑原则。③ 但是,亚里士多德的学术旨趣终究不能挣脱其"倾向贵族"的价值观,他虽然对"物理学"(在今天看来亚里士多德的"物理学"被称为"自然哲学"更合适)有过深入研究,但这种研究只是为"形而上学(物理学之后)"做铺垫的④,而"形而上学"的最高境界是获得哲学的最高原则,这个最高原则又是一种"超自然"的存在。⑤ 亚里士多德的基本学术定位是追求非实用的智慧,正如毕氏教派为了研究数学而研究那样⑥,他也是为了知识而求知。可以说柏拉图和亚里士多德的基本学术立场是一致的,他们的学术气质蕴含着希腊贵族的价值观,虽然他们的学术研究使依托演绎逻辑的理性精神发扬光大,但其学术归宿又使这种精神缺乏现实观照。长此以往,孕育着科学方法的希腊哲学就逐渐演变为寻求精神支柱的思想活动,而这种思想活动又很容易朝向追求幸福的伦理学探讨,当伦理化的哲学不能满足民众的道德追求时,它就会面临自身崩溃的危机⑦,从而为基督教的盛行埋下伏笔。

由上可见,各种文化间的互动并非只是"客观真理"的竞争,等级社会的特权意识必然会以文化形式出现。在知识被权贵阶层所垄断的古希腊

---

① 赵敦华. 西方哲学简史 [M]. 北京:北京大学出版社,2007:62-63.
② 〔美〕M. 克莱因. 数学:确定性的丧失 [M]. 长沙:湖南科技出版社,1997:12.
③ 〔美〕M. 克莱因. 数学:确定性的丧失 [M]. 长沙:湖南科技出版社,1997:12.
④ 赵敦华. 西方哲学简史 [M]. 北京:北京大学出版社,2007:76.
⑤ 赵敦华. 西方哲学简史 [M]. 北京:北京大学出版社,2007:83.
⑥ 〔英〕J. F. 斯科特. 数学史 [M]. 侯德润,张兰译. 北京:商务印书馆,1981:27.
⑦ 赵敦华. 西方哲学简史 [M]. 北京:北京大学出版社,2007:113.

时期，哲学很容易沦为强化特权意识的文化工具，这样一来，古希腊哲学就会萎缩成权贵的精神奢侈品，从而失去了对大众文化的影响力。或者说，古希腊哲学由指导整体社会文化的"序参量"逐渐退化成了社会文化系统中的一个"可变要素"，在这种情况下社会文化的发展往往面临着多种可能性。按照耗散结构理论，此时的文化系统处于演化的"分叉处"，某一种随机的社会涨落都可能使文化系统分化出某一种演化模式，而不是其他模式。希腊社会出现了什么样的"涨落"？这些社会"涨落"又对西方科学发展产生了什么影响？这是下文将要探讨的问题。

3.3.2 军事扩张推动古希腊科学范式转变

亚里士多德在世时，希腊的政治格局已发生巨变，作为文化中心的雅典被纳入了马其顿帝国的版图，年轻的亚历山大继承王位以后，对东方发动了大规模的侵略战争。亚历山大大帝深受希腊文化精神的影响，亚里士多德曾经是亚历山大的老师，但是，亚历山大出于实际的政治需要，更注重科学技术在战争中的应用，在这一点上，他与"柏拉图-亚里士多德"式的学术态度是有区别的。

亚历山大作为帝国的政治首脑，其带有实用主义色彩的科学技术观随着马其顿帝国的扩张而不断向外辐射。亚历山大征服埃及以后，在尼罗河出海口建立了以自己名字命名的亚历山大城。亚历山大大帝英年早逝之后，马其顿帝国分裂为三个国家，亚历山大的部将托勒密统治着亚历山大城，托勒密也曾师从亚里士多德，他像亚历山大一样运用政府力量扶助学术发展。在希腊化地区中，亚历山大城逐渐成为与雅典并列的文化中心。马其顿帝国跨越欧、亚、非三洲的军事征战，使希腊人对地球有了更多的认识[①]，不断扩大的视野，进一步激发了他们对自然界的好奇心，因此，他们在亚历山大城沿承的希腊文化主要是关涉"人与自然"的知识，并使这种知识进一步发展。欧几里得受托勒密王的邀请来到亚历山大城，他在此编撰了著名的《几何原本》，把前人的成果（包括毕氏教派的数学成果）

---

① 〔英〕W.C. 丹皮尔. 科学史及其与哲学和宗教的关系 [M]. 李珩译. 桂林：广西师范大学出版社, 2001：37.

汇集成一个完美的演绎几何学系统，既作为工具又作为思维范式的欧氏几何学对后继的西方文化产生了深远的影响。亚历山大的科学得以发展的另一个重要原因是，希腊人擅长的演绎推理在此遭遇了东方民族注重实用的科技知识，从而促进了数学推理与观察、实践的结合，这就具备了现代科学的意蕴。[①]

对形成亚历山大科学范式做出重大贡献的是阿基米德（Archimedes），他年轻的时候来到亚历山大城跟随欧几里得的弟子学习几何学，几年后，他离开亚历山大城，回到故乡叙拉古。尽管他的主要科学成就并非在亚历山大完成，但是，他在亚历山大的学术经历却深刻影响着其后来的科学态度。阿基米德在数学上发现了圆柱体与其内接球体的容积比例；发明了用内接和外切多边形测量圆周的方法。但是，我们更熟知他的名言：给我一个支点，我可以撬动地球。杠杆的运用在当时已很平常，但阿基米德抽象出了杠杆定律，使之成为一种解释众多力学现象的原理，却是重大进步。阿基米德还总结出了浮力原理，并用数学方法将这个原理推演了出来，此外，阿基米德在机械工程方面还有许多发明创造。后来，亚历山大的学者以阿基米德为榜样对自然界展开研究，而没有再版雅典哲学化的学术体系。[②] 托勒密王朝在亚历山大建成了当时世界上最大的缪塞昂学园，该学园设有文学、数学、天文学、医学四个部，每个部既是学校又是研究所，并配有当时世界上最大的图书馆，其藏书量达40万册，学园中收藏有大量文物标本，建有植物园、动物园、实验室、天文台。[③] 在这样的学术氛围中，亚历山大相继活跃着一批推动科技发展的杰出人物，像人体解剖学家赫罗菲拉斯（Herophilus）、地理学家埃拉托色尼（Eratosthenes）、数学家阿波洛尼乌斯（Apollonius）、天文学家托勒密（Claudius Ptolemaeus）（与托勒密国王不是一个人）、医学家盖伦（Claudius Galenus）等。这些人物往往在其他学科领域也很有建树，在此只是按其主要成就来标示他们。

科学技术能在亚历山大兴起，传承古希腊传统文化中的优秀成分固然起到了重要作用，但是东方文明的融入也不容忽视，而这一切又以马其顿

---

① 吴国盛．科学的历程（第二版，上册）[M]．北京：北京大学出版社，2002：88．
② 〔英〕W.C.丹皮尔．科学史及其与哲学和宗教的关系[M]．李珩译．桂林：广西师范大学出版社，2001．46．
③ 吴国盛．科学的历程（第二版，上册）[M]．北京：北京大学出版社，2002：84-85．

帝国的军事扩张为背景的。军事征战激发了帝国对科学技术的现实需要，并由此带动政府对科研的扶持，使希腊文化中关涉"人与自然"的知识得以发扬光大；随着帝国疆域向东方的扩张，注重实用的东方科技汇入西方学术，同时，随疆域扩展而扩展的视界又进一步激发了人们探索大自然的热情。正因如此，相对于贵族哲学框架内只重理论构想而不屑庶物的希腊传统"科学"，亚历山大的科学更贴近现实，并讲求与实用技术的融合[1]，例如喜帕恰斯（Hipparchus，也被译为"希帕克斯""喜帕克斯"等）、希罗（Heron）等大家，他们像阿基米德一样，除了在数学方面有很深的造诣外，同时也都是杰出的机械发明家[2]，此外喜帕恰斯还是一位杰出的天文学家。数学在亚历山大的科学研究中占据重要地位，这显然与希腊传统有关，但在此发展起来的数学在风格上又与追求演绎结构之完美的希腊传统数学存在差异，亚历山大的数学家更注重研究相对有限的特殊问题，像代数学之父刁番都（Diophantus，也被译为"弟奥放达斯""丢番图"等）的《数论》，汇集了189个代数问题，但同时，刁番都的《数论》也与古巴比伦时期应用性的算术解题相异，在《数论》第一卷中，刁番都先给出了相关定义和符号的说明，由此可见希腊演绎数学的遗风。[3]

3.3.3　科学在基督教化的西方社会中式微

亚历山大的科学成就既是对希腊传统学术的扬弃，又是多重社会条件耦合的产物，因此，社会环境的变迁会深刻影响亚历山大科学的发展。亚历山大的缪塞昂学园在历史上存在了约600年，不过亚历山大科学的高速发展主要在该学园存在的前200年，后来，缪塞昂学园逐渐失去了王室的支持，科学发展随之趋向衰缓。在欧洲，希腊传统科学或曰自然哲学，消融于形而上学，而伦理化的希腊哲学由于缺乏对民众的观照又日趋衰落。

---

[1] 吴国盛. 科学的历程（第二版，上册）[M]. 北京：北京大学出版社，2002：94.
[2] 喜帕恰斯发明了很多天文仪器，希罗的主要发明包括虹吸器、测温器、空气抽压机、蒸汽机，参见〔英〕W. C. 丹皮尔所著《科学史及其与哲学和宗教的关系》中的第45和第48页，该书由李珩译，广西师范大学出版社2001年出版。
[3] 吴国盛. 科学的历程（第二版，上册）[M]. 北京：北京大学出版社，2002：98.

此时，脱胎于犹太教的基督教开始向希腊文化的辐射区域传播，并与希腊哲学碰撞、融合之后生成了新的基督教思想。这种新思想既保留了原基督教贴近普通民众的形式，又植入了希腊知识阶层喜好的哲学概念①，逐渐在欧洲盛行起来。随后统占了大部分欧洲和整个地中海区域的罗马帝国认同了基督教的合法性，公元 380 年，罗马皇帝将基督教定为国教。处于罗马帝国统治下的亚历山大城在文化上面临着基督教的冲击，大约在公元 390 年②，激进的基督教徒焚毁了亚历山大图书馆中 30 余万件希腊文手稿③，公元 415 年亚历山大缪塞昂学园最后一位杰出人物希帕提娅（Hypatia）被基督教徒杀害，希帕提娅是亚历山大唯一的女数学家，她信仰新柏拉图主义而不信耶稣。④ 公元 640 年伊斯兰教徒占领亚历山大城，其宗教首领奥马尔（Umar ibn ol-Khattab）下令收缴所有希腊文著作并予以焚毁，亚历山大图书馆的藏书也随之被毁坏殆尽。⑤

公元 395 年罗马帝国分裂为西罗马帝国和东罗马帝国，西罗马帝国继承了罗马帝国的大部分基业，东罗马帝国的势力主要在东欧和西亚以及北非。东罗马帝于公元 610 年改称拜占庭帝国，马其顿王国时期的希腊化运动使其后继者东罗马帝国在文化习俗上具有明显的希腊传统色彩，但西罗马和东罗马的基督教势力都很强大，虽然原西罗马辖区和东罗马境内的基督教于 1054 年分裂为天主教和东正教，但它们的基本教义是相同的。罗马帝国分裂以后，不断的蛮族入侵伴随着奴隶起义使西罗马帝国变得支离破碎，终于在公元 476 年正式解体。西罗马帝国灭亡以后，东罗马帝国曾一度重新统一古罗马帝国，然而东罗马皇帝查士丁尼（Justinian）坚持基督教信仰，于公元 529 年下令封闭了雅典的所有学校，其中包括柏拉图创立的学园。查士丁尼之后，斯拉夫人征服了巴尔干，阿拉伯人占领了巴勒斯坦和埃及⑥，拜占庭帝国与西方的联系被割断，此时，西欧的行政建制退

---

① 赵敦华. 西方哲学简史 [M]. 北京：北京大学出版社，2007：116.
② 〔英〕W. C. 丹皮尔. 科学史及其与哲学和宗教的关系 [M]. 李珩译. 桂林：广西师范大学出版社，2001：46.
③ 吴国盛. 科学的历程（第二版，上册）[M]. 北京：北京大学出版社，2002：114.
④ 吴国盛. 科学的历程（第二版，上册）[M]. 北京：北京大学出版社，2002：114.
⑤ 吴国盛. 科学的历程（第二版，上册）[M]. 北京：北京大学出版社，2002：115.
⑥ 吴国盛. 科学的历程（第二版，上册）[M]. 北京：北京大学出版社，2002：115.

化成一种彼此为争夺领地和权力的若干小王国和部落组织所构成的政治拼盘①，西罗马帝国遗留的铺石公路、导水渠网络又复失修，进入原西罗马辖区的蛮族文明程度低下，甚至没有自己的语言和文字，更别谈什么科学知识，直到公元800年，当时的西欧霸主查理曼大帝都不能写一封令自己满意的简单书信②，所以，西欧中世纪的早期被称为"黑暗年代"，但正是在西欧出现了日后的现代科学。

在"黑暗年代"，唯一能够统一人心的是罗马帝国遗留下来的基督教会，那些献身于"文化事业"的僧侣和修女使书籍不至于完全消失，随后发展起来的修道院也致力于保存过去的知识③，但主要是医学和农学知识，而教会教育传授的"四学"，即算术、几何、音乐、天文④，也能使我们看到毕达哥拉斯教派学的影子，所以，古希腊的文化传统依然微弱地在西方沿承。然而，基督教的基本精神是与科学相悖的，随着基督教势力干预世俗政治之能力的不断增强，笃信天启的社会意识压制了人们探索大自然的热情，并最终导致了一个以宗教神学为主体思想的中世纪。基督教文化使二分法框架下"灵魂与身体的对立"发挥到了极致，宗教神学以上帝的名义进一步宣扬灵魂的优越地位，身体的肉欲被视为人世一切罪恶的渊薮，总在侵扰灵魂的思索与安详，妨碍灵魂与上帝的对话。因此人的一生被解读为一个原罪的过程，人必须弃绝肉身，才能魂归天国，获得新生，所以人要克己、禁欲、斋戒、苦行、安于贫困。在此时的西方意识形态中，"人与自然的对立"处于"若有若无的边缘地位"。⑤

纵观西方古代科学的兴衰流变，我们可以看出科学的辉煌难以超脱各种社会条件的变迁，其文化内核吸附的各种真理会随历史环境的变迁而聚

---

① 〔美〕时代-生活图书公司.骑士时代·中世纪的欧洲［M］.侯树栋译.济南：山东画报出版社，2001：8.
② 〔美〕时代-生活图书公司.骑士时代·中世纪的欧洲［M］.侯树栋译.济南：山东画报出版社，2001：19.
③ 〔美〕时代-生活图书公司.骑士时代·中世纪的欧洲［M］.侯树栋译.济南：山东画报出版社，2001：130.
④ 〔英〕W. C. 丹皮尔.科学史及其与哲学和宗教的关系［M］.李珩译.桂林：广西师范大学出版社，2001：66.
⑤ 余英时在其文章《一个传统，两次革命——关于西方科学的渊源》中曾用"若有若无的边缘地位"来判定中国在"西化"过程中其传统"自然科学"的状况，参见《读书》，2009年第3期，第22页.

增或消散，科学的兴盛是优秀文化传统与历史环境双向建构的产物，所谓传统又往往随着跨地域的文明交融以及后人之于具体历史条件中的发挥而延异为名不副实的混合体，故而我们可以在某个地域某个阶段的科学成就中分析出某种文化渊源，但却不能将这种历史性的科学成就完全归因于某种文化渊源。文化形态在向前演变时往往面临多种相互竞争的模态可供选择，之所以只有一种文化形态成为主流，并非其他文化形态开发真理的能力差，而是转型时期多重社会因素耦合的结果，就像基督教取代亚历山大的科学。当某种文化形态成为主流以后，它又会与其他社会子系统相互配合地建构一种社会秩序，因此，我们又能从政治的、经济的视角去解释某个历史时期占据统治地位的文化形态，后来在西方兴起的现代科学也是这样一种复杂的文化现象。

3.4　西方现代科学与东方古代文明的多维关联

在西方处于"黑暗年代"时，东方的阿拉伯人、中国人以及印度人却在科学技术上取得了辉煌的成就。随着伊斯兰教的兴起，政教合一的阿拉伯国家逐渐兴盛起来，阿拉伯人于公元 8 世纪征服的疆域已包括西亚、中亚、西班牙和北非。地缘优势使阿拉伯人可以同时汲取西方、印度、中国的优秀文化，加之阿拔斯王朝对科学事业的支持，于是，阿拉伯世界的科技繁荣一时，巴格达成为当时的学术中心，阿拔斯王朝在此建立的"智慧宫"吸引了大批学者。[①]

3.4.1　古阿拉伯科学成就助生西方现代科学

阿拉伯人在天文学、化学、数学、物理学、医学方面都有突出表现，这些成就对西方现代科学的兴起产生了重要影响。例如，开普勒（Johannes Kepler）直接继承了阿拉伯物理学家阿尔·哈曾（Ibn-al-Hai-tham，也

---

① 吴国盛. 科学的历程（第二版，上册）[M]. 北京：北京大学出版社，2002：118 - 119.

被译为"伊本－阿尔－黑森")的光学成果①;阿拉医学家伊本·西那(拉丁文名字为:Avicenna)的《医典》后来成为欧洲各大学的医学教科书②;阿拉伯的炼金术为现代化学的兴起奠定了基础,西文中的许多化学名词都来自阿拉伯文③;阿拉伯数学家花拉子摸(Mohammed ibn Mūsā al-Khwārizmī,也被译为"花拉子米""花拉子密"等)的《还原与对消计算概要》被译成拉丁文后,在欧洲作为标准的数学课本被使用了数百年。一些西方科学史专家认为阿拉伯科学主要是学习西方先进文化的产物,阿拉伯人的功绩主要在于保存了许多西方科学知识,从而为西方日后的复兴提供了一个背景,阿拉伯人的确翻译了许多希腊典籍和亚历山大的希腊人著作,还接收了许多原拜占庭帝国境内的科学文化资源,这些都为阿拉伯科学的发展奠定了一个高起点。但阿拉人又在此基础之上使科学向前迈进而不仅仅是让外来文明本土化,例如,阿尔·哈曾批判了亚历山大学者关于眼睛会发射光线的观点,他认为光线来自太阳,人能看见物体是因为物体反射了阳光④;阿拉伯炼金术大师提出了金属的组成部分理论,并将定量分析的方法引入化学实验,祛除了亚历山大时期炼金术的神秘主义色彩。⑤

　　阿拉伯的科学成就进一步说明,科学系统在适宜的历史环境保持开放性才能进化,阿拉伯科学系统的开放性不只面向西方,也面向当时它所能及的整个世界,例如,中国炼丹术对阿拉伯炼金术的影响,印度数学对阿拉伯数学的影响。现代数学计算中普遍采用的"阿拉伯数字",就是由印度人创造经阿拉伯人传到欧洲的。⑥由炼丹术中衍生的火药配制技术经阿拉伯人传到欧洲以后,转化为冲击西方传统政治结构的巨大能量,从而为培育现代科学的西方新政体提供了技术支持。可见,现代科学在西方兴起的背后是东西方文明的交汇,而加速文明交会的力量又往往缘起于文明冲突。

---

① 吴国盛. 科学的历程(第二版,上册)[M]. 北京:北京大学出版社,2002:124.
② [英] W.C. 丹皮尔. 科学史及其与哲学和宗教的关系[M]. 李珩译. 桂林:广西师范大学出版社,2001:73.
③ 吴国盛. 科学的历程(第二版,上册)[M]. 北京:北京大学出版社,2002:122.
④ 吴国盛. 科学的历程(第二版,上册)[M]. 北京:北京大学出版社,2002:124.
⑤ 吴国盛. 科学的历程(第二版,上册)[M]. 北京:北京大学出版社,2002:121-122.
⑥ [美] H. 伊夫斯. 数学史概论[M]. 欧阳绛译. 太原:山西人民出版社,1986:17.

3.4.2 东西文明交会为现代科学兴起创造条件

公元 11 世纪末基督教势力整合了整个欧洲社会，但基督教的发祥地耶路撒冷却落入了伊斯兰教徒的手中，罗马教廷号召西方基督教徒组成十字军，针对伊斯兰国家发动了九次大规模的宗教战争。历时两百年的十字军东侵不但没有实现罗马教廷建立世界教会的迷梦，反而由于战争暴行彰显的罪恶使教会的威信急剧下降，宗教势力统治下的欧洲社会体制也受到重创。但十字军的远征，在客观上也促进了东西方文明的交流，航海罗盘、火药、棉纸、阿拉伯代数学就是此时传入欧洲的。十字军掠夺的金银财宝也增加了欧洲的货币供应，他们占领的地中海港口则促进了西方的贸易活动，这对于欧洲文明复兴极为重要。罗马帝国崩溃，西欧陷入蛮荒的"黑暗时代"在很大程度上是由货币匮乏造成的，当时西班牙和希腊的金银矿几欲枯竭①，通货缩减带来连锁的恶劣影响。当然，西方现代科学之所以能够在宗教幻想中崛起，离不开西方人民的自我觉醒能力，也离不开西方社会转型过程中吸纳的大量东方元素。试想，如果没有造纸术和印刷术传入欧洲，中世纪僧侣贵族对知识的垄断将很难打破，16 世纪马丁·路德的反教会论纲也不会在四个星期内传遍欧洲；如果没有火药传入欧洲，骑士的甲胄与贵族的城堡也不会在市民的火器面前失去威慑力；如果没有指南针传入欧洲，远洋航海就难以实现，也就不会有 16 世纪初的地理大发现。而十字军在接触阿拉伯世界众多的图书馆时，又发现了大量用阿拉伯语保存了若干世纪的希腊典籍②，从而激发了欧洲一场旷日持久的翻译运动，这场翻译运动几乎波及了所有阿拉伯语的科学文献。以上历史事件为理性主义传统的复兴和人文主义精神的崛起提供了现实的物质张力和文本支持，使西方人挣脱了"灵魂与身体"斗争的历史，走向了"人与自然"斗争的时代，从而开启了现代科学的历程。可见，西方现代科学萌生于多元、全方位的社会聚变，而这种聚变又处处渗透着来自东方文明的动力，所以，

---

① 〔英〕W.C. 丹皮尔. 科学史及其与哲学和宗教的关系 [M]. 李珩译. 桂林：广西师范大学出版社，2001：67.
② 〔法〕阿敏·马洛夫. 阿拉伯人眼中的十字军东征 [M]. 彭广恺译. 台北：河中文化实业有限公司，2004：274.

西方现代科学与东方文明之间存在着错综复杂的关联。

3.4.3 东方文明参与西方现代科学的自组织创生

不甘心退出历史舞台的基督教势力，也试图在复杂变动的文化浪潮中找到维持自身地位的资源。教会的经院哲学派从重新传入的希腊著作中吸取消极的成分来阻抗科学探索的诉求，尤其是亚里士多德和托勒密的一些学说被他们奉为绝对正确的教条，他们企图借此确立一种新的权威主义去束缚人们的思想。[①] 托勒密的理论也被当时的天文学家所接受并被应用于航海和推算历法，然而，阿拉伯人为让托勒密体系兼容他们不断增长的观察数据，已使其变得极为烦琐。哥白尼发现，这种繁复冗赘的理论体系与古希腊和谐统一的数理精神不相符，他开始尝试简化这种理论体系，他通过长期的天文观察认识到，如果用"日心说"取代"地心说"则会使宇宙模型简约合理，后来，开普勒用更加简练的数学方法设计出依托"日心说"的宇宙模型。[②] 可见，托勒密的理论体系之所以变得日益繁缛，其根本原因在于立论前提的错误，哥白尼和开普勒的工作开启了现代科学的逻辑实证主义方法论体系，实验归纳和数学演绎的结合成为现代科学方法的基本特征，弗兰西斯·培根（Francis Bacon）和笛卡尔分别在实验归纳法和数学演绎法上做出了开创性的贡献；牛顿则是一位集大成者，他一方面继承了前人在天体物理学上的研究成果，另一方面将实验归纳与数学演绎相结合，并在此基础上对地球上的物体运动进行了统一的力学阐释。

数学演绎法从古希腊时期开始就一直是西方"文明人"的特长，但他们并不注重演绎逻辑的实用价值，而将其视为一种精神力量。前文曾提及古希腊时期应用于实际的计算技能被称为"庶务"，它为精神境界低的体力劳动者和商人所使用，而贵族学者是为了研究而研究"算术"。这种"算术"与"庶务"的分法在基督教推崇"灵魂"至上的中世纪也一直被沿袭，直到15世纪才被逐渐统一起来。[③] 显然，这种变化与西方11世纪以来的社会转型有关，而这种社会转型又关联着东方文明的引入，因此数

[①] 李文林．数学史概论（第二版）[M]．北京：高等教育出版社，2002：125．
[②] 〔美〕M. 克莱因．数学：确定性的丧失 [M]．长沙：湖南科技出版社，1997：27．
[③] 〔美〕H. 伊夫斯．数学史概论 [M]．欧阳绛译．太原：山西人民出版社，1986：63．

学与现实世界的结合受到东方文明的影响,这种影响在亚历山大时期就已显现。当时,以雅典为中心的哲学研究倾注于纯粹精神领域的探讨,在此之前,希腊的学术旨趣就有这种倾向:"算术"在柏拉图和亚里士多德的最高境界面前"相形见绌",而分流到亚利山大城的学者使学术朝向物质世界,科学发展获得现实动力,并提升了数学描述自然的能力,也激发了数学的进一步发展。但经济崩溃、政局瓦解、宗教发难又让亚历山大的科学成就在西方难以为继。当推倒罗马废墟的"蛮人"历经几个世纪的基督教化后,跨地域的文明流溢又给西方带来文化复兴的契机,那些被教会神父所轻视的世俗知识,裹挟东方人的智慧几经周转而得以重返西方。随着科学发现的不断递增,西方人对上帝的信仰惯性也戏剧性地嫁接到了科学上,这就使早期的现代科学蒙上了一层看似奇怪的宗教色彩。

如果说希腊先哲们相信数学是大自然的运行规则,那么现代早期的科学大师则相信上帝是按数学规则来设计大自然的。[①] 笛卡尔、牛顿、莱布尼茨都相信上帝的存在。笛卡尔坚信自然法则永恒不变,这种法则就是数学[②];牛顿努力揭示"自然的数学原理",确信数学是物理现象的真正解释[③];莱布尼茨认为数学公理是"先天存在的真理"[④],所以,它是所有自然科学的基本原理。他们不奢望像上帝一样睿智,但却虔诚地去接近上帝的思想,并最终认识上帝创造的这个世界,他们带着这种信念推动了数学方法的发展,如笛卡尔的解析几何、牛顿和莱布尼茨的微积分,都成为分析、推导、计算事物变化机理的普适性方法,从而增强了数学运算的效率、扩大了数理描述的适用范围,使人类面对自然界获得了更多的主动性。他们的贡献使科学的数学化成为潮流,用简明确定的数理逻辑展现自然万物的机理逐渐成为科学家们追求的目标,但这种价值取向也促成了日后盛行的机械自然观。虽然,笛卡尔、牛顿、莱布尼茨的工作以承认上帝为前提,但是他们及其后继者的科学成果却留给上帝的空间越来越小,不可抗拒的理性主义精神日渐逼退传统神学的幻想与臆测。而这种依托数理逻辑的理性主义精神又折射出古希腊文化的光辉,所以西方现代科学既渗

---

① 〔美〕M. 克莱因. 数学:确定性的丧失 [M]. 长沙:湖南科技出版社,1997:33.
② 〔美〕M. 克莱因. 数学:确定性的丧失 [M]. 长沙:湖南科技出版社,1997:34.
③ 〔美〕M. 克莱因. 数学:确定性的丧失 [M]. 长沙:湖南科技出版社,1997:51.
④ 〔美〕M. 克莱因. 数学:确定性的丧失 [M]. 长沙:湖南科技出版社,1997:53.

透着东方文明的影响，又闪现着古希腊精神，还拖着基督教的影子，它是一个多元文化脉络纵横交织的复合体。

这个复合体是多元文化自组织聚合的结果：东方文明、西方传统科学思想、东西混合的科学思想、基督教文化是彼此间相互竞争的社会子系统，竞争使它们彼此之间产生了协同效应。比如，阿拉伯人为让自己观察到的新天文数据融入托勒密模型而使其变得极为烦琐，哥白尼则认为这种烦琐性不符合古希腊的数理精神，进而激发了他简化宇宙模型的想法，但他提出的"日心说"同样是以天文观察为基础的，所以，哥白尼将数理逻辑和观察归纳相结合的方法体现了两种文化的"协同"。又如，牛顿运用数学方法去理解"上帝"创造的世界，也将数学演绎与实验归纳相结合，而数学与现实世界的结合又受到东方文明的影响。由上可见，在各种文化的相互竞争中数学方法与实际观察、实验结果相结合的趋势被"协同放大"，逐渐成为人们探索大自然的主导性运思策略，这种运思策略成为现代科学方法论的基本特征，随着这种特征的强化，现代科学也日渐从社会中分化出来，成为一个相对独立运行的社会子系统。因此，现代科学系统的创生是一个自发生成有序模式的自组织过程，这种有序模式不是西方传统派生的，也不是东方文明派生的，而是它们参与其中的各种文化组成部分"协同共变"的结果。

3.5 科学在中西文化的交互共存中发展

陈方正在其著作中抓住"希腊数学复兴"这条轴线，认为希腊数学与现代科学革命之间有着决定性关系。[①] 所谓复兴，即意味着曾经衰落过，以哲学形式不断被强化的贵族优越感使囿于其中的希腊数学在源生态的学术中心雅典失去活力，随后希腊数学在亚历山大城获得生机，军事征战下的东西文明交汇是亚历山大文化现象的重要背景，而阿拉伯科学的兴起则更带有东西文明交融的色彩。希腊数学的优秀传统固然重要，但传统得以

---

① 陈方正. 继承与叛逆——现代科学为何出现于西方 [M]. 北京：生活·读书·新知三联书店，2009：612.

维系的条件和得以发展的动力也是不可或缺的。正如前文所述，所谓传统往往随着跨地域的文明交融以及后人之于具体历史条件中的发挥而延异为名不副实的混合体，故而没有游离态的传统。在西方现代科学中我们可以找见希腊数学的内容和思想，但同样，我们也能找见非希腊的数学内容和精神，而且，希腊数学随历史环境的变迁兴衰流变，究竟何为其纯粹的源流？我们很难从完整的历史中肢解出答案。因此，现代科学不应被简单地归结为西方某种原初文化形态所能决定的必然产物。

3.5.1 认识方法的差异与认识结果的共性

余英时发表题为《一个传统，两次革命——关于西方科学的渊源》的文章支持陈方正的观点，题中的两次革命分指古希腊时期的"毕达哥拉斯革命"和文艺复兴以来西方现代科学革命，余英时的文章认为这两次革命都运用了"精确的数学以量化自然界的研究"，所以是"同条共贯"的一个文化传统。① 他借此在文中指出，中国和西方在探究自然现象上的运思程序有着质的区别，并以"象棋"和"围棋"两种游戏为例，形象地说明中西方的"科学"历程是不具有可比性的，并且，自始便与"中国的科学传统""分道扬镳"了，进而推导出李约瑟关于中西方"科学"性质相同的预设是不成立的，中国古代"科学"无论如何发展也不会呈现出西方现代科学的样态。② 余英时在文中树立这种观点后，又选取了一些历史文献资料中记载的案例，论证了中国传统知识结构与西方现代科学模式的无法接洽，而中国人面对西方科学的态度，一开始是认同和拒斥的两派，然后"完全信服"，再到"全面拥抱"，这个态度转变的过程，也是中国传统"科学"被挤兑到"边缘地位"的过程。③ 最后他在文章中得出结论，"西方科学不断移植到中国"并全方位扩展，导致"中国的科学教育已完全与西方接轨"。④

中西文化在源头上的确存在差异，这个源头应该追溯到语言上，因为

---

① 余英时. 一个传统，两次革命——关于西方科学的渊源 [J]. 读书，2009，(3)：16.
② 余英时. 一个传统，两次革命——关于西方科学的渊源 [J]. 读书，2009，(3)：19.
③ 余英时. 一个传统，两次革命——关于西方科学的渊源 [J]. 读书，2009，(3)：22.
④ 余英时. 一个传统，两次革命——关于西方科学的渊源 [J]. 读书，2009，(3)：22.

语言是人类社会化的起点，语言符号的运用使人类具有了区别于动物的自我意识、抽象思维和长时记忆，现代科学术语也无不依托于人们日常使用的语言。语言作为人与人交流的中介，又必然承载和塑造着某个人类群体共同的思想特征。西方语言的基本载体是字母排列组合而成的单词，中国使用人数最多的是汉语，其基本载体是汉字，汉字大部分是象形文字，它具有"音、形、意"三个维度，而西语中的单词只有"音和意"两个维度。汉字中的"形"源于对自然的摹写，所以在中国人的思维里存在着与大自然同构相联的基因，因此，他们更关注人与自然的统一性，所以，中国人不会像西方人那样，把自己看作一个能跳到自然之外的冷静旁观者，这种自然观派生到了社会生活的方方面面，以至儒家中庸的处世之道在中国盛行了两千多年。余英时文中提及庄子的"六合之外，圣人存而不论"、朱熹的"格物致知"落入"六合之内"[①]，都是中国传统思维的结果。

西语的字母拼写不存在与大自然的形体对应，希腊先哲们没有观照自然界的意识，他们强调人与自然的二元对立，并企图完全把握自然这个对立面的本质，这种"二分法"思维泛化到人自身就会形成"灵魂与身体"的对立。纵观西方文化形态的流变，无不出于"二分法"框架下克服"身体"和"自然"的动机，只是不同时期的侧重点不同而已。那么，中西方文化源头的差异是否意味着中西文化不可通约？

从洛伦兹的混沌理论可知，一个系统的演化路径对初始条件具有敏感的依赖性，正如前文第二章中所述，洛伦兹在考察一个天气演变的序列时，稍微改变了一下初始值，结果计算机上显示的曲线就与先前显示的曲线相比产生了很大差异。那么，由于源头上的差异，中西方文化系统在演化过程中也会呈现出路径上的差异，但这并不意味着两条路径不会相交。思维方式的差异的确会使中西方在认识同一个世界上表征出不同形式的结果，但同时这些结果又存在交集，因为他们认识的这个同一对象在客观上是无法分割的，并不是人的主观倾向任意建构的产物。科学是人类认识世界的实践，由于中西方思维方式的不同，这种实践活动的结果会呈现出形式上的差异，但同时也会反映出同一认识对象的共性内涵。李约瑟基于认知结果存在共性的前提下认证了16世纪以前中国相对先进的科技文明，而

---

① 余英时. 一个传统，两次革命——关于西方科学的渊源 [J]. 读书，2009，(3)：19.

余英时和陈方正则著文强调的是中西方认知方法上的差异。

科学在不同的语境中,的确可以被相对理解为"知识成果"和"认知方法",但"知识"的形成是认知和领悟的结果,而"知识"的颠覆又会成为探索新知的起点,这就意味着"知识"和"方法"事实上是无法分割的,对"知识"的学习过程也是对"方法"的认同过程。余英时的文章在寻求现代科学"同条共贯"的"一个传统"时,主要以认知方法上的部分共性为标准,导出毕达哥拉斯教派的数学研究为决定论意义上的西方现代科学之文化起点,正如陈方正在其著作中还对毕达哥拉斯与牛顿的宗教意识进行了类比[1],这就会遮蔽各种传统思维方式通过吸纳外来文明而自我进化的开放性。现代科学早期在天文学上的突破仅靠数学方法是不能完成的,观察总结在其中起到了至关重要的作用。牛顿虽然很注重数理逻辑,他的数学成就不可否认,但今天人们普遍认为他是现代物理学的奠基人,他在此领域完善了数学演绎与实验归纳相结合的范式,而观察、实验不能说没有受到东方文明的影响。

3.5.2 文化差异是中西方彼此学习的前提

余英时的文章通过明末徐光启对《几何原本》与中国《九章算术》进行比较的案例来说明,早期接触西方科学知识的中国人已经认识到中国数学只重实用,而缺乏原理推证;又以晚清李善兰译介的《几何原本》其余部分和牛顿《自然哲学之数学原理》为例,进一步说明,中国人已认识到西方数学具有使自然科学"数学化"的强大功能,而中国传统科技都缺少西方科学史上的这种特殊精神。徐光启对西方科学的译介和研究成果对中国乃至东亚还是有很大影响的,我们今天所使用的基本几何概念大都来自徐光启的翻译,徐光启翻译的《几何原本》在幕府时代传入日本,并为日本知识分子广为接受。[2] 既然,中国学者已经认识到西方数学的这种相对优势,那为何中国没有借此发展起现代科学呢?

---

[1] 陈方正. 继承与叛逆——现代科学为何出现于西方[M]. 北京:生活·读书·新知三联书店,2009:634.
[2] 〔日〕山田庆儿. 古代东亚哲学与科技文化——山田庆儿论文集[M]. 沈阳:辽宁教育出版社,1996:338.

余英时在其文中举证清末保守势力对西方现代科学的排斥、误解，这其实是政治问题在文化上的反映，明清之际，与封建官僚体系纠合在一起的儒家文化，已经日趋保守和衰败，对先进文化的排斥是一种政治上被动的本能反应。中国史学界划分出的"近代"则专指中国在政治上被动接受西方的历史时期，而在西文中是没有"近代"这个词的，西方人认为文艺复兴以来的历史都属于现代化的进程。① 所以，这一时期文化碰撞的现象不应归结为"中西对自然现象的探究"自始至此都是互斥的，它本质上是某个历史时期保守的政治态度在拒斥外来文化中的正义与真理，正如西方宗教神学对科学启蒙的压制。凝结希腊人演绎智慧的《几何原本》，在中世纪的欧洲只留下一系列的欧氏命题而无证明②，直到12世纪完整的阿拉伯文《几何原本》才被翻译成了拉丁文③，可见，西人对演绎推证的认同并非"从一而终"的，它只是西人"二分法"思维之于具体历史境况的阶段性文化选择。而开明政治的文化表达，又会呈现出对先进文明的吸纳与借鉴，亦如《几何原本》在阿拉伯世界遭遇的善待，那么，中国像阿拉伯世界那样较早接纳了《几何原本》，是否就能发展起来现代科学呢？这是不能确定的，阿拉伯科学的兴衰就是反面例证，数学演绎的优势只是现代科学兴起的充分条件而非必要条件。

同样，牛顿《自然哲学之数学原理》所体现的自然科学"数学化"，也不能归结为现代科学兴起的充要条件，从当时各种社会力量变动重组的状况看，牛顿《自然哲学之数学原理》又体现着"二分法"框架下"人与自然"和"灵魂与肉体"两组基本对立间的斗争与妥协，于是《自然哲学之数学原理》开篇首现的逻辑前提是"上帝"掌控的绝对时空，这就会给没有浓厚宗教背景的中国人带来阅读障碍④，从而影响《原理》中后续内容的传播。西方宗教意识又很容易刺激中国政治，因为政治上的主权诉求是拒绝被同化的，所谓的全球化也是"和而不同"的，政治与文化的互

---

① 赵敦华. 现代西方哲学新编 [M]. 北京：北京大学出版社，2001：1.
② 〔英〕W.C. 丹皮尔. 科学史及其与哲学和宗教的关系 [M]. 李珩译. 桂林：广西师范大学出版社，2001：76.
③ 〔美〕H. 伊夫斯. 数学史概论 [M]. 欧阳绛译. 太原：山西人民出版社，1986：134-135.
④ 〔日〕山田庆儿. 古代东亚哲学与科技文化——山田庆儿论文集 [M]. 沈阳：辽宁教育出版社，1996：345.

动关系不容忽视，外来的西方文化最终都要接引到中国人现实的政治、经济生活中。1949年后的新中国对"科学教育"与科技发展进行的政治规划，是与西方存在显著差异的。中国20世纪六七十年代创造的"两弹一星"的举国体制，远非西方的科学发展模式，而且这些被接引的西方现代科技内容中本身就存有以西方形式升华的东方文化精粹，当然也包括中国文化的精粹，中国人学习西方现代科学，并非对"本土科学"的全盘否定，而是在否定文化中的落后成分。因此，源于各自独特文化背景的中西方"科学"是可以兼容的，如果想找寻中西方古代认知方式的共性也不难。《几何原本》代表了西方古代数学演绎的最高水平，而中国也同样有演绎思维的传统，像中国上古典籍《易经》就构造了世界上最早的二元编码演绎系统，它代表了中国人通过一种抽象二元图式的演绎变换来理解世界的思维方法，只是这种方法在后世更多地被江湖术士们用来卜卦，这就像毕达哥拉斯教派的数学衍生出了神秘的宗教禁忌。莱布尼茨在研究"二进制"时，对《易经》产生了浓厚兴趣，学过计算机基础知识的人都知道，现代计算机的运算模式就是二进制，后来莱布尼茨成为中西文化交流的积极倡导者，他曾经根据来华传教士提供的材料编辑了《中国近事》一书。[①] 莱布尼茨的态度反映出中西文化是相互兼容的，并不是非此即彼的相互否定，而现代科学的兴起正是西方人系统总结和利用一切人类文明成就的结果。

中国之所以引进西方现代科学，正是因为现代科学蕴含了人类历史上包括中国在内的各种文化精粹，科学发展是对世界上所有陈腐传统的否定，因而它既不属于东方传统，也不专属于西方传统，它探索未知世界的方法和成果、追求真理的精神气质符合人类共同的利益需要。然而，正如西方有选择地汲取了东方文明之后推动现代科学出现和发展那样，其他国家和地区在自己原有的文化体系内面对西方现代科学，也不可能无条件地全盘接受，他们会根据所处的历史环境以自己的思维方式来取舍并推进一切人类文明成果，使各种异域文明呈现出本土化的个性，继续维系着文化的差异，而差异的存在正是彼此交流学习的前提，科学在世界多元文化的交互共存中发展。

---

① 李存山. 莱布尼茨的二进制与《易经》[J]. 中国文化研究，2000，8（3）：140-141.

第四章 现代科技发展的多维社会动力系谱

　　现代科学随着西方社会的全方位转型而崛起，同时，现代科学也在直接或间接影响着西方各个层面的社会变革，科学与社会的交互作用是两者共同发展的动力。在这种互动的发展过程中，科学的社会功能趋向多元化，而科学发展的社会动力也在趋向多元化，也就是说，科学之社会影响力的扩大会吸引更多的社会力量介入科学系统，科学研究的模式及其社会性质也会因此而嬗变。虽然科学可以被抽象地概括为人类认识世界的实践活动，也可以把认识方式的飞跃性变革概括为科学革命，但我们据此看到的科学史主要是，科学知识以不同速率向前突破以及科学思维随之变迁的过程，就发展原因而言，也很容易被归结于其内在的动力结构。的确，科学的日益强盛也使自身独立的系统边界日益明显，但是科学的独立性是相对的，它作为一个开放的社会子系统，会与其他社会子系统不断地进行各种形式的交流，科学的社会功能正是在这种交流中显现，同时，在科学功能的刺激下，各种社会力量又会以不同的强度介入科学系统，这样，各种社会力量的角逐又以新科学功能的形式表现出来。虽然，各时期的科学在知识内容上都可以概括为人类认识世界的成果，但这些成果之于人类生存境况的价值却要置于相关社会历史背景中才能被全面理解。

　　西方现代科学成为后发展国家的学习对象，是因为后发展国家在反抗西方殖民运动的过程中认识到文明实力的差距，这种处于优位的文明仅靠科学是不能实现的，而是科学与技术的结合。技术相对于抽象的科学概念也被抽象地概括为人类改造世界的实践活动，改造方式的根本性变革被相应地概括为技术革命。但是，所谓认识世界的科学与改造世界的技术却往往在学者们分别呈现的"科学史"和"技术史"内容中相互重叠，有很多科学被归为技术，也有很多技术被归为科学。这说明科学与技术在很多时候是难以区分的，两者的分离与融合是一个动态的历史过程。就现代科学与技术而言，第一次科学革命比第一次技术革命早了100多年，在这个历史时期，科学与技术的发展是相对独立的，但在随后发生的数次（究竟几次，学术界尚存争议）科学技术革命中，两者的关系却日趋紧密，逐渐趋向一体化，这种状况可以被理解为科学与技术自身发展的需要，但科技发展也是科技系统与社会互动的结果，科学与技术逐渐融合为一个系统，同时意味着它们的发展壮大趋向于被共同的社会动力所强化。这就说明科学技术发展的社会动力源同样处于分离、聚合的变动之中。由此可见，想要从相关社会背景中去全面认识科技发展的趋势、速度、规模及其后果，还需要沿着历史的轨迹探寻，在科技与社会的互动机制中变迁的社会动力系谱。

4.1 系谱学与复杂性

系谱或曰谱系，本意就是事物起源及演变的流程。在人类社会早期，记载家族脉络生成延续的工作就已经自发地出现，开始是口口相传的形式，后来是文字形式，比如中国的家谱，这也是一种书写历史的方法。然而，专业史学家回溯的历史不可能是事无巨细的"流水账"，他们更喜欢梳理出历史演化的秩序，发掘出一定时期各种历史现象的共同本质，在他们看来，直接把一个个偶然事件堆积的历史呈现出来是没有意义的，的确，这样的历史是难以理解的。但如果仅把历史的本质理解为某种必然性规律在时间上的逻辑延展，那么，在这种历史观统摄下的叙事结构就会将历史的不确定性边缘化，并试图抽象出贯通历史的决定性因素。[①] 尼采为解构同条共贯的道德史假设，将古人记载系谱的活动上升为"系谱学"方法。福柯继承了尼采的系谱学思想并将其发扬光大，福柯在《尼采、系谱

---

① 白利鹏. 历史复杂性的观念 [M]. 北京：中国社会科学出版社，2009：115.

学、历史》一文中指出，系谱学的任务不是强加给整个发展进程一个先已注定的模式，然后再揭示过去与现在连续的统一性，相反，他主张通过探究源头来破碎曾被认为统一、稳固的历史根基①，从而使那些被想象成彼此一致的历史片段呈现出异质性。② 福柯后来在《规训与惩罚》一书中应用系谱学方法来分析权力结构的流变，并试图使人们认识到以知识形式出现的权力。他反对"整体理论的法庭"以科学真理的名义压制那些局部的、不连贯的、所谓不合法的知识，号召人们反抗统一的、形式化的科学话语霸权，同时，使那些被压制的知识运转起来。③

福柯积极研用系谱学方法的时期，正是复杂性科学日渐兴盛的时期，像耗散结构理论、协同学、超循环理论、突变论已经广为传播，分形几何和混沌理论也已趋向成熟，不可逆性、多样性、非线性、随机性等这些曾被经典科学范式所排斥的，但实际上无法消除的客观属性，重新受到科学家的重视，这在一定意义上支持了福柯的"知识造反"④，但没有直接的证据显示从事复杂性研究的科学家是在福柯的启示下实现科学突破的，而且，科学的威信反而因科学进步被强化。当然，两者的相通之处也不能归结为巧合，更合理的解释应该是经典科学范式出现了全面危机，它支撑的理性主义信仰模式遭到了福柯的否定；它内含的知识体系则被复杂性科学所扬弃。在福柯逝世的1984年，致力于复杂性探索的SFI在美国成立，关注复杂性研究的科学家共同体在这个科研平台上消解了传统学科建制的壁垒，从而使某些传统学科的优越地位被颠覆，这又在一定意义上回应了福柯通过复兴局部知识"反对科学和认知的等级化及其固有权力"的系谱学计划。⑤ 福柯运用系谱学分析挖掘历史是为了使我们相信事物的来源不具有必然的真理性，作为复杂性研究成果的"路径依赖"理论也在一定程度上印证了福柯的这一学术目标。"路径依赖"是表征演化复杂性的一个重要概念，正如前文所述，SFI的阿瑟教授曾经深入研究过"路径依赖"，本

---

① Michel Foucault. Language, Counter-memory, Practice: Selected Essays and Interviews [M]. New York: Cornell University Press, 1977: 146.
② Michel Foucault. Language, Counter-memory, Practice: Selected Essays and Interviews [M]. New York: Cornell University Press, 1977: 74.
③ 〔法〕米歇尔·福柯. 必须保卫社会 [M]. 钱翰译. 上海：上海人民出版社，1999：8-9.
④ 〔法〕米歇尔·福柯. 必须保卫社会 [M]. 钱翰译. 上海：上海人民出版社，1999：8.
⑤ 〔法〕米歇尔·福柯. 必须保卫社会 [M]. 钱翰译. 上海：上海人民出版社，1999：10.

书再次引入此理论，是要探讨一下"路径依赖"的"负面效应"。研究"路径依赖"的学者们发现，一些偶然因素促成一种技术模式被采用后，这种技术模式的地位会随着受众的增加而不断被强化，以至于其他可能更有发展前途的技术模式失去了发展机会，或者更优良的技术出现后却因为没有跟随者而陷入困境。最典型的案例是 QWERTY 键盘与 DSK 键盘的竞争。我们今天使用的 QWERTY 计算机键盘是从打字机上直接移植过来的，当初这种打字机键盘的编排模式是为了解决打字员打字速度过快而造成的"卡键"问题[1]，其编排原理是用一些不经常使用的字母键隔开那些经常组合使用的字母键，这样打字员的打字速度就会放慢，键盘也就不会再像从前那样"拥塞"了。现在的计算机键盘根本不存在"卡键"的问题，但后来有人发明了打字效率更高的 DSK 键盘却难以进入市场[2]，其中的重要原因就是人们已经习惯了 QWERTY 键盘模式，不愿意为了适应另一种模式而提高自己的"学习成本"。类似的案例很多，如前文述及的顺时针表盘，几乎人们的一切习惯都可以用"路径依赖"进行解释，这是一种普遍存在的演化机制。人们甚至拿猴子做实验：人为地制造条件让猴群产生一种行为禁忌，后来条件消失了，但猴群却保留了这种禁忌模式，新加入的猴子都会受到原有猴子的"规训"而接受这种禁忌，在猴群中传习的这种禁忌模式大概就是福柯所说的"偶然事件的外在性"。[3] 可见，在人类社会中延传的各种规则模式并不一定具有"必然的真理性"，但来自不同"系谱"的人却时常套用同一种模式，然而，借此就否定真理的存在，也过于偏激，况且，这种模式并非只有负面作用，它也是文明延续的纽带，也许福柯偏激的学术主张是警醒人们的一种策略吧。

福柯不反对科学的"内容、方法和概念"[4]，而反对以科学形式出现的权力，但两者实际上是无法分离的，只要那套福柯不反对的科学知识体系存在，它就会成为一个"吸引子"，吸引相互竞争的各种社会力量，如果

---

[1] 〔美〕米歇尔·沃尔德罗普. 复杂——诞生于秩序与混沌边缘的科学 [M]. 陈玲译. 北京：生活·读书·新知三联书店，1997：33.

[2] Wilfred Dolfsma, Loet Leydesdorff. Lock-in and Break-out from Technological Trajectories: Modeling and Policy Implications [J]. Technological Forecasting and Social Change, 2009, 76 (7): 936.

[3] Michel Foucault. Language, Counter-memory, Practice: Selected Essays and Interviews [M]. New York: Cornell University Press, 1977: 146.

[4] 〔法〕米歇尔·福柯. 必须保卫社会 [M]. 钱翰译. 上海：上海人民出版社，1999：8.

抽离这些力量，科学发展就会失去动力。也因此福柯的学术旨趣是不能比附的，仅就认识方法而言，福柯的系谱学思想有利于我们破解历史内在同一性的前提假设，恢复多源流交织的历史复杂性。下面，本书将借鉴福柯的思想，按照时间序列探析科技发展异质多样的社会动力系谱及彼此间的关系。

4.2 文化力量主推现代科学发展时期

现代科学逐渐成为西方主流文化是在文艺复兴之后，两者在时间上的前后相继反映了前因后果的关系。文艺复兴发端于13世纪后期的意大利，在16世纪蔓延至整个欧洲，此时文艺复兴却在德国以研究《圣经》的形式促成了一场宗教改革运动[①]，并很快席卷了整个欧洲。宗教改革能够兴起的一个重要背景是西方统治集团内部由来已久的"教权"与"王权"之争，也就是教廷神权与地方王侯政权之间的斗争，他们斗争的实质是争夺财富控制权和政治管辖权。但地方王侯深知基督教势力谋夺这些权力的基础在于"合法的"精神领导权，所以，地方王侯对抗神权不能只诉诸武力，还要发动文化攻势，同样，教廷为维护神权也会进行文化反击。而在这种文化冲突中两者都希望民众舆论倒向自己，这就抬高了民众进行思想评判的权利，随着教皇权力在14世纪的分裂，整个欧洲激起了对权威的自由评判[②]，民众借此追求自身的价值，这正是文艺复兴和宗教改革的共同取向。但是，文艺复兴和宗教改革都不是否定"上帝"的思想运动，宗教改革的领袖们反对的是天主教会利用经院哲学将自己论证为教徒与上帝之间不可逾越的"中介"，他们认为，对上帝的信仰是个人的事儿，个人完全可以撇开天主教会这个所谓的"中介"，而直接与上帝沟通[③]，这种思路源于文艺复兴的人文主义精神。

[①] 〔英〕W.C.丹皮尔.科学史及其与哲学和宗教的关系[M].李珩译.桂林：广西师范大学出版社，2001：96.

[②] 〔英〕赫·乔·韦尔斯.世界史纲——生物与人类的简明史（下卷）[M].吴文藻，谢冰心，费孝通等译.桂林：广西师范大学出版社，2001：636-637.

[③] 汤泽林.世界近代中期宗教史[M].北京：中国国际广播出版社，1996：4.

4.2.1 现代科学兴起的文化背景

文艺复兴的主旨是要恢复人的尊严和主动权，拒绝超验的来世观念，也就是要彰显人文主义。文艺复兴早期的杰出人物主要通过文学和艺术作品来表达人文主义精神，如但丁（Dante Alighieri）、彼特拉克（Francesco Petrarca）、薄伽丘（Giovanni Boccaccio）、达·芬奇（Leonardo da Vinci）、拉斐尔（Raffaello Santi）、米开朗琪罗（Michelangelo Buonarroti）等，他们在其作品中追寻现实的人类情感，从古希腊和古罗马的学术经典中求索思想资源，但后来的学者并没有拘泥于古典学说，而是据此开拓新知。达·芬奇认为古代经典可以作为研究起点，但绝不能作为定论[①]，他带着这种治学态度，不仅开创了新的绘画技艺，还在解剖学、机械制图与设计、物理学、天文学、地质学领域进行了开创性的研究。达·芬奇是时代精神的代表，当时与其类似的人物还很多[②]，他们接受基本的基督教义，但不再迷信教会神学的权威，也就不甘屈从于教会以上帝的名义规诫人性，他们要重新认识世界，确定人的地位，而宗教改革通过语境置换，使那个此岸可咒的自然界转变成了"上帝的杰作"，人们应当对其予以关注。[③] 于是，探求人的主体价值和世界的本体真相成为人文主义精神释放的两个维度，前者在知识形态上演化出各种人文学科；后者在知识形态上演化出各门类的自然科学。所以，培根、笛卡尔、莱布尼茨这些现代科学方法和数学理论的开创者，都致力于从科学视角阐释人性，当时的"人文"与"科学"并不像今天这样存在明显的界限，但是到了牛顿时代，科学已明显以一种独立的文化身份占据了社会思想体系的制高点，即使这样，作为清教（泛指英式新教）徒的牛顿也没有彻底放弃"上帝"，而把无法解释的"第一推动力"归结为上帝的安排。

牛顿之前的各位科学巨擘也不质疑上帝的存在，哥白尼后半生一直是

---

① 〔英〕W. C. 丹皮尔. 科学史及其与哲学和宗教的关系 [M]. 李珩译. 桂林：广西师范大学出版社，2001：100.
② 〔英〕W. C. 丹皮尔. 科学史及其与哲学和宗教的关系 [M]. 李珩译. 桂林：广西师范大学出版社，2001：101.
③ 吴国盛. 科学的历程（第二版，上册）[M]. 北京：北京大学出版社，2002：176.

一位神职人员，他要依据古希腊的数学和谐思想"改进"传统神学理论中的托勒密体系，而并非要否定上帝。哥白尼的"日心说"受到抨击，并非只是传统神学维护者的非难，还因这种学说有悖于人们日常生活中的直观感受。而且，"日心说"在宗教界也并非只遭到了排斥，富有讽刺意味的是，当时的教皇对待"日心说"要比"捍卫"《圣经》的新教首领马丁·路德宽容得多。① 这说明"正统"的教廷势力在与日渐崛起的新教势力进行斗争的过程中对新思想采取了更加开明的态度，科学正是在各方文化势力的角逐中获得了更多的发展空间。无论是传统教会，还是新教组织都存在守旧势力和革新势力，在守旧势力与革新势力以及新旧教派之间错综复杂的争斗中，拥护"日心说"的学者不可避免地会被牵扯其中。像新教徒开普勒为躲避天主教会的迫害从奥地利跑到了匈牙利，而伽利略则受到教会"体面的软禁"②，但正是因为他们都承认"上帝"，所以在欧洲总有安身之处，而不至于像"无神论"者布鲁诺那样被烧死在鲜花广场上。总之，从哥白尼到牛顿的近200年里，那些被载入科学史的伟人们几乎没有"无神论"者，但在他们给大自然祛魅的过程中，"上帝"从世界的干预者逐渐转变成了"袖手旁观"的创造者。

综上所述，文艺复兴和宗教改革激发了人们探索大自然的热情，并为这种探索提供了思想资源，从而使探究大自然先在客观秩序的科学活动日渐繁盛。随着科学知识的累进以及数学演绎与实验归纳相结合的科学方法趋向成熟，现代科学逐渐成为一个从传统知识和信仰体系中独立出来的文化系统。尽管现代科学是对文艺复兴和宗教改革的超越，但早期现代科学也继承了文艺复兴和宗教改革运动中关于上帝存在的基本假设，因此，早期现代科学与宗教之间并非水火不容的敌对关系。当然，文艺复兴运动为强调人的价值而从古希腊典籍中提炼出来的理性思想，才是现代科学得以

---

① 1530年哥白尼发表了关于"日心说"的论文提要，当时的教皇看到后，表示赞许，并要求哥白尼发表全文，但直到1540年，哥白尼才答应了教皇的这个要求。而新教首领马丁·路德由于《圣经》中明确记载着，约书亚喝令停止不动的太阳，而非地球的缘故从而坚决反对"日心说"。参见〔英〕W.C.丹皮尔所著《科学史及其与哲学和宗教的关系》的第108页，此书由李珩译，广西师范大学出版社2001年出版；并参见〔美〕P.K.默顿所著《十七世纪的科学、技术与社会》的第144页，此书由范岱年等译，四川人民出版社1986年出版。

② 〔英〕A.N.怀特海.科学与近代世界［M］.何钦译.北京：商务印书馆，1989：2.

发展的主要文化动力,也是现代科学在探求客观规律的过程中所秉承的主要精神。

4.2.2 现代科学精神的形成

早期现代科学凭借其揭示客观真理的能力在文化竞争中脱颖而出,那么,学者们从事科学研究的价值归宿是什么呢?众所周知,在今日社会,科学家受到尊重绝不仅仅因为他们推进了人类认识自然的能力,还因为科学进步能给人们带来更便利的生活,"科学技术是第一生产力",科学技术水平在国际竞争中代表了一国综合实力的强弱,等等,人们在不同的立场之上对科学进步有着各种价值期望。当然,工业文明带来的生态危机,军备竞赛给全人类带来的生存威胁,也经常被归咎于科学技术。但是,早期从事现代科学研究的学者们基本上没有那些"实用性"的学术目标,他们对客观真理的追求是一种信仰,就像虔诚的基督教徒对上帝的信仰;他们"纯粹"地为了获取真知而求知,就像古希腊"贵族"哲学家们为了达到"理智"的境界而求知。显然,早期现代科学是一种文化理想的实现,这种文化理想既源于文艺复兴和宗教改革中的进步精神,又是对它们的升华,在这个升华的过程中,东方文明的实用价值观也有机地融入了西方理性文化体系(这一点在第三章已详细阐述过),但没有成为价值归宿,而是体现在追求文化理想的方法论中(如实验归纳法)。早期现代科学作为一种实现文化理想的活动,其动力主要来源于追求客观真理的文化使命,同时,现代科学的发展又强化了这种文化使命,因此,科学研究不是学者们直接谋取财富和权位的手段,学者们也就不会因过多地受制于权力分配和经济利益,而放弃按实验和逻辑标准对事物产生的疑问,这正是默顿所说的"有条理的怀疑"精神。[1]

"怀疑精神"的产生还因为早期的科学研究是"非职业化"的,虽然学者们进行科学研究的兴趣可能与他们从事的职业相关,但科学研究并非出于他们的职业要求,而是他们职业之外自觉的"业余"爱好,也就是

---

[1] 〔美〕P. K. 默顿. 科学社会学(上册)[M]. 鲁旭东,林聚任译. 北京:商务印书馆,2003:376.

说，科学研究不是"科学家"们谋生的主要手段，其主旨也不是为某种功利事业服务。虽然，伽利略卖过望远镜，惠更斯推销过钟表擒纵器，牛顿向人们解释过其"自然哲学"与土地测量和工程技术之间的关系，但是，这些并不能改变他们的主要科学成就是非功利、非实用性的。① 尽管伽利略和牛顿都曾做过"大学教授"，但大学这种教育建制毕竟是教会的"遗产"，像英国的剑桥、牛津这些今天举世闻名的大学直到19世纪才停止对现代科学发展的阻碍作用。17世纪英国科学家们的主要活动组织是他们自发聚集形成的业余社团（amateur society）②，像著名的英国皇家学会，类似的学会16世纪中期就已出现于意大利。英国皇家学会组织的会议实际上就是各人奉献科研成果的交流会③，交流的过程也是同行依据客观标准相互评议科研成果的过程，这种方式可以制约那些沽名钓誉者的弄虚作假，而那些真正有价值的科研成果则会通过《皇家学会哲学学报》公开发表，这体现了默顿所说的现代科学精神的另一种特质：无私利性。④ 英国皇家学会虽然在1662年获得了英王查理曼二世的正式"批文"，但王室并不给学会提供津贴，该学会的经费主要来自会员的会费和富商的赞助，而这些经费对科学家的研究旨趣影响并不大。例如，1686年牛顿完成其代表作《自然哲学之数学原理》后，英国皇家学会竟没有足够的资金赞助牛顿出版此书。⑤ 在欧洲大陆，法国科学家们一开始也像英国科学家们那样自发地聚会，但后来法国国王路易十四希望科学家们"为国家服务"，于是在1666年成立了官方的"巴黎科学院"，国王为科学院提供经费，给院士们发放津贴，路易十四此举是顺应历史潮流。后来欧洲的其他国家也仿效法国纷纷设立了类似的科研机构，像柏林科学院、圣彼得堡科学院。在17世纪后期的欧洲，科学家职业化的趋势已显现，但科学仍主要被视为一种先进文化，科学家满足于个人成就被社会广泛认同、传播而获得的荣誉，

---

① 李磊. 科学技术的现代面孔——国家科技与社会化认知 [M]. 北京：人民出版社，2006：12.

② 〔美〕伯纳德·巴伯. 科学与社会秩序 [M]. 顾昕等译. 北京：生活·读书·新知三联书店，1991：166.

③ 〔英〕约翰·齐曼. 知识的力量——对科学与社会关系史的考察 [M]. 徐纪敏，王烈译. 长沙：湖南出版社，1992：38.

④ 〔美〕P. K. 默顿. 科学社会学（上册）[M]. 鲁旭东，林聚任译. 北京：商务印书馆，2003：374.

⑤ 吴国盛. 科学的历程（第二版，上册）[M]. 北京：北京大学出版社，2002：214.

支持科学事业的君王们也未将科学成果视为一种成就其"霸业"的国家机密。所以默顿认为现代科学具有"公有性"的精神特质是符合实际的[1]，正因如此，巴黎科学院、柏林科学院、圣彼得堡科学院都能聘请到许多外籍科学家，这说明"科学无国界"[2]，也体现了默顿所说的现代科学具有"普遍主义"的精神特质。[3] 由上可见，默顿概括的现代科学精神特质，即普遍主义、公有性、无私利性、有条理的怀疑态度，在早期现代科学发展时期已经形成，它成为科学后续发展过程中科学家们规范自身行为的价值参照。

4.2.3 作为一种政治文化的现代科学

科学有条理的怀疑精神终究会"威胁"到教会神圣而不容置疑的《圣经》，毕竟这种精神要求科学考察以客观证明为基础，而不会将其考察对象预先区分为绝对尊崇的神圣事物和可以探究的世俗事物。因此，随着科学认知的扩增，"上帝"统摄的领域会越来越小，"无神论"占据思想主流只是时间问题，所以，用科学观察与逻辑方法对《圣经》内容进行"不敬的"考察，是宗教势力难以接受的[4]，《圣经》毕竟是各种教义取得合法性的根基。但是，当政治权力成为各种传统势力和新生势力争夺的重心时，科学信仰面临的宗教压力就减弱了[5]，由于科学在思想上的革命性与西方社会的制度革命步调一致，于是科学信仰成了建构社会新秩序的重要文化资源。1776年美国大陆会议通过的《独立宣言》中说："我们认为这些真理是自明的"，其本身就脱胎于欧氏几何学的公理自明性[6]，而欧氏几何的

---

[1] 〔美〕P. K. 默顿. 科学社会学（上册）[M]. 鲁旭东，林聚任译. 北京：商务印书馆，2003：370.

[2] 〔英〕约翰·齐曼. 知识的力量——对科学与社会关系史的考察 [M]. 徐纪敏，王烈译. 长沙：湖南出版社，1992：41.

[3] 〔美〕P. K. 默顿. 科学社会学（上册）[M]. 鲁旭东，林聚任译. 北京：商务印书馆，2003：366.

[4] 〔美〕P. K. 默顿. 科学社会学（上册）[M]. 鲁旭东，林聚任译. 北京：商务印书馆，2003：358.

[5] 〔美〕P. K. 默顿. 科学社会学（上册）[M]. 鲁旭东，林聚任译. 北京：商务印书馆，2003：358.

[6] 〔英〕罗素. 西方哲学史（上卷）[M]. 何兆武，李约瑟译. 北京：商务印书馆，2005：56.

复兴又源于它在自然科学领域广泛地成功运用，亦如它对牛顿经典力学体系的支撑。《独立宣言》在起草过程中，富兰克林用"自明的"代替了杰斐逊的"神圣的和不可否认的"①，而富兰克林本身也是一位杰出的科学家。独立后的美国各宗基督教派林立，但没有任何一派因获得新生政权的扶持而在竞争中取得优势②，这反映出科学随着社会制度变革逐渐取代了神学的主流文化地位，这是一种源于西欧的社会潮流，只是美国的革命更彻底，它建国即实行了政教分离。

在西欧，伴随着政权的世俗化进程，现代科学的发展也纠结于这种政治倾向的表达。11纪下半叶以后，教权战胜了世俗的王权，教廷成为凌驾于西欧诸国之上的权力机构，西欧各国的重大事务须经教皇同意。13世纪末，王权开始对抗教廷。教廷布教以拉丁语为通行语言，文艺复兴以后，马丁·路德于16世纪否定了通行的拉丁文《圣经》，推出德国方言版的《圣经》，借此挑战至高无上的精神权威，引发了著名的宗教改革运动。与此同时，自然科学也在以相同的方式分化神学的大一统格局，为民族国家脱离教廷的控制营造文化氛围。伽利略用通俗的意大利语发表论文；史特维纳斯（Stevinus）认为荷兰语是科学的理想语言；笛卡尔将科学与法国文学结合；牛顿虽然曾用拉丁文著述，但其作品一经发表即被译为英文，1704年出版的《光学》一书，则由牛顿用英文撰写而成；莱布尼茨则把德语化运动与发展科学并举。③ 而伽利略、开普勒、牛顿、笛卡尔、莱布尼茨等学者的科学研究在那个时代又总牵动着对"上帝"的理解④，加之，此时的学者们开始向各个领域的社会成员普及科学知识⑤，因此，西欧早期的现代科学历程，也纠结于西欧诸国重新确认民族身份、从教廷收复文化失地的过程，换言之，现代科学在西欧各国的发展促进了地理国界与文化疆域的契合，从而使这些民族国家逐步生成了独立于教廷的意识形态。

---

① 〔英〕罗素. 西方哲学史（上卷）[M]. 何兆武，李约瑟译. 北京：商务印书馆，2005：56.
② 汤泽林. 世界近代中期宗教史 [M]. 北京：中国国际广播出版社，1996：51.
③ 〔英〕J. D. 贝尔纳. 科学的社会功能 [M]. 陈体芳译. 桂林：广西师范大学出版社，2003：228.
④ 赵歌东. 略论西方近代科学、哲学与宗教分离的现代意义 [J]. 齐鲁学刊，1997（5）：107.
⑤ 〔英〕R. B. 沃纳姆编. 新编剑桥世界近代史（第3卷），反宗教改革运动与价格革命：1559—1610年 [M]. 中国社会科学院世界历史研究所组译. 北京：中国社会科学出版社，1999：602.

17世纪中叶，罗马教廷一统江山的局面被彻底颠覆，各国都成立了隶属于国王的独立国教会，还有各种激进的新教组建了独立于国教的自主教会，吸引着众多信徒①，这是政治体制的重大调整，由此诞生了西欧现代民族国家的雏形。

4.3 经济力量加速现代科技发展时期

现代科学作为一种推动西方政治体制变革的文化力量，其文化品质也会随着国家新制度的确立而获得更广泛的社会认同。第一次科学革命的核心成就是牛顿的经典力学，第一次技术革命的核心成就是瓦特发明的改良蒸汽机，这两个成就都出现于英国并非巧合，而是通过英国领先的政治变革联系在一起的。新政治制度在英国确立之后，清教主张通过个人勤奋去征服"尘世"并带来公共福利的精神被科学活动进一步强化，这种被强化的精神与新生的资本主义生产方式共同激发了技术革命。

4.3.1 早期现代技术革命的经济与文化背景

英国是最早与教廷分离并独立组建国教会的典型，其境内的传统教会领地在宗教改革中被没收并重新分配，同时伴随着圈地运动与农民起义此起彼伏的较量，土地私有权逐步明朗化。1640年英国爆发了打着清教徒旗号的资产阶级革命，1688年资本主义制度最终得以确立，18世纪初英国议会通过了特别的圈地法令，土地私有权以法律形式确认。② 1700年之后的150年里，英国的小麦产量增加了四倍，大麦和燕麦的产量增加了三倍，牛的市场供应量增加了三倍，羊的市场供应量增加了两倍。这些显著的成果通过两种方式实现：新技术在农民中的推广使农业资源得到集约化使用；公共牧场和林地的私有化带来粗放型增长③，这就是所谓的农业革命。

---

① 汤泽林. 世界近代中期宗教史 [M]. 北京：中国国际广播出版社，1996：9.
② 郭爱民. 土地产权的变革与英国农业革命 [J]. 史学月刊，2003（11）：68.
③ Jules N. Pretty. Farmers' Extension Practice and Technology Adaptation: Agricultural Revolution in 17-19th Century Britain [J]. Agriculture and Human Values, 1991, 8 (1): 133.

耕地和牧场的扩张使林地日趋减少，从而导致木材燃料的紧缺①，由于煤炭可以替代木材作燃料，煤的需求量随之增长②，然而，抽水问题一直制约着煤矿的开采量，这种矛盾催生了用于抽水的纽可门式蒸汽机。1782年瓦特的改良蒸汽机研制成功，从而为整个工业和交通运输业提供了一种通用的动力机，这种动力机的大规模使用从纺织业开始。随着农业革命带来羊毛供应量的增加，英国纺织业亟待提高生产效率，这就促进了纺织技术的不断创新，1765年珍妮纺纱机的诞生，使大规模的纺织厂得以建立，纺纱业的技术跃迁又引发织布业的技术革命，水力织布机被研制出来，但18世纪后期改良蒸汽机的推广才真正为纺织业提供了一种不受水流变化影响的稳定动力，从而实现了以蒸汽机为动力的机器大工业。随之而来的是冶金、制造、交通等行业的蒸汽机化，最典型的发明是火车和汽船（由美国人发明），这些成果造就了著名的工业革命。可见，英国早期的现代化进程是：文化（科学革命）→制度（宗教改革、资本主义制度建立）→器物（技术革命带来工业革命）。欧美其他先发展国家也基本上是按照这一路径模式实现现代化的。

对于第一次工业革命中的技术成果，学术界普遍认为在那个时代产生的新技术多基于工人、工匠自身的经验积累，并非科学革命成果的应用，也就是说，现代科学与技术是各自独立发展起来，但"发明、创造"为何在一个较短的历史时期（相对此前的人类技术史）内成为一批"工人、工匠"前后相继的群发性活动呢？现实的经济利益驱动是一方面，社会文化的驱动也很重要。正如马克斯·韦伯（Max Weber）在其代表作《新教伦理与资本主义精神》中指出的那样：早期现代企业中的高级技术工人和受过高等技术培训的管理人员绝大多数是新教徒③，而传统的天主教徒则更注重"来世"④，他们只求在"现世"中安稳地生活，不愿承担生活风险，⑤ 自然也就会尽量规避挑战性的工作。故此现代技术革命和科学革命

---

① 〔英〕戴维·赫尔德等. 全球大变革：全球化时代的政治、经济与文化 [M]. 杨雪冬等译. 北京：社会科学文献出版社，2001：533.
② 舒小昀. 工业革命：从生物能源向矿物能源的转变 [J]. 史学月刊，2009（11）：121.
③ 〔德〕马克斯·韦伯. 新教伦理与资本主义精神 [M]. 于晓，陈维纲等译. 北京：生活·读书·新知三联书店，1992：23.
④ 〔德〕马克斯·韦伯. 新教伦理与资本主义精神 [M]. 于晓，陈维纲等译. 北京：生活·读书·新知三联书店，1992：26.
⑤ 〔德〕马克斯·韦伯. 新教伦理与资本主义精神 [M]. 于晓，陈维纲等译. 北京：生活·读书·新知三联书店，1992：27.

有着共同的文化动力,而且现代科学精神的社会化本身也为技术革命提供了文化动力,也正是科学的发展使路德和加尔文这些新教首领的一些消极主张受到限制,使新教徒们见识了人们在"尘世"中理性地领悟"上帝"的能力,只是技术革命的主要社会动力不单来自文化,而是经济与文化的双重合力。第一次科学革命的主要理论成果未能直接推动第一次技术革命,其原因是第一次科学革命的主要动力来源于社会文化,那么,它所实现的也主要是文化功能,也因此,科学理论会超前于人类当时的实际生产能力。例如,牛顿在考虑到空气阻力情况下运用力学原理和数学方法求出了炮弹的弹道,但当时粗糙的铸炮工艺使这种精确的科学方法根本无法应用[1],随着军工技术水平的提高,牛顿的方法才逐渐被采用,直到二战期间仍在被使用[2]。然而科学理论一旦在实际应用中显出高能功效,就会吸引各种社会力量推动科学朝着它们需要的方向发展。

4.3.2 现代科学与技术的互动发展

第一次技术革命推动了产业经济的高速发展,新技术带来的经济效益必然会吸引企业主对技术研发的资金投入,同时,新技术成果也会引起科学家们的研究兴趣,因为,现代科学毕竟不是一味追求理论完美的学问,而是理论与观察、实验相结合的知识形态,也正因此,科学家不可能对"翻天覆地"的工业革命视而不见。18世纪末期科学界兴起的热力学正是由蒸汽机催生的,随着热力学的发展,"能量"成为物理学中关注的新焦点,"能量守恒"被发现[3],而19世纪后期内燃机、涡轮机这些新型动力机的出现,则不再仅是发明者经验积累的产物,热力学的研究成果成为新型动力机得以产生的不可或缺性资源。[4] 科学与技术的互动发展成为一种新的时代趋势,这种趋势十分明显地表现在19世纪化学、电磁学与化工技术、电气技术相互促进的过程中。化学源自西方古老的炼金术,当然,也

---

[1] 〔英〕J. D. 贝尔纳. 历史上的科学(上册)[M]. 伍况甫译. 北京:科学出版社,1959:282.
[2] 〔英〕J. D. 贝尔纳. 历史上的科学(上册)[M]. 伍况甫译. 北京:科学出版社,1959:282.
[3] 〔英〕J. D. 贝尔纳. 历史上的科学(上册)[M]. 伍况甫译. 北京:科学出版社,1959:338-340.
[4] 〔英〕J. D. 贝尔纳. 历史上的科学(上册)[M]. 伍况甫译. 北京:科学出版社,1959:343.

间接地受到了中国炼丹术的影响（见本书第三章），其实验过程主要是通过人工条件对天然物原有的微观结构进行分解与重组。科学革命初期，学者们的理想是追求一种"形而上"的真实宇宙图景①，对所有机械运动进行了统一概括的牛顿经典力学成为实现这种理想的"完美"代表，现代化学也不可避免地会受到牛顿范式的"启发"，而采用了量化的现代数学方法，并尝试用力学原理对化学现象进行解释，也正是这些理性方法使化学褪去了炼金术的神秘色彩，波义耳（Robert Boyle）、拉瓦锡（Lavoisier）、道耳顿（John Dalton）、门捷列夫（Mendeleyev）等早期著名的化学家在这方面做出了卓越的贡献。但化学实验的对象往往比较具体，为验证某种科学判断的实验提纯物或合成物既推进了人们的认识又是一种"技术性"的创造，所以，相对于带有"自然哲学"遗风的经典力学，化学更贴近实用技术。而事实也证明，化学的发展与人们在生产中遇到的具体问题密切相关，像采矿过程中出现的瓦斯气、酿酒过程中出现的沼气都是化学发展的前提②，化学发展的新成果则又很快转化为实用技术。19世纪的新兴产业，像生产硫酸、硝酸盐、塑胶、化肥、漂白剂、肥皂、显影液、染料、汽水、药品的企业，要么是化学研究成果的直接应用，要么与之密切相关③，而化工业的兴起又激发了有机化学的创立和发展。④

电磁学的发展与化学相比更依赖实验技术的创新，电磁理论正是伴随着摩擦起电机、莱顿瓶、伏打（伏特）电堆、温差电池等一系列实验设备的发明而一步步发展起来的，如果没有这些发明，就不会出现18世纪末的库仑定律和19世纪的安培定律、欧姆定律、法拉第电磁感应定律。这些被实验证明的定律都依照经典力学的范式被表述成了数学形式⑤，并由麦克斯韦（James Clerk Maxwell）在19世纪中期以电磁场方程组的形式进行了一次"完美"的综合，从而勾画出一个以"场"为基本存在形式的连续的

---

① 李磊. 科学技术的现代面孔——国家科技与社会化认知[M]. 北京：人民出版社，2006：32.

② 〔英〕J. D. 贝尔纳. 历史上的科学（上册）[M]. 伍况甫译. 北京：科学出版社，1959：357-359.

③ 李磊. 科学技术的现代面孔——国家科技与社会化认知[M]. 北京：人民出版社，2006：32.

④ 〔英〕J. D. 贝尔纳. 历史上的科学（上册）[M]. 伍况甫译. 北京：科学出版社，1959：333.

⑤ 吴国盛. 科学的历程（第二版，下册）[M]. 北京：北京大学出版社，2002：324.

世界图景。① 麦克斯韦预言了电磁波的存在，并推算出电磁波的传播速度接近光速，但电磁波的实验证明则是由德国物理学家赫兹（Heinrich Rudolf Hertz）在 19 世纪后期完成的。赫兹的实验引起了科学界的震动，相继有一批学者投入了用电磁波进行无线通信的研究，其中最为成功的是俄国发明家波波夫（Popov）和意大利发明家马可尼（Marconi），但是，两位的事业在本国都未获得政府有效的资助。幸运的是年轻的马可尼获得了英国电信界的鼎力支持，在无线电通信距离上很快超越了波波夫，1901 年马可尼成功地实现了跨越大西洋的无线电通信。② 马可尼的这项创举也推进了人们对电磁波的认识，在马可尼准备实施跨越大西洋的无线电通信计划时，很多人认为这是无法实现的，按照当时的理论，电磁波和光一样是走直线的，它不可能绕过地球的曲率③，但马可尼却成功了，这样，科学家们就面临着新的课题，后来经过科学证明，马可尼其实是借助了大气电离层的反射效应④，可见，电磁学与实用通信技术像化学与化工技术一样，是相互促进的。在这一时期，技术创新也日益依赖科学进步，美国大发明家爱迪生（Thomas Alva Edison）虽然没有受过良好的学校教育，但他少年时期就自学过法拉第（Michael Faraday）的《电学实验研究》⑤，由于发明的需要，他后来又钻研过化学和光学，留下了多达 3400 本的读书笔记，他在建立实验室的同时也建立了一个图书馆⑥；而技术的创新过程往往又会刺激新的科学发现，1883 年爱迪生在研制电灯泡时发现，灯泡里的金属片与灯丝能通过真空间隙导电，这就是"爱迪生效应"。六年后英国物理学家汤姆生（John Thomson）对此做出了科学解释，他认为灯丝会发射一种能穿过真空间隙的负电荷粒子，1897 年汤姆生证明了"电子"的存在⑦，1906 年汤姆生获得诺贝尔物理学奖。

总之，科学与技术的互动发展成为那个时代的新趋势，这种趋势必然

---

① 张帆. 科技革命与科学思维方式的变革 [M] //邬焜，霍有光，陈九龙. 自然辩证法新编. 西安：西安交通大学出版社，2003：299.
② 松鹰. 马可尼和波波夫 [J]. 自然辩证法通讯，1981，(3)：64-72.
③ 松鹰. 马可尼和波波夫 [J]. 自然辩证法通讯，1981，(3)：71.
④ Roger Bridgman. 马可尼——无线电报之星 [J]. 侯春风译. 世界科学，2002，(10)：46.
⑤ 吴国盛. 科学的历程（第二版，下册）[M]. 北京：北京大学出版社，2002：415.
⑥ 梁国钊. 爱迪生科学研究方法的特点 [J]. 学术论坛，1988，(4)：31.
⑦ 年华. 电子学历史的起点 [J]. 电子管技术，1983，(3)：59.

会促进科学与技术的融合，这种融合早在18世纪后期富兰克林根据自己对电学理论的新贡献发明避雷针时就已显现，随着这种融合的加剧，技术研发的实用目标也就不可避免地会影响到科学研究的价值取向。1909年年仅35岁的马可尼因其在无线电通信上的卓越贡献获得了诺贝尔物理学奖，这在一定程度上反映了科学界对实用价值的认同。但是，这个认同的过程并非那么顺畅，爱迪生被美国公众作为英雄来崇拜的同时也博得了许多科学界名流的青睐，然而，以美国著名实验物理学家H. A. 罗兰（Henry Augustus Rowland）为代表的另一部分科学家却不能接受爱迪生。1883年罗兰在美国科学促进会的会议上做了题为"为纯粹科学请命"的演讲，他痛斥爱迪生"剽窃"伟人的思想，并通过将之付诸家庭应用来使自己发财致富[1]，罗兰对爱迪生的态度反映了科学精神与商业利益之间的冲突。

4.3.3 产业化的科研方式及其优势和弊端

科学精神与商业利益之间的矛盾是不可避免的。当马可尼引领无线电技术迅速发展时，无线电技术广阔的应用前景使其发明权成为许多利益集团的角逐对象，几位推进无线电技术的先驱却都对发明权怀着谦虚的态度[2]，显示了科学精神，而利益集团的行为则是经济规则的使然，这表明技术创新对产业经济的发展日益重要。发明家本人也意识到了这种趋势，1897年马可尼在英国为自己的发明申请到专利之后便成立了自己的公司，随着20世纪全球无线电通信网络的建立，马可尼公司也逐渐成为无线电设备的主要供应商，英国初期的无线广播系统和电视设施都是借助马可尼的设备建立的。[3] 这种"走出实验室"创业的模式并非马可尼首创，在他之前，德国的西门子（Siemens）和美国的爱迪生就已经成为典型的"科学实业家"了，他们既是新技术的研发者又是新产业的兴办者。西门子这位获得了多个荣誉博士学位和科学界荣誉头衔的发明家，在卖掉自己的几项

---

[1] David A. Hounshell. 爱迪生和十九世纪美国的纯粹科学观念［J］. 傅学恒译. 世界科学，1981，(2)：47.
[2] 松鹰. 马可尼和波波夫［J］. 自然辩证法通讯，1981，(3)：73.
[3] Roger Bridgman. 马可尼——无线电报之星［J］. 侯春风译. 世界科学，2002，(10)：46.

发明后，开始意识到将科技研发产业化的经济价值①，创办自己的公司。正是在这样的背景下，西门子于1866年利用电与磁的相互转换，研制成功了著名的高效率自馈式发电机，这一发明为人类普遍使用发电机和电力开辟了道路，从而叩开了电力时代的大门。②1880年西门子的发电机在美国取得专利，他的这项发明为爱迪生日后的电网建设奠定了基础③，爱迪生领导的工业实验室为推广其发明的耐用型白炽灯泡，于1882年建成了当时世界上第一座直流发电厂，为几千用户提供照明用电，从而向人类展示了大规模电力系统的雏形。④ 到19世纪末，德国的西门子和AEG两大电气集团与美国的爱迪生-豪斯顿公司基本上垄断了全球的电气行业。⑤ 在电气行业中，保持大量技术的领先成为企业运行的核心⑥，但此时的技术创新与科学进步休戚相关，爱迪生为此聘用了许多受过专业学术训练的科学人才，当爱迪生遭遇"灯泡曲面"问题时，必须求助于他聘用的数学家。⑦ 爱迪生的得力助手F. R. 厄普顿（Upton）就经常帮助爱迪生解决研究中遇到的数学问题，例如，他通过数学计算证明了爱迪生的直觉——电灯需要100欧姆以上的电阻才能与煤气灯竞争⑧，而厄普顿则从爱迪生的照明技术中学到了"比以前任何时候都多的物理知识"⑨。

科学与技术在推动新兴产业发展中融合已成大势所趋，这种趋势也同样呈现于化工行业中，"有机化学之父"李比希（Liebig，也被译为"利比喜"）终生致力于化学理论在化工和农业中的应用⑩，他是尝试用化学肥料

---

① 李磊. 科学技术的现代面孔——国家科技与社会化认知 [M]. 北京：人民出版社，2006：45.
② 张帆. 科技革命与科学思维方式的变革 [M] //邹焜，霍有光，陈九龙. 自然辩证法新编. 西安：西安交通大学出版社，2003：301.
③ David A. Hounshell. 爱迪生和十九世纪美国的纯粹科学观念 [J]. 傅学恒译. 世界科学，1981，(2)：51.
④ 吴国盛. 科学的历程（第二版，下册）[M]. 北京：北京大学出版社，2002：416.
⑤ 李磊. 科学技术的现代面孔——国家科技与社会化认知 [M]. 北京：人民出版社，2006：39.
⑥ 李磊. 科学技术的现代面孔——国家科技与社会化认知 [M]. 北京：人民出版社，2006：40.
⑦ 王溢嘉. 发明家与发现者——爱迪生与爱因斯坦 [J]. 世界研究与发展，1991，(3)：46.
⑧ 朱叔君. 爱迪生传 [M]. 北京：经济日报出版社，1997：100-101.
⑨ David A. Hounshell. 爱迪生和十九世纪美国的纯粹科学观念 [J]. 傅学恒译. 世界科学，1981，(2)：49.
⑩ 乐宁. 李比希：振兴德国化学工业的巨擘 [J]. 自然辩证法通讯，1983，(3)：77.

替代天然肥料的第一人。在李比希的带动下，德国的化工业快速发展①，而这种新兴的产业一开始就带有"产学研一体化"的特色，德国一些制造苯胺染料的企业刚起步的时候就建立了自己的实验室，并招聘了大量具有大学学位的化学专家②，截至1900年，德国最大的六家化学公司已雇用了650多名训练有素的科学家。③ 实验室不再只是科学家们追求"形而上"知识的场域，而成为产业经济链条中日益重要的环节：如美国电话的发明者贝尔（Alexander G. Bell）创立的贝尔实验室就目标明确地服务于新兴产业；美国从事新兴产业的公司，像IBM、杜邦、美孚石油、福特汽车公司都建有自己的实验室，据统计，这样的工业实验室到1927年已达到1000个。④ 在这些实验室里，受过专业学术训练的科学人才成为不可或缺的角色，那个主要靠"工匠和工人的经验积累"来推动技术创新的时代已一去不复返，科学具有实用价值、科学应服务于生活和生产的新科学观不可避免地盛行起来，科学和技术在共同推动产业经济发展的同时，资金和市场也日渐成为科学和技术发展的重要推动力，科研活动要依据产业发展的现实口径和经济效益原则，科研人员被以生产协作的方式组织起来集中进行科技攻关，他们的研究活动大都是一种科学原理深度挖掘与技术创新相互交织的过程。这种产业化的科研方式与追求纯粹真理的传统科学活动在德国相互促进和融合，并使德国这个在科学技术上原本相对落后的国家于19世纪后半期迅速超越了英、法、美，一跃成为世界头号科技强国，这种优势一直被德国保持到第二次世界大战。⑤

在美国，产业化的科学技术与传统的"纯粹科学"之间却不那么和谐，如前文提到的罗兰对爱迪生的斥责，而事实上，爱迪生的一些行为也的确显示了他以经济利益至上、轻视科学精神的价值取向。例如，19世纪80年代后期，爱迪生为了维护其公司在直流电系统上的垄断利润，以收回其前期的巨额投入，几乎动用了当时所有的舆论资源对美国发明家威斯汀豪斯（Westinghouse）公司开发的交流电系统进行诋毁，而不顾交流电比

---

① 吴国盛. 科学的历程（第二版，下册）[M]. 北京：北京大学出版社，2002：350.
② 李磊. 科学技术的现代面孔——国家科技与社会化认知[M]. 北京：人民出版社，2006：35.
③ [美]科佩尔·S. 平森. 德国近代史：它的历史和文化（上册）[M]. 范德一译. 北京：商务印书馆，1987：312.
④ 李磊. 科学技术的现代面孔——国家科技与社会化认知[M]. 北京：人民出版社，2006：129.
⑤ 吴国盛. 科学的历程（第二版，下册）[M]. 北京：北京大学出版社，2002：397.

直流电更优越的事实。当另一位发明家特斯拉（Tesla）加盟威斯汀豪斯公司以后，他设计并制造的各种交流发电机和电动机推动了交流电时代的到来，爱迪生因此在股东的要求下退出了公司的领导岗位，其公司也被更名为"通用电气公司"，最终，通用电气公司不得不与威斯汀豪斯公司达成协议，共享对方的专利技术。① 特斯拉本就职于爱迪生公司，爱迪生当时没有接受特斯拉开发交流电的建议，跟两人在处事风格、技术路线上的差异有关，但最主要的原因还是经济利益。②

经济利益的纷争一方面会在一定程度上妨碍科技进步，有悖科学精神，但不能就此否定科技产业化的优势，正是科技的产业化使大众直观地认识到了科学技术的力量，这就会吸引更多的社会成员投身于科技创新的队伍，从而为科技发展带来更多的智力资源。另一方面，随着科研规模的扩大，科技发展所需的资金投入也会日益增多，研究经费逐渐成为影响科技发展的重要因素，在马可尼与波波夫的无线电技术竞赛中，马可尼之所以能够胜出，很大程度上归因于马可尼在科研经费上的优势，1900 年马可尼建立大功率发射台所花费的数万英镑是波波夫望尘莫及的③，而科技的产业化则能够为科研人员进一步的科技创新赚取资金或吸引到资金。况且，经济利益与科学精神之间的矛盾并非不可调和，李比希是既重视知识产权又秉承科学精神的典型，他的学生并没有局限于德国，而是遍及英、法、俄、意等国④，这充分显示了"科学无国界"。当涉及经济利益时，他也会遵循正当的经济规则行事，例如，他将自己生产钾肥的专利卖给自己的英国学生穆斯普拉特（James Muspratt），他的这位学生是英国制碱工业的创始人。⑤ 西门子也不是一个只图经济利益的"科学实业家"，他曾捐资 50 万马克兴建了"帝国物理技术研究院"，该院由德国著名物理学家赫尔姆霍兹（Hermann von Helmholtz）主持，此外，西门子还兼任英国政府的

---

① 刘二中．电气化技术的开拓者：尼古拉·特斯拉 [J]．自然辩证法通讯，1997，19（3）：67-69.
② 刘二中．电气化技术的开拓者：尼古拉·特斯拉 [J]．自然辩证法通讯，1997，19（3）：67.
③ 松鹰．马可尼和波波夫 [J]．自然辩证法通讯，1981，(3)：71.
④ 乐宁．李比希：振兴德国化学工业的巨擘 [J]．自然辩证法通讯，1983，(3)：74.
⑤ 乐宁．李比希：振兴德国化学工业的巨擘 [J]．自然辩证法通讯，1983，(3)：78.

科学顾问。①

德国正因为有像李比希和西门子这样的科技精英而成为产业科技与"纯粹科学"协同共进的典范。德国模式对俄罗斯、日本、美国的科技发展都产生了很大影响②，这种模式促使科学与技术逐渐趋向一体化，科学发展的主要推动力具有了文化和经济双重维度，那么，在科学研究中，究竟是文化理想占主导好，还是实用价值占主导好呢？很明显，两者各有所长，也各有所短，因而两者相辅相成地发展是一种理想模式。"纯粹科学"的存在和发展可以克服出于产业科研规划的短视，19世纪以来出现的一批重大科学成果，地质演化理论、进化论、原子-分子学说、元素周期律、细胞学说、遗传因子学说、能量守恒定律、熵增理论、电磁理论、非欧几何等，从第二次技术革命的成果来看，这些科学成果中相当一部分没有实用价值，仅靠产业科研规划是很难发展出这些科学成果的。但谁也不能就此否定它们今后没有应用的可能，只不过他们将来的社会化推广则仍需借助于产业科技，这正是产业科技的优势所在，第二次科学革命和第二次技术革命的时间间隔之所以远小于第一次科学革命和第一次技术革命③，正是产业化的科研方式加速了科学理论成果的技术化应用。

4.4 政治力量加速现代科技发展时期

德国凭借其出色的产业科技在19世纪后半期迅速超越了英国和法国，一跃成为欧洲头号工业强国，但工业系统的运转离不开市场和原材料，德国国内的市场和原材料已经不能满足其急剧膨胀的工业体系，向境外扩张是工业资本继续膨胀的必然逻辑。而此时，率先完成工业革命的英国和法国已通过殖民运动圈构了全球性的势力版图，德国能够扩张的境外空间自然就所剩不多了，这必然会使德国与英、法老牌工业国之间产生政治冲

---

① 李磊. 科学技术的现代面孔——国家科技与社会化认知 [M]. 北京：人民出版社，2006：46.

② [英] J. D. 贝尔纳. 历史上的科学（上册）[M]. 伍况甫译. 北京：科学出版社，1959：330.

③ 张帆. 科技革命与科学思维方式的变革 [M] // 邹崐，霍有光，陈九龙. 自然辩证法新编. 西安：西安交通大学出版社，2003：300.

突,并最终升级为世界大战。迄今为止爆发过的两次世界大战,德国都在其中扮演了主角,学术界已对德国的战争动机进行过多重视角的合理分析,但是如若德国没有雄厚的科技实力,恐怕它也没能力挑起世界性的战争。因为现代战争已不是冷兵器时代的战争,它充分显示了现代科技的能量(尽管是负面的),所以二战结束以后,"同盟国"会迫不及待地去肢解德国的高新科技产业,仅西门子公司就被解除了约 25000 项专利,其重要的科研设备和资料都被没收,西门子公司的海外资产也全部丧失,其巨额银行存款被冻结,有价证券被全部没收。[①]

4.4.1 战争诱使政治力量大规模介入科技研发

德国的产业科技使德国在科学技术转化为实用武器装备上占据了优势,第一次世界大战期间,协约国与德国的士兵阵亡比例是 2∶1,双方被击落的飞机比例是 6∶1[②],这说明,协约国的科技系统在应付军事形势上远落后于德国,德国不但科学家人数众多,而且,这些科学家都与工业保持着密切联系。[③] 协约国为了对付德国,不得不紧急动用政府力量促进科学与工业的结合[④],交战双方都竭尽所能地开发已有科技成果在军事应用上的潜力。电话、无线电、火车和汽车这些科技革命的成果被整合于军事通信与交通系统,从而使几百万规模的军队迅速调动、集结成为可能;交战各国利用当时最先进的动力技术、冶金技术、机械技术改制出机关枪、远程大炮、坦克、战斗机、战舰;化学工业除服务于炸药的生产外,也开始用来研制和生产大规模杀伤性毒气。1915 年 4 月 22 日德军在战场上释放了 168 吨氯气,英法联军受到重创,死亡人数达 15000[⑤],从此,协约国和

---

① 李磊. 科学技术的现代面孔——国家科技与社会化认知 [M]. 北京: 人民出版社, 2006: 41.
② 〔英〕J. D. 贝尔纳. 科学的社会功能 [M]. 陈体芳译. 桂林: 广西师范大学出版社, 2003: 206.
③ 〔英〕J. D. 贝尔纳. 科学的社会功能 [M]. 陈体芳译. 桂林: 广西师范大学出版社, 2003: 39.
④ 〔英〕J. D. 贝尔纳. 科学的社会功能 [M]. 陈体芳译. 桂林: 广西师范大学出版社, 2003: 39.
⑤ 〔英〕约翰·齐曼. 知识的力量——对科学与社会关系史的考察 [M]. 徐纪敏,王烈译. 长沙: 湖南出版社, 1992: 213.

德国展开了军用毒气的研发竞赛，化学武器成为"新宠"，光气、芥子气都先后登上了一战的舞台，在一战中毒气造成的伤亡人数达 100 万。①

各国都想在激烈的军事科技竞争中压倒对手，为此，英国政府于 1917 年专门成立了"科学和工业研究部"，而产业科技相对发达的美国则于 1916 年就成立了"国家研究委员会"。② 这些部门的成立进一步强化了政府对科学发展的干预，与产业科技一样③，政府也要求科学家们通过集体协作在短期内创造出能付诸实际应用的新材料、新器械、新设备，不过政府调配科研人员和科研设备、原料的规模和力度要比企业大得多。在政府组织的科研活动中科学家们更多地被视为一个整体④，这并非否定个别优秀科学家的卓越贡献，而是说明战时所迫的科技攻关充分发挥了集体协作的优势，在这样一种直接以战争实际需要为目标的研发过程中，不存在"纯粹"的科学理想⑤，科学家们俨然都是"爱国英雄"。第一次世界大战以德国的战败而告终，但是，作为战胜方的协约国当时并没有认识到德国的科技优势在于其科技与产业互动的科研模式，因此协约国只是瓜分了德国的科技成果，然而，德国凭借其科研模式上的优势很快就"东山再起"⑥，这种产业化的科技体系在"野心家"操控的政权中又很容易转化为战争机器，因此，二战以后，"同盟国"不但要占有德国的科技成果，还要肢解其产业化的科技体系，以遏制其科技再生产的能力。在第二次世界大战中，同盟国再次被德国拖入高强度的军事科技竞赛。那时，交战各国的科学家都在"国家和民族利益"的感召下，被政府和军队大量征召，二战前希特勒就已成立的军械局以及二战中日本在中国东北的 731 部队都是

---

① 〔英〕约翰·齐曼. 知识的力量——对科学与社会关系史的考察 [M]. 徐纪敏，王烈译. 长沙：湖南出版社，1992：214.
② 〔英〕J. D. 贝尔纳. 科学的社会功能 [M]. 陈体芳译. 桂林：广西师范大学出版社，2003：39－40.
③ 〔美〕伯纳德·巴伯. 科学与社会秩序 [M]. 顾昕等译. 北京：生活·读书·新知三联书店，1991：202.
④ 〔英〕约翰·齐曼. 知识的力量——对科学与社会关系史的考察 [M]. 徐纪敏，王烈译. 长沙：湖南出版社，1992：216.
⑤ 〔英〕约翰·齐曼. 知识的力量——对科学与社会关系史的考察 [M]. 徐纪敏，王烈译. 长沙：湖南出版社，1992：215.
⑥ 〔英〕J. D. 贝尔纳. 科学的社会功能 [M]. 陈体芳译. 桂林：广西师范大学出版社，2003：206.

军事化的科研机构,1940年美国成立了"国防研究委员会(NDRC)"①,美国的军事部门在二战期间花费了联邦政府科研规划中六分之五的经费。②

我们知道,在二战中深刻改变人类战争观的是原子弹,为原子能奠定理论和实验基础的都是追求客观真理的"纯粹"科学家,按照他们的研究旨趣和当时的产业发展水平,原子能很难被付诸实际应用。爱因斯坦狭义相对论中的著名公式 $E = mc^2$ 是核能释放的理论依据,但是,英国著名物理学家卢瑟福(Ernest Rutherford)于1933年在英国皇家学会的年会上进行演讲时却彻底否定了应用核能的现实可行性。1938年底德国科学家哈恩(Otto Hahn)和斯特拉曼(Fritz Strassmann)用中子轰击铀时,铀核分裂成两个新的原子核,移居瑞典的奥地利女科学家L.迈特纳(Lise Meitner)和她的姨侄O.弗里希(Otto Robert Frisch)对这个过程进行物理学解释,推断出这个过程中缺失的部分原子核质量转化成了能量。1939年法国科学家约里奥-居里(Frederic Joliot-Curie)提出,裂变还会释放出多余中子,引起连锁反应,从而产生巨大的能量爆发。核能研究的最新成果很快引起了希特勒政府的注意,海森堡(Werner Heisenberg)等大批一流的德国原子专家被招入军械局。移居美国的爱因斯坦为防止德国率先研制出原子弹,亲自给罗斯福总统写信,建议美国尽快研制原子弹。③ 爱因斯坦是典型的"纯粹"科学家,他用笔在"香烟盒"上推算宇宙秩序,对科学能否产生实用价值没多大兴趣,对战争更是"深恶痛绝",但他面对纳粹紧锣密鼓的原子弹计划,也不得不利用自己的威望游说美国总统去与德国纳粹展开原子武器的研发竞赛。美国终于实施了研制原子弹的曼哈顿工程,劳伦斯(Ernest Orlando Law-rence)、康普顿(Arthur Holly Compton)、尤雷(Harold Clayton Urey)、奥本海默(J. Robert Oppenheimer)、费米(Enrico Fermi)、玻尔(Niels Henrik David Bohr)等一批世界知名科学家先后参与了这项工程,由约里奥-居里在法国沦陷后带到英国的"重水"也是美国曼哈顿工程的一个关键组成部分,约里奥-居里后来被法国政府任命为国

---

① 李磊. 科学技术的现代面孔——国家科技与社会化认知[M]. 北京:人民出版社,2006:52.
② [美]伯纳德·巴伯. 科学与社会秩序[M]. 顾昕等译. 北京:生活·读书·新知三联书店,1991:202.
③ 吴国盛. 科学的历程(第二版,下册)[M]. 北京:北京大学出版社,2002:436.

家原子能委员会主席。① 这些参与曼哈顿工程的科学家当初涉足核物理领域的动机绝不是为了研制原子弹，但他们出于遏制法西斯势力的"正义感"，还是参与了研制。然而，"以暴制暴"的武器，其"正义性"是难以控制的，原子弹研制成功以后，德国已经投降，原本主要用来对付德国的原子弹被投放到了已处穷途末路的日本，造成了大量无辜平民的伤亡，爱因斯坦无奈地看到他的质能方程式竟是以这种方式在实际应用中被验证的。

4.4.2 政治化的科研方式及其优势和弊端

二战结束以后，战时国家化的大科研模式并没有随之消逝，反而在美苏争霸中升级，两次世界大战，尤其是原子弹释放出来的惊人能量使各国政府深刻领略了现代科技的威力，国家间的高科技竞争成为冷战的重要形式，振兴科技成为一项不可或缺的国家职能。

相对于推动科技发展的文化力量和经济力量而言，由国家政治力量组织的科技研究在规模和速度上都超越了前两者，像美国当初研制原子弹的曼哈顿工程，耗资22亿美元，动用了15万科研人员和35万其他工作人员，占用了全国近三分之一的电力。② 冷战时期，苏联政府利用科学家的"爱国热情"和其对所有国内资源的绝对调配权，集中物力、人力在航天领域创造了一个接一个的奇迹：1957年10月4日苏联将人类历史上第一颗人造卫星送入太空；1961年苏联将世界上第一个载人航天器送入地外空间，苏联空军上尉尤里·加加林（Yury Alekseyevich Gagarin）成为人类历史上首位进入太空的宇航员。苏联在航天技术上的重大突破震动了美国朝野，精英荟萃的美国为重新确立自己的战略优势，于1969年利用"阿波罗11号"宇宙飞船将两名宇航员送上了月球。美国政府为阿波罗登月工程调拨了200多亿美元，参与这项工程的美国企业有20000多家、大学120多所，而政府直接为此项计划雇用的科学家有1200多名，直接雇用的

---

① 李磊. 科学技术的现代面孔——国家科技与社会化认知 [M]. 北京：人民出版社，2006：51.
② 吴国盛. 科学的历程（第二版，下册）[M]. 北京：北京大学出版社，2002：495.

员工总数最多时达 40 万人。① 哥白尼、牛顿、爱因斯坦，这些大师们都怀着"纯粹"的求知热情为我们建构了科学的宇宙图景，但要实现从"遥望星空"到"太空漫步"的跨越性突破，仅靠经典科学家们的个人热情是不能完成的；同样，产业化的科技体系也负担不起这巨额的研发成本，即使能负担得起，也要考虑"投资－收益"，而且，广泛调动一切可以利用的社会资源也远非个别财团或联合财团所能做到的；要支撑"不计成本，只重效率"的庞大科研工程，非国家莫属。

虽然，国家对科技发展的规划不可避免地带有政治目的，但它却能在客观上带动科学技术的整体进步，即使战时发展的军用科技也能转为民用，这是因为许多科技成果几乎可以无差别地既应用于战争又应用于和平事业。像一战中英国军队中设立了专门的气象机构②，但天气预报也可造福于民；火炮、坦克和战舰的升级促进了对金属特性的研究③，其研究成果同样适于民用；诺贝尔发明的炸药，既可以用来摧毁敌军，也可以用来开山修路、采矿。制造炸药用的硝酸长期以来依赖硝石，这种矿物质主要产于智利，战争时期的海上封锁很容易切断这种军需品的供应，然而，在第一次世界大战期间德国化学家哈伯（Fritz Haber，也被译为"哈柏"）发明了用氮气制造硝酸的方法，使德国有了充足的军火储备，但硝酸盐也可用作肥料④，1918 年哈伯因发明氮气固定法而获得诺贝尔化学奖。⑤ 哈伯也是德军大规模使用氯气进行化学战的始作俑者，他在"爱国热情"的驱使下，积极地为德军研制毒气，并指导释放毒气的军队，还视察战场效果⑥，

---

① 李磊. 科学技术的现代面孔——国家科技与社会化认知［M］北京：人民出版社，2006：108.
② ［英］J. D. 贝尔纳. 科学的社会功能［M］. 陈体芳译. 桂林：广西师范大学出版社，2003：204.
③ ［英］J. D. 贝尔纳. 科学的社会功能［M］. 陈体芳译. 桂林：广西师范大学出版社，2003：209.
④ ［英］J. D. 贝尔纳. 科学的社会功能［M］. 陈体芳译. 桂林：广西师范大学出版社，2003：212.
⑤ ［英］约翰·齐曼. 知识的力量——对科学与社会关系史的考察［M］. 徐纪敏，王烈译. 长沙：湖南出版社，1992：213.
⑥ ［英］约翰·齐曼. 知识的力量——对科学与社会关系史的考察［M］. 徐纪敏，王烈译. 长沙：湖南出版社，1992：213.

但是，氯气制造过程中的中间产品都是普通商品。① 此外，飞机制造技术能够迅速发展完全是战争的催化，1908年美国莱特兄弟才在欧洲进行了首次飞行表演，而1918年一战结束时，交战各国已制造出了183877架飞机。一战期间由于战争的需要，飞机的最远航程由600公里增至1200公里；最高时速由每小时165公里升至每小时230公里；其飞行高度的极限由5000米增至8000米；最大起飞重量由700公斤增至14000公斤；最大载重量由50公斤增至3400公斤，最长续航时间由4小时增至10小时。② 飞机虽然是由美国人发明的，然而从一战后的飞机制造业状况来看，英、法、德显然领先于远离欧洲战场的美国。③ 飞机制造业是一种综合型工业，其发展受益于动力、材料、电子通信等专业技术的进展，刺激这些技术发展的社会动力并非只来自军事需要，军用航空技术转为民用并不难，像美国波音公司，既为美国军方研制出了世界上最先进的战机，也研制出了世界上最先进的客机。飞机加入现代战争以后，如何侦测敌机成为一个新的研究课题，军用雷达就是在这种背景下被研制出来的，1940年英国首先将微波技术应用于雷达系统④，而我们今天生活中使用的微波炉就是雷达的衍生品，军用技术转民用的类似例子还有很多，像核能发电、卫星通信、计算机网络⑤等。总之，我们今天在日常生活中能够接触到的许多科技产品都源于国防科技或某国政府出于某种战略需要而组织研发的科技成果，也就是说，没有政治力量的推动，科学技术不可能在今天达到如此高的整体水平。国家化的科研模式也为后发展国家在激烈的国际竞争中谋求国家地位提供了参照，中国的"两弹一星"就是"举国"科技攻关的成果。

政治力量在加速科技发展的同时，也引发了科学精神与政治利益的冲突。当科学事业与国家的政治前景"捆绑"在一起时，科学家的人格就不

---

① 〔英〕J.D.贝尔纳.科学的社会功能［M］.陈体芳译.桂林：广西师范大学出版社，2003：212.
② 吴国盛.科学的历程（第二版，下册）［M］.北京：北京大学出版社，2002：509.
③ 吴国盛.科学的历程（第二版，下册）［M］.北京：北京大学出版社，2002：509.
④ 〔英〕约翰·齐曼.知识的力量——对科学与社会关系史的考察［M］.徐纪敏，王烈译.长沙：湖南出版社，1992：219.
⑤ 计算机网络是美国军方于20世纪60年代末研制成功并投入使用的一种国防通信系统，80年代初，这种军用计算机网络的一部分开始转向民用。

可能那么独立了，在国际学术界，科学家们会因为国家政治立场进行攻击。一战期间，英国著名化学家威廉·拉姆赛（William Ramsay）① 在《自然》杂志上针对德国科学界发文说，日耳曼种族的人并没有促成科学思想的伟大进步，德国也不是应用科学知识的发源地，德国的科学成就主要归功于居住在那里的犹太人。② 而在政治力量未大规模介入科学界之前，情形并非如此，那时虽然也有国家间的战争，但科学则被认为是超然于战争之外的，例如，拿破仑与英国交战时，英国著名化学家戴维（Humphry Davy）不仅获准去法国访问，而且受到拿破仑的接见。③

政治势力过多地涉入科学界，还容易使学术分歧与政治斗争纠合在一起，从而使正常的学术争论演变为一派对另一派的政治打压。热衷于纳粹政治的德国物理学家约翰内斯·施塔克（Johannes Stark，也被译为"斯塔克"）④ 于1937年在《自然》杂志上发表的文章就很难说清是"学术见地"，还是对犹太裔物理学家的人身攻击，他说从伽利略、牛顿到当代（当时）的物理学先驱几乎都是雅利安人，尤其以日耳曼人为主；而爱因斯坦、薛定谔、波恩（Max Born）、约尔丹（Pascual Jordan）这些犹太裔物理学家，以及"犹太化"的物理学家海森堡、索末菲（Arnold Sommerfeld）则都是"教条主义"者。⑤ 这样的科学悲剧并非只有纳粹会"导演"，在科学建制高度国家化的苏联也同时上演。20世纪20年代，苏联的生物学界在"进化问题"上存有两派观点，一派认为内部因素对进化起决定作用，另一派认为环境因素对进化起决定作用，前者坚持孟德尔-摩尔根学派的遗传学观点，被称为"孟德尔-摩尔根主义者"。⑥ 20世纪30年代中期，以"春化法"成名的李森科（Trofim Denisovich Lysenko）开始在苏联生物学界崭露头角，他的学术观点受到"孟德尔-摩尔根主义者"的反对。而李森科的回应却远超出了学术争论的范畴，他把学术分歧转化为

---

① 1904年诺贝尔化学奖得主。
② 〔英〕J. D. 贝尔纳. 科学的社会功能 [M]. 陈体芳译. 桂林：广西师范大学出版社，2003：219-220.
③ 〔英〕J. D. 贝尔纳. 科学的社会功能 [M]. 陈体芳译. 桂林：广西师范大学出版社，2003：220.
④ 1919年诺贝尔物理学奖得主。
⑤ 〔英〕J. D. 贝尔纳. 科学的社会功能 [M]. 陈体芳译. 桂林：广西师范大学出版社，2003：256-257.
⑥ 孙慕天. "李森科事件"的启示 [J]. 民主与科学，2007，(3)：17-18.

"阶级斗争",并受到斯大林的赞许,李森科的论调为科学界的"大清洗"提供了根据,从30年代后期开始,一批苏联生物学家相继被收监或处死,而李森科却于1938年当上了全苏列宁农业科学院院长。①

科学与民主犹如一对"连体婴",科学家们崇尚"有条理的怀疑"精神,"真理面前人人平等"是科学家共同体的行为准则,如果评判科学价值的客观性标准从属于某种政治想象或被权术所践踏,那无疑会带来一场科学灾难,"李森科主义"的盛行严重影响了苏联生物学的发展。1933年摩尔根(Thoman Hunt Morgan)因发现染色体在遗传中的作用而获得诺贝尔生理学或医学奖,此奖是世界公认的生物及医学界的最高荣誉。在十月革命以前,俄国科学家巴甫洛夫(Ivan Petrovich Pavlov)和梅契尼科夫(Ilya Ilyich Mechnikov)分别于1904年和1908年获得此奖,但是,在苏共执政的70多年里,苏联再也没有出现过获得此奖的科学家②,这种状况不能说与"李森科主义"无关。当然,"李森科主义"只是苏式科学体制的一面镜子,苏联科学家在那个时代遭受政治迫害并非只局限于生物学界。

如果说施塔克和李森科的行为是专制政体、集权主义的产物,那么,西方原子科学家们的遭遇则说明,在所谓的民主体制内,试图坚守科学精神的科学家们同样难以抵御政治压力。二战以后,美国在原子科学家中实行了比战时更加严格的保密制度和审查制度,有些科学家被剥夺了工作的权利,有些科学家被监禁,被称为"原子弹之父"的奥本海默甚至被美国联邦调查局怀疑为苏联间谍,艾森豪威尔任总统期间,奥本海默还接受了审判。③ 在欧洲,丘吉尔表示,如果约里奥-居里敢与苏联接触就将其逮捕;玻尔认为多国拥有核武器能达到相互制约的效果,所以,他建议将原子弹情况通报苏联,为此,丘吉尔主张把玻尔"限制一下"。按照"普遍主义、公有性、无私利性"的科学精神,科学活动应当是全人类共同促进和受益的事业,但国家间的政治纷争却使原子能技术背负军备竞赛的包袱成为战略机密。其实,在未开发原子弹之前,政治势力在高科技领域对国际合作与交流的妨碍就已经很明显了,像一战期间发展起来的飞机制造业,由于它的迅速壮大一开始就是军需刺激的结果,以致后来国家间在航

---

① 孙慕天. "李森科事件"的启示 [J]. 民主与科学,2007,(3):18-20.
② 秦伯益. 社会政治状况与科技发展 [J]. 文明,2006,(10):9.
③ 吴国盛. 科学的历程(第二版,下册) [M]. 北京:北京大学出版社,2002:498-499.

空研究上的合作越来越少。①

虽然，国家间带有政治使命的高科技竞争刺激了各国的科技发展，但各国为了独占优势又都会严守其科技成果的核心内容，由于现代综合性的国防科技体系关涉的领域越来越广，以及许多民用和军用技术很难明晰地划界，这就使各行业的科技研究有越来越多的内容被卷入"涉密"的范畴，进而使整个科技界的国际交流与合作受到越来越多的限制。从现代科技的发展历史来看，每一次科技突破都离不开前人的研究攻关，这些"前人"往往来自多个国家，而新的科技成果经跨国界的传播之后又往往会在多个国家实现进一步的突破，也就是说，科技交流的国际化为科技发展带来了广阔的智力资源。例如，牛顿认为自己能取得成就是因为他"站在巨人的肩膀上"，这些"巨人"中不乏英国人，但也有德国的开普勒、意大利的伽利略、荷兰的惠更斯等人；再如，丹麦物理学家奥斯特（Hans Christian Oersted）和法国物理学家安培（Ampere）对电流磁效应的证明为英国化学、物理学家法拉第发现电磁感应奠定了基础，法拉第的发现又为本国物理学家麦克斯韦的电磁场理论提供了重要基础，而麦克斯韦的理论则引导德国物理学家赫兹完成了对电磁波的实验证明，赫兹的实验成果又引发了各国发明家研制无线电的热潮，意大利发明家马可尼、俄国发明家波波夫研制的无线电通信技术都是在赫兹实验的基础上发展起来的。经典力学和电磁学及其应用并非科技史上的特例，国际交流一直伴随着科技革命，国际化是现代科技的显著特征。如果各国科技系统因牵扯过多政治利益而在国际交流上趋向保守，也最终会阻碍本国科技进步，要知道，美国能成为世界头号科技强国在很大程度上是因其"收容"了大量为逃避纳粹暴行而流亡的德国犹太裔科学家。②

由上可见，无论是在一个国家内部，还是在国际环境中，过度政治化的科技体系都会对科技发展产生很多负面影响，所以，国家政治对科技系统的干预应适度。像产业科技与"纯粹科学"的关系一样，"纯粹科学"的存在和发展同样也能在一定程度上消解科研政治化的流弊。科学发现的

---

① 〔英〕J. D. 贝尔纳. 科学的社会功能 [M]. 陈体芳译 桂林：广西师范大学出版社，2003：210.
② 李工真 纳粹德国流亡科学家的洲际移转 [J]. 历史研究，2005，（4）：163 – 164.

优先权给予"纯粹"科学家们的荣誉历来是他们最为注重的[①]，而获得这种优先权的方式是将科学新发现公布于世，但这样一来，他们的科学发现就可能被应用于军事，这往往是科学家们无法控制的，尽管如此，许多科学家还是尽己所能地抵制科学的军事化用途。像英俄战争时期，法拉第就拒绝为英军研制毒气；迈特纳拒绝参加美国研制原子弹的计划；哈恩（Otto Hahn）和海森堡（Werner Heisenberg）对纳粹开发核武器的工作"阳奉阴违"，并在战后致力于反对研制核武器的宣传。

4.5 现代科技发展的社会动力以超循环形式耦合

科技研究的政治化与政府对科技研究的资助是不能等同的，例如，"纯粹"科学家根据自己的研究兴趣选择了某个研究课题，并向国家申请到了研究资金，这种科研模式与政府出于政治目的而组织科研攻关的最大区别是：前者以科学家的研究旨趣为主；后者以政治集团的"兴趣"为主。随着科技成果的累积，科研项目的规模不断扩大，其所需的资金也越来越多，科研活动需要国家的支持是在所难免的。

4.5.1 各种社会动力之间的交互影响

19世纪30年代，关于"国家职能与科技发展"的争论首先出现于英国科学界，面对法国、德国科技的崛起，以剑桥大学数学教授查尔斯·巴比奇（Charles Babbage，也被译为"查尔士·巴贝治"）为首的一批学者呼吁政府对科学事业进行财政支持；"反对派"则认为，科学活动应保持独立，国家干预存在多种"危险"；也有人认为，国家没理由为了"个人"的科研活动向民众征税。这场争论延续到了19世纪80年代，参与争论的社会力量也逐渐超出了科学界，政府受其影响增加了科研投入，但从19世纪末的总体情况来看，政府对科技系统的支持力度不大，也没有制定出什

[①] 李磊. 科学技术的现代面孔——国家科技与社会化认知 [M]. 北京：人民出版社，2006：51.

么科技政策。① 20世纪30年代末，受"苏联模式"的影响，贝尔纳主张国家通过有计划的干预科研活动来实现资源和人力的合理配置，化学家波拉尼（Michael Polany）反对贝尔纳的观点，他认为科学服务于社会的长远目标，科学家共同体应保持"自治"。二战以后，类似于贝尔纳与波拉尼的争论又出现于美国，围绕战时动员的科技资源如何利用的问题，以参议员万·布什（Vannevar Bush）和基洛古（Martin Kilogore）为代表的两派展开了辩论，前者认为应以大学为中心，恢复自由探索的科学竞争精神，后者强调政府对科学研究的积极干预，1950年美国建立的美国科学基金会（NSF）取代了此前由海军研究办公室和卫生研究院主导的科研规划，该基金会的成立表明美国的科技政策主要倾向于"布什派"。② 不过在苏联卫星上天以后，美国不得不针对苏联在航天领域取得的优势，再次大规模动用国家力量组织专项的航天科技攻关。

由上可见，在西方先发展国家中，政治与科技之间的"亲"与"疏"跟一国面临的国际压力有着密切关系，国际战争的威胁和意识形态的矛盾是导致国家大规模干预科技发展的直接动因，即使不存在这些性质的国际冲突，国家间科技发展的不平衡也必然会导致国际竞争，当一国的整体科技水平日趋落后于别国时，赶超别国科技的责任也会上升到国家层面。随着科技之社会影响力的增强，政府用"公共资产"支持科技发展已不再受到非议，政府面临的问题是科学研究的自由度。"纯粹"科学家们自由探索的成果往往在当下没有明显的实用价值，但能为科学技术质的飞跃奠定坚实的基础，我们现今科学教育中的基础理论大都是"纯粹"科学家取得的成果。从科技发展的远景来看，"纯粹科学"是不可或缺的，政治家和经济学家的预见不能取代科学家的旨趣。美国科学基金会的建立表明，美国政府承认科学探索的自由，这也说明，科学家独立于国家意志之外而取得科学成果的同时，也通过其影响力强化了"自由""民主"的社会观念，作为一种文化力量，进而影响到政府的施政纲领。然而，国家科学基金不可能照顾到所有科研人员的研究课题，尤其在科研队伍不断壮大的情况

---

① 徐治立. 科技与政治间干涉和自由之权力论争 [J]. 科学技术与辩证法，2006，23（6）：101.
② 徐治立. 科技与政治间干涉和自由之权力论争 [J]. 科学技术与辩证法，2006，23（6）：102.

下，当国家在众多待资助的课题中做出选择时，就不可避免地带有政治倾向。尽管如此，科学家进行科学探索的"自由度"要比在政治化的科研模式中大得多，而且，科学家还可以寻求企业财团的资助，虽然，赢利是企业存活的根本，企业的主要兴趣是通过科技创新来增强其市场竞争力，爱迪生、西门子、马可尼等实业型发明家都是通过科技创新占据市场优势的典范。但是，在产业科技的实践过程中，企业决策层也会逐渐认识到，要在竞争中占据制高点，科技成果的原创性是关键，而基础性科学的突破又是"原创性"的根本，就像标志信息时代的计算机技术，无论是当初的硬件设计，还是如今高速发展的软件技术，它们都离不开相关数学原理的突破。因此，像 IBM 这样引领计算机科技发展的商业巨头经常会资助"纯粹"科学探索性质的研究，"分形之父"曼德布罗特曾在 IBM 公司下属的研究中心供职 20 多年，但公司一直为他的"自由探索"创造各种机会①，如今，分形被称为"21 世纪的数学"，分形浪潮几乎席卷了自然科学和人文学科的所有领域，就连美国科幻大片"星球大战"的制作也运用了分形技术，分形图像压缩成为最具前景的图像压缩技术之一。②

企业支持没有明显实用价值的"纯粹科学"，是产业科技与纯粹科学互动发展的结果；而国家既支持科学发展又试图保证科学探索的自由，则是国家发展与科学发展交互影响的结果。虽然，财团和国家都会资助自由探索的科学活动，但"纯粹"科学家们主要还是集中于大学。从 19 世纪前半期开始，随着德国产业科技的兴起，德国的大学也逐渐把发展重心放在了科学研究上，产业科技推动了科学研究的职业化，而德国致力于"纯粹"科学研究的学者则主要供职于大学，大学日渐成为"纯粹"科学研究的中心。这种模式又对美国的大学产生了深刻影响，巴伯在《科学与社会秩序》一书中提供的数据显示，1938 年美国在"纯粹"科学上做出贡献的科学家几乎都集中于大学。③ 由此可见，自文艺复兴以来，被社会文化力量推动的"纯粹"科学一直持续发展着，并在 19 世纪

---

① 刘华杰. 分形之父芒德勃罗 [J]. 自然辩证法通讯, 1998, 20 (1): 63.
② 李水根. 分形 [M]. 北京: 高等教育出版社, 2004: 8.
③ 〔美〕伯纳德·巴伯. 科学与社会秩序 [M]. 顾昕等译. 北京: 生活·读书·新知三联书店, 1991: 167.

逐渐以大学为"根据地"对整个社会的科学观产生影响,这种社会化的科学观又能在一定程度上抵御政府对科学发展的"专断"和产业科技的"急功近利"。按照巴伯的观点,"合理性、普遍主义、社会改善进步论、功利主义、个人主义"都是推动科学发展的价值观,而科学繁荣的关键是这些文化价值在"何种程度上"能受到关注,这又关系到理想型社会结构的实现,即"高度专业化的劳动分工、开放的阶层体系、非集权的政治体制"。①

4.5.2 各种社会动力以超循环形式耦合的历史逻辑

巴伯的论断其实是对西方现代科技与社会互动发展的一个总结。如前文所述,文艺复兴和宗教改革为现代科学的兴起提供了文化动力,科学的发展又从信仰层面带动了政治变革,而政治变革的深入则为新型生产关系的壮大开辟了道路,进而激发了以技术革命为标志的生产力跃进,与此同时,现代科学精神的社会化也为社会成员参与技术革命提供了信仰支持。第一次技术革命的成果为科学发展带来新的研究课题,而新的科研成果又推动了技术进步,科学与技术在推动新兴产业的发展中融合,一种依托产业经济、服务于市场需求的科研模式随之兴起,这种产业化的科研模式既使许多改善民生的新兴产业迅速发展,又带动了更多的社会成员投身于科技事业,也带来一种"实用主义"的科学观,科学不再只是一种纯粹追求真理的活动,产业科技取得了与传统"纯粹科学"并立的社会地位,两者在交互影响中并立发展。产业科技与"纯粹科学"在德国的协同共进使其于19世纪后半期一跃成为欧洲头号工业强国,向境外谋取更多的市场和原料是工业资本膨胀的必然逻辑,这使德国与传统列强已建构的全球性殖民体系之间发生冲突,并最终升级为世界大战。由现代科技创生或改进的新式武器装备在战争中显示出巨大威力;现代通信及交通运输技术在军事行动上的运用带来速度与规模上的战争新概念,这些都极大地刺激了各国对军事科技的投入,一种由国家出资、组织并服从于国家战略规划的科研模

---

① 〔美〕伯纳德·巴伯. 科学与社会秩序 [M]. 顾昕等译. 北京:生活·读书·新知三联书店,1991:86-87.

式逐渐盛行起来，二战以后，国家化的高科技竞争成为冷战时期美苏争霸的重要形式。受国家意志支配的科技活动容易限制科学家共同体的民主诉求和国际交流，然而国家化的大科技模式所实现的成果，往往是其他科研模式在规模和速度上无法比拟的，而且，带有政治目的的科技成果大都可以转为民用，这就使政治力量能在客观上推进社会整体科技水平的跃升。虽然战争强化了政治力量对科技系统的干预，但是自由探索的科学传统已在西方"深入人心"，以大学为中心的科学家共同体仍保持着较强的独立性，但同时又可申请国家的科研资助。

纵观西方现代科技与社会互动发展的历史进程，文化、经济、政治这些相继介入科技发展的社会力量都促成了不同的科研模式，并派生出不同的社会功能。一方面，每一种功能的实现都不能完全被归结为一种科研模式的产物，因为科研人员是任何科研模式都不能或缺的要素，他们的科研背景往往是多元化的，像爱迪生既要自学"纯粹"科学家们的经典理论，又要聘请受过专业训练的科学人才，这些人才在大学里往往接受的是"纯粹"的科学教育。另一方面，科研人员的研究目标、社会身份、仪器设备、组织方式虽然均受制于一定的文化、经济、政治条件，他们的课题选择、思维路线、实验规划、协作途径也会被整合于某种社会条件所强化的科研模式之内，然而，源于某种科研模式的知识体系、技能体系、工艺方法、器物材料，并非只能成为特定科研模式内后继科研人员的理论资源、构思基础、物质手段和研究对象，像无线电技术兴起的基础就是法拉第、麦克斯韦、赫兹等"纯粹"科学家们的理论与实验成果；原子弹能研制成功离不开爱因斯坦、哈恩、迈特纳、约里奥－居里等一批"纯粹"科学家们的理论和实验成果；同样，实用技术的发展也能为"纯粹"的科学研究带来新的启示。也就是说，科研动机与其所带来的社会效应之间是非线性关系，这就使各种社会动力催生的各种科研模式之间保持着各种直接或间接的关联，它们通过这些关联耦合成一个复杂的科技系统，而作用于科技活动的文化力量、经济力量、政治力量则在科技系统中相互交织，科技系统随之成为文化系统、经济系统、政治系统交会的一个中心，图4-1可以直观地显示出这种局面。

如图4-1所示，科技系统内部形成了多重社会因素交织牵连的非线性复杂结构。在这个结构中，由于某种社会力量主导的科研模式所产出的成

```
        C
    F       E
        G
    A   D   B
```

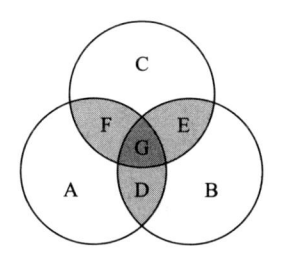

A—文化系统
B—经济系统
C—政治系统
D—经济文化系统
E—政治经济系统
F—政治文化系统
G—科技系统

图 4-1　文化力量、经济力量、政治力量在科技系统中耦合

果也能对其他科研模式产生影响，这就使科技与文化的互动、科技与经济的互动、科技与政治的互动能够彼此"催化"，也就形成了一个"催化循环"（见图 4-2）。

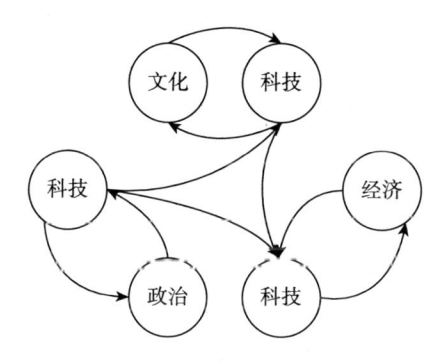

图 4-2　文化、经济、政治与科技互动形成的催化循环

　　而文化、经济、政治之间本身也是一个互联互动的"催化循环"，它们互动的产物：政治文化系统、政治经济系统、经济文化系统同样会与科技发生交互影响并彼此"催化"，这又形成了一个"催化循环"。这些"催化循环"以科学技术为"媒介"链接成一个动态的"超循环"系统（见图 4-3）。在社会大系统中科技系统的结构、功能、环境都是动态可变的，科技系统既是影响社会整体演化的要素，也是被各种社会力量驱动的要素。各种作用于科技系统的社会力量间既存在协同共进的关系，又存在此消彼长的竞争关系，各种社会力量主导的科研模式间既相互同化又相互异化。由于每个国家的历史境况和自然地理条件各不相同，各种社会力量在每个国家的权重比例也不可能一致，而各种科研模式在各种国家环境中的权重关系也会随着社会力量配比的变化而变化，当一种社会力量占据优势时，它会通过科技与社会互动的超循环反馈路径放大至整个科技界，像纳粹在德国科技界发动的排犹运动、苏联高度国家化的科学建制、世界大

119

战期间各国对科技界的政治动员。

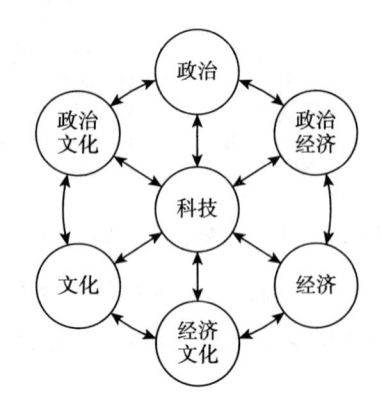

图 4-3 以科技为媒介的超循环社会系统

4.5.3 各种科研模式均衡发展的社会价值

当科技系统完全被国家意志统摄时，科技与社会互动而成的关系系统实际上就简化为科技与政治的关系系统了。虽然，国家权力机构及其职能部门在现代社会通常被视为公共事业的代理者和公众利益的维护者，但事实上，执政当局的政治理念与民众的利益诉求通常只存在部分交集，甚至在一些极端时期，执政集团的所为是完全与民众利益背道而驰的，也就是说，政治理念不可能是涵盖社会方方面面的文明公理，就科学技术而言，科技系统的自组织（自发创生有序模式）演化与政府的科技规划是两种相互"僭越"但不能相互替代的模式。

从前文可知，西方政治势力大规模涉入科技系统是在现代科学技术"自发地（自组织地）"兴起之后。社会对科技发展的需求是多元化的，任何一种社会力量被过度强化以后，都不利于科技系统发挥多元的社会功能。按照巴伯的观点，科技发展的理想模型应是各种价值取向的科研活动都能均衡发展，美国正是秉持这种理念在二战以后弱化了政府对科技发展的干预能力。从20世纪80年代到90年代初，由于美国的经济优势持续下滑，美国保障基础科研自由的基金政策面临向经济界定位的压力，国会要求美国科学基金会重点扶持工业界的发展，但遭到大学校长和教授们的普遍反对。他们认为，NSF存在的价值就是支持研究者个人主导的科研活动，这场争论的结果是双方达成了妥协。① 这再次说明，对科技发展有着不同期望的各种社会力量之间一直处于"协同竞争"的状态，科技与社会的超循环互动是一种动态结构。超循环是系统演化的一种自组织方式，即系统以超循环方式自发地有序进化，就科技与社会所形成的关系系统而言，这种"自发性"主要体现为，不同社会动力所维系的科研模式都能获得相对充分的发展空间。科技与政治的关系系统、科技与经济的关系系统、科技与文化的关系系统都是参与科技与社会这个大关系系统自组织运行的一个"要素"，在这个大系统中又嵌套着政治与经济、政治与文化、经济与文化等关系系统，可见，这是一个由多级关系环路耦合而成的复杂系统。其中任何一组关系的变动都会引起连锁反应，当其中一组关系被过度强化时，其他关系自然就会被相对弱化，进而影响到社会政治、经济、文化之间的关系。20 世纪 70 年代，一些国家人均获得诺贝尔自然科学奖的比例很高，但经济却上不去②，而日本人均获得诺贝尔自然科学奖的比例并不高，却通过实施"企业本位"的科技发展战略在 70 年代成为仅次于美国的世界第二大经济实体。③ 前文提到的美国经济优势下滑，其主要的国际参照就来自日本，20 世纪 80 年代日本曾狂妄地声称要买下美国④，但日本似乎忘了这样一个事实：1950—1975 年，日本向欧美国家共引进的 26000 项先进技术中有 60% 以上来自美国。⑤ 日本企业通过对大量外国先进科技成果的快速消化、改良、综合使其工业生产能力和产品技术含量快速提升，并借此占领了广阔的世界市场，也就是说，日本经济的高速发展主要受益于对外来原创性科技成果的应用和进一步创新。但是，科学技术的根本性变革依赖于基础科学的重大突破，而基础科学的发展又有赖于那些坚守科学精神、没有被"捆绑"在特定功利目标上的"纯粹"科学家。这些科学家"自由"探索的成果往往具有政治和经济逻辑无法预见的潜在社会价值，日本的产业科技虽然很发达，但基础科学却远不如美国，也落后于欧洲。

---

① 徐治立．科技与政治间干涉和自由之权力论争 [J]．科学技术与辩证法，2006，23（6）：102．
② 李喜先．技术系统论 [M]．北京：科学出版社，2005：216．
③ 冯昭奎．日本成为"世界老二"的前因后果 [J]．日本学刊，2011，（2）：68-69．
④ 冯昭奎．日本成为"世界老二"的前因后果 [J]．日本学刊，2011，（2）：71．
⑤ 匡跃平．从日本的技术战略看其化学工业的发展 [J]．石油化工技术经济，2000，16（2）：50．

当美国"发动"信息科技革命以后,随着信息产业的兴起和传统产业的信息化改造,以及人类生活的信息化,日本很快就在经济上与美国拉大了差距。信息科技的一个显著特征是原创技术转化为实用产品的中间环节大为减少,这一点在软件开发技术中尤为明显,这样一来,日本产业科技体系的优势就被弱化了,因为日本的特长是在具体的工业制造流程中追加技术革新。① 据美国总统科学技术办公室1995年3月发表的报告称,日本在信息科技领域至少要落后美国10年②,事实也证明,美国至今仍在信息科技领域占有绝对优势,并借此占据了世界产业结构和国际分工的顶端。

日本企业在经历产业升级的挫折以后,开始注重原创性研发,并带动整个社会的科研创新风气,进入21世纪以来,日本年均出现一位诺贝尔奖获得者。东芝、索尼、富士通、松下、夏普等日本知名企业纷纷将企业的重心由"制造"成品转向"研发"内在核心技术。2011年日本NEC公司将自己的个人电脑生产业务售让给我国的联想公司,开始专注于智能系统和尖端电子设备研发,如今的日本汽车全自动驾驶系统大都由NEC公司研发。这不禁让笔者想起2004年美国IBM公司曾向联想公司出售个人电脑生产部门,两个相差7年的同类事件反映出,在产业转型升级进程中日本企业理念向美国跟进。正是出于本国高成本人力资源集中转向高附加值产业的考虑,2016年日本东芝公司将"白色家电"业务出售给我国的美的公司,2017年又将电视业务出售给我国的海信公司。当日本本土手机品牌几近消失时,我国知名手机生产商华为和OPPO却在日本设立研究所,招募日本工程师为其研发新型智能手机。前文曾述及IBM公司下属研究中心对没有明显市场效益的自主研究行为的支持,这是因为先在的科学精神及其成果的社会垂范,赋予企业研发一种人类命运层面上的意义。当企业间的科技创新竞争成为业务常态时,带有这个层面意义的研发能克服单纯商业目标的短视,成为胜出的关键,其成果也会引领科技应用生态链的根本性变革。以日本丰田汽车公司为例,该公司研发车用氢能源技术耗时20多年才推向市场,但对于行业核心技术跃迁以及改善人类生存环境来说,都是

---

① 杜小军. 从学界观点看日本经济"平成萧条"的成因 [J]. 生产力研究,2008,(18):96.

② 张敏谦. 美国对外经济战略 [M]. 北京:世界知识出版社,2001:370.

根本性的。并且丰田公司宣布将向世界开放这一技术，由此可见日本企业转型进程中培育出的科学精神。科学精神能让企业洞察到关乎人类未来远景的科技创新价值。以生产照相机而闻名的日本佳能公司，在企业转型中选择研发小型火箭发射商业卫星；曾经辉煌的富士胶卷公司在胶卷基本退出市场之际，转向研发新药。日本科技创新展现出企业研发与科学精神的良性互动。

美国当代一些高科技公司领导者的开拓创新情怀，也都源出科学精神的基因，如乔布斯（Steve Jobs）、马斯克（Elon Musk）等。马斯克作为特斯拉（Tesla）公司的CEO，因该公司生产的闻名全球的电动汽车而广受关注。马斯克同时还担任太空探索技术公司（SpaceX）的CEO，这是一家致力于"太空运输"的公司。2018年该公司建造的可重复利用式运载火箭，将一辆特斯拉跑车送入太空。该火箭拥有27台发动机，采用轻质箭体结构设计，成为现役运载能力最强的一款重型火箭，包括其可重复利用的性价比，都创造了新的世界纪录。马斯克麾下的SpaceX公司成功发射猎鹰重型火箭，意味着美国在航天飞机退役后再次拥有将宇航员送入太空的能力。2020年5月底猎鹰重型火箭将美国国家航空航天局（NASA）的两位宇航员送入太空。2020年6月4日猎鹰火箭将第八批60颗"星链"卫星送入太空，这批单颗重量超过200公斤、总重超13吨的卫星，被"打包"装在分配器上置于火箭整流罩内，当火箭到达预定位置后卫星再分散进入预定轨道。至此，SpaceX公司已累计发射482颗"星链"卫星，这些卫星用于该公司的"星链计划（Starlink）"。所谓"星链计划"，简单地讲就是通过约12000颗卫星覆盖地球上空组成一个全球大Wi-Fi的构想，由此实现全球低成本高速上网。SpaceX公司还承接外来卫星发射业务，一颗重200公斤的卫星如果"拼箭"发射，该公司开出的价格仅为100万美元。显然，相对于国家层面的太空科技工程，SpaceX这家私营公司更注重通过技术资源的优化集约来降低边际成本，这也有效消解了国家战略性科技成果转向民用的成本壁垒，以及社会对造成国民经济负担的国家战略性科技投入的可持续性价值的质疑。卫星发射、人类进入太空，这些原本在国家政治战略构架中才能实现突破的高科技项目，缘何进入私营公司的商业规划？企业对利润的追求无可厚非，但马斯克对太空探索的执着投入绝非仅仅为了投资收益，毕竟，相对于国家层面的成本负担能力，马斯克面临的成本风险是难以预估的，而且他本身在其他行业已有更加稳妥的投资收益。宇航事业"对于人类的未来深有裨益"，这是马斯克向媒体表达的初衷，可见，科学精神是其事业规划的重要动力。马斯克麾下的特斯拉电动汽车公司，之所以被命名为"特斯拉"，就是为了纪念美国著名的物理学家、电气发明家特斯拉，这也显示出传统科学精神对马斯克人生情怀的影响。

由上可见，巴伯的观点是正确的，即科技发展的理想模型应是各种价值取向的科研活动都能均衡发展。每一种推动科技的社会力量都是为了借助科技实现自身的期望，但是由任一力量主导科技系统都会限制其多元社会功能的实现，而这些社会功能往往能够通过科技与社会互动的多级反馈环路彼此弥补各自动力源的缺陷。所以，国家政权作为社会秩序最强有力的调控者，在设计科技政策时，应保障各社会动力所维系的科研模式都能获得相对充分的发展空间。

4.6　网络复杂性与大众化信息科技创新

西方现代科技历经与文化、经济和政治三种社会力量的相互促进，使西方现代文明形态在人类历史进程中占据了领跑优势。西方先发展国家凭借先进的科学知识和技术手段在全球谋取经济和政治利益，推行西式价值观，进而推动了所谓"全球性"的现代化。在这个"全球化"进程中，无论是先发展国家，还是后发展国家，都对科学技术的依赖性越来越强，即使"极端仇视"西方文明的一些发展中国家也要利用源出西方的现代科技，来提升自身对抗西方的"军事筹码"。科技人才的数量和质量已成为衡量综合国力的基本参数之一，一个国家，无论是"内生型"的现代化，还是"外生型"的现代化，无论是"主动"现代化，还是"被动"现代化，科学家的社会地位都会随着现代化进程而不断上升。但是，科学家共同体会因科学家的声望大小而产生一种分层结构，在这种分层结构中，知名科学家和普通科研人员相同的科学贡献会受到不同的社会关注，进而使知名科学家的威望和优势地位不断被强化，一些新人的贡献却因缺乏认同而被长期埋没，这种优势累积效应被默顿称为"马太效应"。由于各种科研模式之间存在互动关系，"马太效应"在导致声誉分配不公的同时也会导致科学资源的分配不公。① 也就是说,"马太效应"会导致科学资源向少数人集中②,这就意味着许多"天才"失去了发挥科研特长的平等机会,毕竟,在一个科学产出日益依赖于资源投入的"大科学"时代,能像爱因斯坦那样在工作之余(当时爱因斯坦在专利局担任公务员)仅用"纸和笔"就推演出狭义相对论的天才人物已难再现。"马太效应"不利于科技发展,然而信息科技的社会化却为众多科技"天才"提供了消解"权威结构"的机会。

4.6.1 分布式网络结构与网络民主

社会的信息化以互联网的普及为主要特征。互联网源出计算机网络,它最初是美国军方高级研究计划署(APRA)于20世纪60年代开发的一个项目,所以,最初的计算机网络被称为Apranet,据说该项目是为了建立一个"非集中式"的通信网络,以避免因通信中枢遭受核打击而带来的通信瘫痪。无论该研究目的是否属实,Apranet确实是按照这种理念来设计的,而后来发展起来的互联网也的确带来了"去中心化"的交互式信息传输路径。在Apranet出现之前,APRA资助了许多大学和企业研究中心关于计算机间交互通信方面的研究,这带动了民用网络技术的发展。1969年APRA资助建立了一个由几所大学的计算机主机链接而成的Apranet,进入20世纪70年代以后,不断有新的大学和企业加入其中。80年代初,美国将Apranet分为军用和民用两部分,与此同时,许多商用计算机网络和学术用途的计算机网络也独自发展起来,而20世纪70年代被研发出来的TCP/IP协议则使网际互联成为可能。后来,美国科学基金会促进了网际互联,我们今天在网上使用的e-mail和BBS都是在20世纪七八十年代发展起来的。20世纪90年代初随着网络服务器和网络浏览器的出现,互联网逐渐大众化。今天,方便公众使用网络的计算机软件越来越多,尤其是美国苹果公司引领的手机技术革命,使智能手机具有了越来越多甚至超越计

---

① 〔美〕P. K. 默顿. 科学社会学(下册)[M]. 鲁旭东,林聚任译. 北京:商务印书馆,2003:610-611.
② 〔美〕P. K. 默顿. 科学社会学(下册)[M]. 鲁旭东,林聚任译. 北京:商务印书馆,2003:632.

算机的功能，进而使移动网络全面覆盖人们的生活。苹果手机（iPhone）出现之前，手机也可以上网，是一种"手机+互联网"的模式，而 iPhone 把这种模式转变成了"互联网+手机"，前者是以手机为中心，后者是以互联网为中心，顺序的改变意味着上网不再仅是手机的一种功能，手机技术更新是为了更好地实现生活的互联网化。正是 iPhone 将我们带入"互联网+"时代，使互联网不断创造出新的生活方式，我们也越来越依赖互联网。

推动互联网发展的社会动机是多元的，既有政治目的、经济利益，也有"纯粹"的科研需要和个人兴趣，而互联网的兴起也带来了社会的全景式变革。按照当初 Apranet 的设计理念，计算机通信网络实现了一种分布式（非集中式）拓扑结构，这是一种交互性的网络信息创制、处理和传播方式，信息发布者与信息接收者之间通过这种方式建立起了即时互逆性的反馈式沟通渠道。① 随着网络信息传播方式的社会化，传统社会信息中心的权威性必然会受到极强的挑战。现有的网络结构仍然存在着以"服务器"为基础的"中心节点"，但随着 P2P（Peer-to-peer）网络构想的兴起，"中心节点"也被视为消解对象。在 P2P 网络结构中彼此连接的计算机之间都处于对等地位，不存在"中心节点"，每个节点都是服务器，具有信息消费、信息提供、信息通信三种功能。2008 年全球金融危机爆发，一位自称"中本聪（Satoshi Nakamoto）"的网客在 P2P foundation 网站上发文提出发明电子货币的设想，他将这种电子货币称为"比特币"。2009 年 1 月 3 日"中本聪"发布构建 P2P 网络模式的开源软件，随着软件的启动产生第一个储存结构化数据并记录其发生和关联信息的"区块"，这个区块的序号为 0，随后，1 月 9 日序号为 1 的第二个区块诞生，并与 0 号区块连接成链，这就形成了"区块链"，以此类推，"链"的规模随区块数的增加而递增。每个网民都有机会借助计算机运行一套复杂算法去完成一项数学难题来获得合法区块，率先获得者，P2P 网络会生成一定数量的比特币予以奖励，这个网络会自动调整数学问题的难度，确保网络中约每 10 分钟得到一个合格答案。每一个新区块除记录新生比特币的入账信息外，还自动包含上一个区块的交易信息，而且每个新生区块的入账信息会自动被链上的其

---

① 邬焜. 信息哲学：理论、体系、方法 [M]. 北京：商务印书馆，2005：383.

他区块所记录和确认，其后的交易信息也同样会散列到其他区块。区块类似于一个账簿，"区块链"上的每个"账簿"共同记录区块之间的全部交流信息，这种分布式记账模式确保了比特币的信用。比特币作为激励记账的酬劳，其总量被系统限定在 2100 万个，奖励数会根据已生成币数按比例递减。挖掘区块的工作被形象地比作"挖矿"，竞相"挖矿"实质上是竞争记账权，为获得记账酬劳的"挖矿"行为自发组成一个 P2P 网络，共同保持"区块链"。从比特币的生成机制可以看出，它不是法定货币的集中发行，而是由网络节点的计算生成，任何人都有机会参与制造比特币，任何人也都无法通过大量制造比特币来操控币值。从理论上讲，只有控制 P2P 数字货币网络 51% 的运算能力，才可以操控币值，但对于比特币现有的网络规模而言，这种操控不具有可能性。由于比特币依靠的是 P2P 网络，其全球线上交易不受第三方管控，各国政府也都无法将其关停，只能从法治层面对其限制，但现今比特币已广泛进入传统金融领域，可见互联网改造社会的自组织力量。如今，作为比特币核心技术架构的"区块链"被提取出来，已成为各国在"互联网＋"时代争相开发的前沿技术。无论比特币的前途命运如何，由它推动的 P2P 网络和由它实践的"区块链"技术，都将继续在人类社会中发展。

比特币的出现，彰显了平权、自由、多元、开放、共享、非权威主义的当代网络文化，这是网络民主观的基础，它一方面要求涉及公共权益的行为透明共识且不受集权管控，另一方面又尊重个体的隐私意愿。比如，比特币的任一交易都会被链上区块平等地共同记录，但比特币的持有者却是匿名的。这种网络空间中的民主观念对行为方式的影响会随网络发展而日益增强，进而与传统政治、经济、文化体制中的一些集权、垄断模式发生冲突。2010 年 12 月"维基解密"（"wiki leaks"）带给世界政坛的震动就是这种冲突的典型代表。2006 年 12 月一个擅长"扮演"网络黑客（hacker）的澳大利亚人阿桑奇（Julian Paul Assange，也被译为"阿桑齐""亚桑杰"等）创建了一个专门"揭露政府和企业腐败行为"的"维基解密"网站，他标榜自己是反对政府权力过度扩张、挑战强权的公民活动家。[①]阿桑奇先是一个人单干，后来通过网络招募到很多"志同道合"的义工，

[①] 王均. 维基解密, 自由与安全间博弈[N]. 国防时报, 2010-08-25 (16).

其中有新闻工作者、信息技术人员，也有学者①，报道称该网站的支持者来自十个国家。② 随着网站支持者的增加，各种通过秘密渠道获取的政府或非政府组织的机密信息（包括图片、视频）被源源不断地公布出来，该网站的影响力也随之迅速扩增，2008年英国《经济学人》杂志曾授予"维基解密"网站"新媒体奖"。③ 2010年7月"维基解密"公布了九万多份驻阿富汗美军的机密文件，此事立刻引起轩然大波，并随着各国媒体跟进而迅速放大。2010年11月28日，"维基解密"与多国主流媒体联袂，它们相约同时公布了从250个美国驻外大使馆和领事馆获取的251287份保密文件④，从而引发了"世界外交的大地震"。2010年12月1日国际刑警组织对阿桑奇发出了国际通缉令⑤，12月7日阿桑奇因"涉嫌强奸"在英国被捕。⑥ 意大利总理说阿桑奇制造了外交史上的"9.11"，美国政要认为阿桑奇像本·拉登一样是恐怖主义者，而许多民众却认为阿桑奇推动了信息的民主化。⑦ 阿桑奇自知其行为会招惹多方权势，所以，他充分利用分布式网络的信息传递特性来防范其网站及其支持者可能受到的攻击。"维基解密"网站在全球建有多个未公开的镜像站点，当其中一个出现状况时，其他站点仍会正常运行。因为瑞典、比利时、冰岛等国家的法律对网络匿名给予保护，其网站的机密资料都通过设在这些国家的服务器进出，而且，该网站还使用了高阶加密技术以确保其用户在参与网站活动时不会被"追踪"，此外，"维基解密"为了"掩护"那些真正的机密文件，还不间断地在其各个服务器之间的网络通道上传输数十万份假文档。⑧

---

① 郭建良. 维基解密下的众生相——国际主流报纸对维基解密新闻图片的使用 [J]. 新闻记者，2011，(1)：96.
② 王均. 维基解密，自由与安全间博弈 [N]. 国防时报，2010-08-25 (16).
③ 赵晨. "维基泄密"：网民的情报站 [J]. 世界知识，2010，(17)：53.
④ 郭建良. 维基解密下的众生相——国际主流报纸对维基解密新闻图片的使用 [J]. 新闻记者，2011，(1)：93.
⑤ 邢立，腾子默. "维基解密"乱天下 [N]. 人民日报（海外版），2010-12-04 (08).
⑥ 佩恩. 维基解密创始人被捕被控强奸罪 [N]. 第一财经日报，2010-12-08 (A05).
⑦ 李翔. 维基解密：信息恐怖主义抑或信息的民主化 [N]. 经济观察报，2010-12-06 (16).
⑧ 赵晨. "维基泄密"：网民的情报站 [J]. 世界知识，2010，(17)：53.

4.6.2 网络自组织与网络格局

"维基解密"事件充分说明传统的社会权力机制无法有效地抵御全球性网络中随机聚集起来的攻击力量。网络需要统一的规则和相互兼容的技术标准，否则各个局域网、节点（服务器、个人电脑、平板电脑、智能手机等）就无法链接起来，但是，网络秩序往往并非官方所能主导的，而是"自组织"形成的，像 TCP/IP 协议战胜了官方制定的 OSI 协议就是典型实例。[①] 网络秩序之所以具有自组织性，是因为网络是一种分布式拓扑结构，在这种结构中每一个节点（服务器、个人电脑、平板电脑、智能手机等）都是一个具有主动性的个体，也就是圣塔菲研究所提出的 CAS 理论中的适应性主体（adaptive agent），这些主体通过网络链接相互适应、协调使自身受到约束，但同时它们又都具有自由意志，彼此之间相互竞争，网络新秩序在它们既相互适应又相互竞争的关系中不断涌现。所以，网络既不是完全规则的，也不是完全随机的[②]，这就是网络的复杂性。20 世纪 90 年代末，科学界兴起了对网络复杂性的研究，当然，网络并非仅指覆盖全球的互联网，像自然生态网络、人际关系网络早先于互联网而存在，但越来越多的研究表明，只要是复杂性网络都具有共同特征。[③] 那么，自然界具有独立于人类意志之外的自组织性，覆盖全球的互联网也同样会有各种权力意志无法调控的自组织性。其实，波普尔早就预见了这种"自组织性"，根据波普尔划分"三个世界"的理论，客观物质属于"世界 1"、主观精神属于"世界 2"、思想的客观化内容属于"世界 3"。波普尔认为，"世界 3"是人类活动的产物，但它又具有客观形式和人类无法掌控的自主性，人们可以为其增添新内容、助其增长，但"世界 3"已发展到远非个人甚至所有人能够把握的地步。[④] 显然，互联网属于波普尔所说的"世界 3"，它的发展态势也越来越多地验证着波普尔的

[①] 张傲翔. 9 月 2 日，从互联网诞生说起 [J]. 信息网络安全，2003，(10)：19.
[②] 方锦清，汪小帆，刘曾荣. 略论复杂性问题和非线性复杂网络系统的研究 [J]. 科技导报，2004，(2)：10.
[③] 吴彤. 复杂性的科学哲学探究 [M]. 呼和浩特：内蒙古人民出版社，2007：96.
[④] 〔英〕卡尔·波普尔. 客观的知识——一个进化论的研究 [M]. 舒炜光等译. 杭州：中国美术学院出版社，2003：165.

论断,任何个人、组织或组织联盟都无法统管世界性的互联网,而且由于内部的利益纷争,各种国际组织发挥的实际效力往往与其宗旨相脱节。1998 年 Duncan J. Watts 和 Steven H. Strogaz 提出了"小世界(Small-world)"网络模型,1999 年 Albert-László Barabási 和 Réka Albert 提出了无标度(Scale-free)网络模型,这两个模型对网络复杂性的解释都适用于互联网,并为我们透视传统权力机制在互联网中遭遇的挑战提供了新的线索。

小世界网络既像规则网络那样聚集程度高,又像随机网络那样路径距离短(相连两个节点间所经过的其他节点较少)[1];无标度网络是指该网络没有特定的规模,即,随时会有新的节点加入或原有节点脱离该网络,每个节点都会根据自身偏好的变化与其他节点重建联系。[2] 在互联网中,高度聚集的现象是很容易形成的,以 Google 网站为例,21 世纪初期该网站就支持七十多种语言,其搜索引擎能检索到全球二十多亿个网页,每天会有1.5 亿多人在网上利用其搜索引擎查找资料[3],个人电脑通过像 Google 这样的"中间站"很快就会链接到其他站点上,从而建立起短"距离"的通信路径。据 Réka Albert 等学者 1999 年的推算,从一个网页到达互联网上的任一网页最多只需要 19 次链接,即使几年后网页数量再增加十倍,链接次数也不会超过 21 次。[4] 聚集程度高意味着信息传播范围广,路径距离短意味着信息传播速度快,Google 网站作为众多短距离路径的中间节点,自然就具有了巨大的网络影响力。这种影响力在经济和政治上都能体现出来,在经济上,2007 年的数据显示,Google 当时的"身价"已达 1410 亿美元[5];在政治上,2007 年多国政府就指责 Google 为用户提供的全球卫星图片泄露了它们的军事机密,而此项业务是 Google 于 2005 年才刚推出的。[6] 由 Google 的案例可见,一个网站的影响力主要取决于其被访问量,

---

[1] Duncan J. Watts, Steven H. Strogaz. Collective Dynamics of "Small-world" Networks [J]. Nature, 1998, 393: 440.

[2] Albert-László Barabási, Réka Albert. Emergence of Scaling in Random Networks [J]. Science, 1999, 286: 511.

[3] Ed Welles, Maggie Overfelt. All the Right Moves [J]. FSB: Fortune Small Business, 2002, 12 (7): 24.

[4] Réka Albert, Hawoony Jeong, Albert-László Barabási. The Diameter of the World Wide Web [J]. Nature, 1999, 401: 130.

[5] Dia Meh. Rivals Take Aim at the Search King [J]. Media, 2007, (6): S21.

[6] 谢晓南,雷炎,秦鸥等. 谷歌让多国军方头疼 [N]. 环球时报, 2007-01-26 (01).

而被访问量又取决于该网站对公众的吸引力，Google 的主要吸引力来自其提供的搜索引擎服务。但是，能够提供这种服务的网站并非 Google 一家，也就是说，各个网站之间是存在竞争的，它们都想争取到更多的客户群，在竞争的过程中，网络的聚集模式也会随之变更，网民会根据竞争的结果进行择优选择，Google 就是凭借先进的数据挖掘（Data Mining）技术和纯净的搜索界面（没有加载任何多余信息）战胜了当年的引擎"巨头"Yahoo 而成为网民"新宠"的。

在互联网络世界中，软件技术的发展速度要远远高于硬件技术，这是三方面原因造成的：第一，网站、个人电脑、平板电脑、智能手机、数字电视、智能手表等电子设备的日常维护与改进，以及各种网上行为的实现主要靠软件技术；第二，软件开发主要靠智力资源，个人才智的发挥不会过多地受制于设备和资金条件，而且互联网中既有的共享性软件和硬件平台已为新软件的研发和运行提供了环境基础和试验场；第三，信息是"不守恒"的（信息持有者并不会因信息的传出而丧失信息），软件作为一种"纯粹"的信息产品，其批量再生产（复制）的成本很低，其传播速度也就特别快，再加之互联网的传播优势，新软件的传播速度和广度都会倍增。软件技术和互联网的上述特性一方面导致软件技术的"日新月异"；另一方面也导致各种"盗版"软件的泛滥、各种计算机病毒的肆虐，以及新网站或劣势网站对优势网站技术和内容的"仿制"。在中国，微软操作系统能走入千家万户，"盗版"活动可以说是"功不可没"，而国内崛起的互联网"巨头"前期对国外网站技术和网站内容的"仿制"也很明显，像中国的"百度"就被很多网民戏称为"山寨版"的 Google；中国的腾讯 QQ 就是 ICQ 的"仿制品"，以及中国的视频网站、游戏网站、交友网站、电子商务平台等，都可以在国外找到"蓝本"，这种"仿制"的最大贡献是国外先进网络技术和网站运营模式的本土化，但这种本土化主要是民族文化形式上的，所以中国互联网产业兴起之初即面临缺乏技术原创意识的问题。

在西方先发展国家，技术的原始创新一直是推动互联网产业兴盛的主要动力，许多年轻的软件工程师往往会因为填补了互联网技术上的某项空白而"一夜暴富"，但由于网络的"开放性"，这种新技术又会被快速"仿制"和改进，各种商业性网站为在竞争中保持优势地位会不断地整合新技术，这就导致网站服务功能的趋同化，但是，网民为何没有相对平均地分散于各个网站呢？以网络博客或微博为例，国内许多网站都为用户提供了免费的博客服务，而且，各个网站对此项业务的技术支持大同小异，但喜欢使用博客的网民并没有相对平均地分散于各个网站。这种现象跟个人的路径依赖有着密切关系，比如较早推出博客服务的网站先培养了自己的用户群，这些用户已经习惯某些网站设计的图形界面和操作流程，而不愿意再重新学习和适应其他网站的技术环境（可能更先进），新用户也倾向于加入那些人气旺的博客圈子，这就是 Albert-László Barabási 等学者在无标度网络模型中发现的"偏向性依附（preferential attachment）"。[1] 可见，网络的聚集效应很容易衍生出垄断性的网络运营商，企业的营运规则是利润最大化，随着一些网站客户群的增长，它们开始添加一些"可享有特权"的付费服务。但从现在的状况来看，任何一家圈集到大量用户群的网站都不敢将自己提供的主要免费服务改为付费服务，因为它们当初吸引用户的主要手段就是"免费、共享"。也曾有网站将自己先前提供的主要免费服务付费化，但随着用户的迅速流失，它们要么重新免费，要么被其他网站所替代，电子邮件服务就是典型案例。在市场竞争过程中，各网络服务商逐渐认识到"免费、共享"是进行"网络圈地"的"利器"，2008年中国的奇虎公司推出永久免费在线下载和升级的360杀毒软件之后，其客户端迅速扩增，其他杀毒软件开发商也被迫跟进，中国现已进入"免费杀毒"的时代。但随着智能手机生产商纷纷推出随机自带的免费杀毒软件后，360杀毒软件在移动网络中则日渐式微。

移动网络无疑已是互联空间中不可或缺的组成部分，其使用频率已远超出传统互联网，但"免费、共享"的"网络圈地"规则并未改变。例如，2012年在中国成立以移动互联网为经营目标的"字节跳动公司"，其旗下的"今日头条"（个性化资讯推荐引擎）、"抖音"（短视频社交软件）两个App，已在国内拥有大量移动互联网用户。但为了进一步集聚用户群，该公司于2020年1月出资6.3亿元人民币获得了因新冠肺炎疫情而无法如期上映的《囧妈》的网络播放权，并宣布这部电影将于大年初一在其旗下

---

[1] Albert-László Barabási, Réka Albert. Emergence of Scaling in Random Networks [J]. Science, 1999, 286: 509-512.

的网络平台上免费首播。随即 2020 年春节期间，该公司旗下的"今日头条""抖音""西瓜视频"等 App，纷纷登上了手机 App 下载排行榜的前列。

4.6.3 "蝴蝶效应" VS "马太效应"

"免费、共享"不能被简单地视为一种商业竞争的"噱头"，它其实也反映了互联发展过程中科学精神的力量。20 世纪 60 年代，在美国麻省理工学院的人工智能实验室里，程序员们通过相互攻击对方编制的计算机程序来检测彼此程序的漏洞，并帮助其改进和完善，他们彼此戏称对方为"黑客"，他们既是"纯粹"的科研人员，也是最早的"黑客"。[①] 当初的"黑客"行为符合科学精神：普遍主义、公有性、无私利性、有条理的怀疑态度。随着互联网的社会化，这种科学精神与"民粹主义"色彩的心理诉求相互渗透而衍生出一种"自由、共享、开放"的互联网精神和一种以挑战权威为目的的"黑客"行为。70 年代，斯蒂夫·沃兹尼亚克（Steve Wozniak）在未创立苹果电脑公司之前就曾和自己的同伴研制出了能侵入美国电话系统的"黑客"设备——"蓝盒子"，利用"蓝盒子"在不搅乱电话网络的情况下找到其漏洞，从而可以免费打长途电话。但沃兹尼亚克从不用"蓝盒子"给自己的亲戚和朋友打电话，他认为这样等于"偷盗"，他使用"蓝盒子"主要是为了测试一下这项发明的技术性能，并顺便恶作剧式地戏弄一下社会上的"大人物"。[②] 然而，随着互联网规模的剧增，这种"黑客"行为难免会"越界"。1998 年，中国台湾青年陈盈豪研发 CIH 病毒程序的动机虽然只是为了让一家在广告上过度吹嘘自己产品的防病毒软件生产商"出洋相"，但 CIH 病毒在互联网中的迅速蔓延，使全球 6000 多万台电脑受害，这真是一个网络版的"蝴蝶效应"。尽管陈盈豪带来了世界性的"祸害"，但是，这个反面案例也反映出，聚集程度高和路径距离短的互联网增强了微观个体的研发活动对宏观社会结构的影响力。

[①] 计海庆. "维基解密"：越界的信息自由 [N]. 文汇报，2010-12-13（05）.
[②] Steve Wozniak, Gina Smith. iWoz——Computer Geek to Cult Icon: How I Invented the Personal Computer, Co-Founded Apple, and Had Fun Doing It [M]. New York & London: W. W. Norton & Company, 2007: 113-115.

在网络环境中，众多微观个体还会自组织地聚集于某项软件技术的研发。1991年大学生林纳斯·托瓦兹（Linus Torvalds）将其编写的Linux操作系统的原代码向公众免费公布以后，Linux立刻通过互联网迅速传播，并被世界各地的程序员和软件研究爱好者改进、升级，然后再通过网络交流获得进一步的完善和丰富，这个开发源大众化、全球化的操作系统很快被许多个人电脑和服务器所采用。例如，为1997年的美国大片《泰坦尼克号》制作特效的160台Alpha图形工作站中，就有105台采用了Linux操作系统[1]；据美国田纳西州大学的超级计算专家Jace Dongarra、NERSC/Lawrence Berkeley国家实验室的Erich Strohmaier和Horst Simon以及德国曼海姆（Mannheim）大学的Hans Meuer于2008年编辑和公布的统计报告显示，在全球500强的超级计算机中，使用Linux操作系统的超级计算机已经占到85%以上[2]，Linux操作系统已成为Windows系列操作系统为数不多的竞争对手之一。由微软公司开发的Windows系列操作系统是产业科技的产物，占取尽可能多的市场份额是微软公司组织产品研发的基本目标，Windows系列产品一度在操作系统领域占据了绝对优势，微软公司也从中获取了巨额的垄断利润[3]，其创始人比尔·盖茨于1996年凭借超过364亿美元的身家成为世界首富。[4] Linux的出现虽不能颠覆"微软帝国"，但它已经显示出"下层"民众的智慧通过网络自组织聚发出来的强大力量，也充分体现了"自由、共享、开放"的互联网精神，随着计算机技术和互联网在全球的进一步普及，不断扩增的"民间"智力资源会继续强化这种互联网精神。

当移动互联网强势来临，各种操作系统在作为主要登录设备的智能手机上竞争时，微软公司则彻底失去了"霸主"地位。早在1996年微软公司就推出针对手机的Windows CE操作系统，2010年微软公司则推出了真

---

[1] Blaise Zerega. Linux Keeps Computer-generated Special Effects Afloat [J]. Info World, 1998, 20 (23): 104.

[2] Britta Wülfing. Top 500: 85 Percent of all Super Computers Runs on Linux [EB/OL]. [2008-2-18]. http://www.linux-magazine.com/online/news/top_500_85_percent_of_all_super_computers_runs_on_linux.

[3] Robert Weisman. Outsider Steps in at Microsoft [N]. Knight Ridder Tribune Business News, 2005-03-20 (01).

[4] Eric R. Quinones. Gates Remains Atop Forbes Richest List [N]. Journal Record, 1997-07-15 (01).

正意义上的智能手机操作系统 Windows Phone，并于 2011 年发布 Windows Phone 7.5。但由于当时的微软公司 CEO 错误地认为，传统键盘式计算机具有不可替代的性能，未能及时在优化系统生态上增加投入，使该系统与主流手机应用软件的更新适配过程拉长，导致客户群体逐渐失去耐心。而此时苹果公司的 iOS 系统和谷歌公司的安卓系统却在不断为智能手机客户完善系统生态支持。2007 年苹果公司在手机硬件上给人们带来了无键盘式"手指触控"的新概念，以及与之融合的 iOS 操作系统，从此人们的互联网体验史被改写。2013 年搭载安卓操作系统的触摸屏智能手机全球市场份额已接近 80%，而安卓操作系统正是一种基于 Linux 内核的开放源代码的自由操作系统，如今，它还被广泛应用于平板电脑、数字电视、数码相机、游戏机、智能手表等电子设备。安卓操作系统开发平台允许任何移动互联网终端设备制造商加入安卓联盟，这使该系统拥有更多的开发者，衍生出被进一步优化的操作系统，如 MIUI、Flyme 等。脱胎于 Linux 的安卓操作系统的盛行，进一步彰显了"自由、共享、开放"的互联网发展趋势。2015 年中共十八届五中全会提出的"创新、协调、绿色、开放、共享"的新发展理念，在很大程度上对应了互联网发展趋势。

"自由、共享、开放"的互联网精神是有边界条件的。"自由、共享、开放"指向公共服务而非个人隐私，网络得以实现"自由、共享、开放"的前提恰是隐私权受到尊重，否则失去安全感的公众将会规避网络，这已成为一种网络伦理观。2013 年曾服务于美国国家安全局的网络工作人员爱德华·斯诺登（Edward Snowden）向媒体披露了美国国家安全局自 2007 年开始实施的绝密电子监控计划，即"棱镜计划（PRISM）"。此事一出，立刻在国际社会掀起轩然大波，美国政府陷入严重的国内外信任危机。按照美国官方的解释，"棱镜计划"是自"9·11"事件以来为维护公共安全的"反恐"需要。从媒体披露的文件资料显示，美国国家安全局和联邦调查局对美国一批大型互联网公司的服务器进行数据挖掘，以监控网络服务，寻找"嫌疑"人员，他们可以在网上实时跟踪用户电子邮件、聊天记录、视频、音频、文件、照片以及社交网络细节等信息，进而全面监控特定目标及其联系人的所有网络活动。这种以维护公共安全名义实施的信息监控，使网民的隐私权普遍受到威胁。出于自身的道德意识，斯诺登选择揭露"棱镜计划"，放弃在美国的舒适生活，开始流离失所的政治避难生涯。

斯诺登的"义举"虽受到世界舆论的广泛好评，但网络隐私保护仍是难题。随着网络对日常生活的全方位渗透，人们在网络留下的数据信息也日益增多，无论是商业规划还是社会治理都对这些数据有一定需求，这就使隐私保护面临更多问题。"大数据"是一个今天耳熟能详的概念，这个概念对应网络产生海量数据的现象，如果能从这些非结构化或半结构化的海量数据中找到某种规律，那就意味着掌握了数据也就占有了利益资源。随着数据挖掘技术的不断进步，人们从"大数据"中找到数据间的相关性并实现预测的能力不断增强，这必然使数据量的需求不断增加。那么，一方面，出于利益需要，涉及个人隐私权的数据可能通过特殊渠道被搜集；另一方面，多元数据的汇集整合可能会析出某个人连贯的生活轨迹，进而使个人不愿透露的私密动向被发现。"棱镜计划"中的美国国家安全局和联邦调查局本质上就是通过挖掘"大数据"实施信息监控的。

随着"大数据"与"云计算"的结合，隐私保护面临更多挑战。所谓"云计算"，简单地讲就是利用网上专业的计算资源和数据中心为自己（个体或单位）服务，"云"指的就是提供这种服务的网络平台，"云计算"供应商可以为客户托管数据中心、运用软件生成信息产品、采集有效网络数据进行统筹优化计算等。理论上讲，客户可以随时随地通过电脑或智能手机链接到"云"上定制服务，并按使用量付费。客户也能享受到免费服务，比如网络搜索引擎谷歌、百度都属于广义上的"云计算"供应商。"云计算"为企业运营节省了数据处理中心的建设和维护成本，且能根据企业经营变化的需求进行弹性伸缩。例如，2016年上市的摩拜共享单车凭借"云计算"运营，其供应商是微软的 Azure，在上下班高峰时期摩拜单车的使用量会陡增，同时"云端"处理的数据量也会剧增，摩拜公司在这些时段的付费就相应增加，闲暇时间的付费则相应减少。"云计算"能根据客户需求变化进行弹性伸缩的前提是，"云"拥有众多客户，能形成规模效应。但这样，"云"就会汇集各种结构化的"大数据"，这个"大数据"群必然包含大量隐私信息，还能串联出更多隐私信息，而这些隐私信息又是巨大的利益诱惑。那么，"云"中隐私保护体系的每个环节出现漏洞，都可能是信息安全界的"蝴蝶效应"。可见，在互联网技术与社会的多维互动发展中，隐私权问题日益突出地影响到"自由、共享、开放"的互联网精神。

"自由、共享、开放"的互联网精神虽然有着传统科学精神的"基因",但前者的载体是依托分布式拓扑结构组织起来的互联网共同体;后者的载体是学术权利按照传统精英意识而等级化的科学家共同体。互联网的分布式拓扑结构为微观个体迅速制造出"蝴蝶效应"提供了平台;而等级化的科学家共同体衍生出来的"马太效应"却使"下层"人才的能力显现受阻。互联网结构能有效地克服"马太效应":一种被新研发出来的电脑程序汇入网络以后,其价值(包括负面的)无须通过权威机制的评议就能在网络的实际运行状况和传播范围、速度中获得验证。互联网是信息科技衍生出来的一个庞大产物,但它也是信息科技的一个庞大"试验场",每一个"名不见经传"的"小人物"都能够用网络去"检验"自己的知识和技能,而"精英团体"的地位和资源优势却在网络中被相应地弱化了。像微软公司就必须不断地为他的操作系统在线"打补丁",以应付那些"散兵游勇"找到"漏洞",这些"蛰伏"在世界各地的"散兵游勇"都是变向"推进"微软技术升级的社会力量。在网络环境中,信息科技的创新力量有着明显的大众化色彩。但是,随着社会生活的全面信息化,现代科技功能的"善""恶"矛盾也必然会在互联网中重现,而今,各种直接以牟取暴利为目的的病毒程序、"流氓软件"充斥网络,通过植入后台远控程序、发送恶意链接、仿造官方网站等手段来窃取他人网络资源和银行资金的案件层出不穷,难怪有很多网民会怀疑杀毒软件的供应商就是电脑病毒的"始作俑者",也就是说,不断扩增的"民间"智力资源中也会滋生出威胁民众利益的技术力量,所以,互联网同样需要健全可行的司法机制来维护"公平正义"。

4.7 信息时代的科学技术一体化

随着移动网络的发展,人们的生活日益依赖网络,随之衍生的信息技术产业也日益增多,关涉"公平正义"的社会分工形态,在信息产业中逐渐失去了传统的辨识标志。回顾21世纪以来的互联网发展历程,它随着无线通信技术的发展呈现出"全覆盖"趋势,尤其是在智能手机具有越来越多的电脑功能以后,互联网已日趋与移动电话网络"合流"。在起始阶段,中国移动通信公司开发出"飞信"软件，兼具网络聊天和收发手机短信两种功能；中国电信公司推出与手机号绑定并可发送手机短信的电子邮箱。互联网的"无线化"辐射显示出信息科技具有"无处不在"的发展潜力，人类的生存方式被信息科技全面改造是不可逆转的时代潮流。信息科技是人类研究信息特性和开发信息资源的成果，人们对信息的处理和加工主要依靠脑力劳动，所以，"脑力解放"是信息科技的显著特征。按照传统定义，"科学"是人类"认识"世界的产物，"技术"是人类"改造"世界的产物，"科学"是一个经常与"理论"相搭配的概念，"技术"则是一个经常与"设备"相搭配的概念；而"理论"主要以"信息"形式呈现，"设备"则主要以"实体"形式呈现。相对于"科学"成果而言，技术的价值主要体现在其实际应用的效果上，在工业时代，技术创新使人的体力不断获得解放，而"科学理论"要从"信息"层面转化为"实体"层面的"技术设备"，才能实现这种"解放"。信息"技术"却将"信息"从各种"实体"形式中分离出来①，其中发展最快的计算机软件"技术"已不再拘泥于特定的"实体"形式。例如，一个病毒程序不但可以通过网络"感染"各种类型的服务器、个人电脑，还可以"感染"手机。软件作为一个主要靠脑力劳动完成的"信息体"，其既蕴含着科学逻辑，又蕴含着技术路线，也就是说，软件体现着"科学技术一体化"。"科学技术一体化"并非信息时代的特有现象，从前文内容可知，科学与技术的日渐融合是两者共同发展的趋势，本书在此所要探讨的是社会分工的变化与信息产业领域内的"科学技术一体化"之间的关系。

在现代科学出现之前，西方的主流文化形态依次是哲学和神学（前文第三章已述及），建构和诠释这两种文化之核心要义的"脑力劳动者"大都会在社会权利的等级结构中，要么流向上层，要么本就居于上层，从事"脑力劳动"是社会精英阶层的典型特征之一；而从事"体力劳动"则是"劳苦大众"的典型特征之一。第一次现代科学革命虽然带来了思想解放，但科学成果的创造者依然是少数"擅长脑力劳动"的社会精英。第一次技术革命中的"发明家"虽然有许多出自"经验丰富"的"工匠"，但他们

---

① 〔英〕约翰·厄里. 全球复杂性 [M]. 李冠福译. 北京：北京师范大学出版社，2009：81.

的技术创新绝对不能归结为"体力活儿",而是通识性经验与个体特有的"默会知识"相结合再转化为可通用、可(批量)再造的器械、设备的过程。"默会知识"是个体寓于自我的行为实践之内的、"不可言述"的智力表现①,各个行业的众多"体力劳动者"都拥有"默会知识",但只有个别"高智商"的"体力劳动者"才能成为"发明家",而这些"发明家"又会因其"才智"成为"上流社会"中的一员。所以,部分"草根"出身的"发明家"并不能改变以"脑力劳动"和"体力劳动"为重要区分标志的、金字塔式的社会分工结构,他们对底层体力劳动者的主要贡献是他们的技术发明使人的肌体活动能力获得了延伸,以及他们的成功显示了社会底层向上层流动的另一种可能性。第一次技术革命以后,科学创新与技术创新的联系日趋紧密,两者由相互促进、相互改造走向一体化,受过专业科学教育的群体渐成"技术"创新的主力军,"技术"创新或"科技"创新对专业知识的要求越来越高,没有受过一定"学术"性训练的"民间"发明家已很难产生,但是,以传播这种知识和提供相应学术训练为主要职能的现代高等教育体系,却长期以来只能为"少数人"服务,也就是说,"科学技术一体化"强化了"精英教育""脑力劳动""科技创新"之间的关联。然而,随着科学技术多维的社会功能不断被开发出来,科技研发的社会范围不断扩大,科技人才的社会需求量也不断增加,这就刺激了高等教育规模(主要指接受高等教育的人数)的扩增。20世纪30年代末美国已经实现了高等教育大众化②,而在70年代前后美国的高等教育逐渐普及化③,美国的信息科技也正是在这一时期崛起的。

高等教育进一步普及化的趋势必然会带来更多期望从事"脑力劳动"的人力资源,这就要求社会不断增加与之相适应的就业或创业机会,否则就会造成高等教育"过剩",而信息科技的产业化正使智力资源的需求在社会经济中的比重迅速提高,进而使高等教育的规模与信息产业的规模之间形成一种良性互动式增长。在信息时代,随着传统产业信息化程度的不

---

① 〔英〕迈克尔·波兰尼.个人知识:迈向后批判哲学[M].许泽民译.贵阳:贵州人民出版社,2000:97.
② 邬大光.高等教育大众化理论的内涵与价值——与马丁·特罗教授的对话[J].高等教育研究,2003,24(6):7.
③ 马丁·特罗.从大众高等教育到普及高等教育[J].濮岚澜译.北京大学教育评论,2003,1(4):15.

断提高，"产业工人"已不能再简单地以"体力劳动"为特征标示，尤其随着互联网覆盖范围的不断扩大，公众对信息产品、信息服务的需求量与日俱增，从事信息"生产"和信息服务的"脑力劳动者"已成为数量庞大的"新产业工人"群体。这种变化可以从一些流行的社会用语中反映出来。比如，从前人们按照社会分工性质把"坐办公室"的人称为"白领"，"白领"成为"精英"和"脑力劳动者"的代名词，而"蓝领"则成为"大众"和"体力劳动者"的代名词，但后来"软件蓝领"这个概念逐渐流行开来，它指大量在软件"生产线"上从事与需求分析、系统分析、概要设计无关的编程工作的程序员[1]，软件"生产"是一种"脑力劳动"，"蓝领"表示"大众"，那么，"软件蓝领"这个词组则表示"从事脑力劳动的大众化"。显然，在信息时代，"脑力劳动"与"体力劳动"已不再是区分"精英"和"大众"的标志，虽然，"脑力劳动者"中也存在"金字塔"式的分工结构（上层还有不同级别的"软件工程师"），不过，"软件工人"与传统"产业工人"的劳动模式已有质的区别：前者的工作是参与一种新软件"研发"的智力活动；后者的工作主要是借助已有机器设备进行生产的体力活动。众多"软件工人"的"脑力劳动"集成的新软件，既是新的科研成果，也是新的产品（可直接在相关信息平台上运行和使用），这体现了一种"大众化"的"产、研"结合，而"软件蓝领"们要通过合格的专业知识训练才能胜任他们兼具"研发"和"生产"性质的工作。可见，信息产业领域内的"科学技术一体化"体现着"大众教育""大众科研""大众生产"的整合，这一趋势也符合中共十八届五中全会提出的"大众创业、万众创新"。

---

[1] 张进中．"软件蓝领"培养有待加速［N］．中国教育报，2008-05-07（05）．

第五章　社会平权意识与复杂性科学观

信息科技的社会化使脑力劳动者的数量剧增，并在逐步消解着"脑力劳动－精英/体力劳动－大众"这种传统社会分工形式，但是，正如本书上一章末尾所述，脑力劳动者的大幅增加以及体力劳动者的相应减少并没有改变社会分工中"金字塔"式的等级结构，而是将"脑力/体力"形式的等级结构转化到了脑力劳动者内部，如软件生产（其实是产研一体化）领域内的分工结构：上层脑力劳动者（软件工程师）－精英/下层脑力劳动者（软件蓝领）－大众。精英阶层的产生似乎是社会竞争的必然，尤其在现代社会，原则上不能世袭的科技精英更彰显了竞争作为一种社会激励机制的"合法性"。但是，社会建制与社会文化相互融合而营造的竞争范式并不能使社会成员都享有平等的竞争机会，而科学技术又必然受到社会环境的影响。科技系统具有相对独立的演化逻辑，但同时它也是一个参与社会整体运行的子系统，社会环境与科技发展是双向建构的。

5.1　现代科技的社会化与被抽离主体精神的身体

科学技术具有了维护现代政治秩序的意识形态功能，这是法兰克福学派历经霍克海默、马尔库塞、哈贝马斯的学术贡献而逐渐成熟的一种论断。马尔库塞揭示了，科学技术的社会化导致工具理性在生活世界的泛化：能够依靠技术进步不断满足的人类愿望才是"真实"的"需要"，依靠科学方法论能够解释的事实和能够预见的事物变化才是"真理","科学－技术"的这种"合理性"同化了思想与被要求的行为、愿望与实在、心灵与事实,人们在依赖科学技术塑造的"事物客观秩序"之同时也对这种秩序熔接的社会体制丧失了反抗意识[1],所以,马尔库塞将生活在"发达工业社会"中的人们称为"单向度的人"。哈贝马斯指出,从19世纪后期开始,在西方先发展国家科学与技术的相互依赖关系日益密切[2],科学技术成了第一位的生产力[3],科学借助于技术的实践效果甚至渗透到了"非政治化"的广大居民的意识中[4],科技进步的内在规律性似乎产生了事物发展的必然规律性,而能够有效推动科技进步的各种社会制度则似乎也在遵循这种必然规律[5],那么,科技进步就成为各种社会制度的"合法性"依据。

霍克海默对启蒙精神的批判是前述思想的发轫点,霍克海默认为以现代科技为载体的启蒙精神之核心仍然是谋求统治权力,人们利用科学技术奴役自然就像独裁者对待人民的态度,而现代文化通过分离人类的"精神"和"身体"来高扬"精神"、贬斥"身体",进而使"身体"成为自然界被物化过程中的一部分,被奴役的"身体"与机器"捆绑"在一起,当"精神"和"身体"在文化上被分别确定为"善"与"恶"时,自由分享"精神"的"上层人"和"身体"遭受剥削的"下层人"就都具有了伦理上的"正当"位势。但是,人作为一种生命现象又不可能抛离身体,于是,身体又成为物化的诊疗对象和消费载体,总之,人类运用科学技术使役自然界的方法来对待身体,在霍克海默看来,自古以来的特权阶层都通过对身体的文化建构来实现有利于自己的意识形态,现代启蒙精神也继承了传统身体观的内核,而人们对身体的"集体"漠视则又会使现代

---

[1] 〔美〕赫伯特·马尔库塞. 单向度的人:发达工业社会意识形态研究 [M]. 马继译. 上海:上海译文出版社,1989:131－133.

[2] 〔德〕尤尔根·哈贝马斯. 作为"意识形态"的科学与技术 [M]. 李黎,郭官义译. 上海:学林出版社,1999:58.

[3] 〔德〕尤尔根·哈贝马斯. 作为"意识形态"的科学与技术 [M]. 李黎,郭官义译. 上海:学林出版社,1999:62.

[4] 〔德〕尤尔根·哈贝马斯. 作为"意识形态"的科学与技术 [M]. 李黎,郭官义译. 上海:学林出版社,1999:86－87,63.

[5] 〔德〕尤尔根·哈贝马斯. 作为"意识形态"的科学与技术 [M]. 李黎,郭官义译. 上海:学林出版社,1999:62－63.

技术手段时常充当"有效"残害、消灭身体的恐怖机器和暴力工具。①

通过霍克海默对启蒙精神的揭批，我们看到的身体是被抽离了主体精神的客体化的器官、本能、力量的组合体②，对"身体"状况的考察虽然在马尔库塞和哈贝马斯的理论体系中没有成为一个显著的议题，但两位学者其实是沿着霍克海默开启的批判视角，继续探讨了社会大众在"抛弃"身体之后其主体意识的进一步丧失。霍克海默发现，在"精神（意识）/身体"的二分文化结构中精神成为宰制性的中心；而马尔库塞则发现，人指向社会存在的主体意识从"比附（肯定）/批判（否定）"的辩证式思维退变成了单向度的比附性思维。也就是说，科学技术的社会化使大众失去了身体的主动性之后，进而也使大众失去了意识的主动性。如果说脑力与体力的社会分工形式还能让大众感悟到源自身体的"反抗"，并为这种"反抗"预设了对象——从事脑力工作的精英，那么，信息科技的社会化带给大众的"去身体化"的劳动形式则正在消解这种"反抗"，并夷平了分工形式上的差异，然而"精英/大众"式的等级化分工结构并没有改变。可见，即使在劳动形式上实现普遍的"去身体化（智力化）"也不能改变大众"从属性"的位势，当然，任何社会建制都不应该脱离个体的社会贡献而去消极地维护一种平等，但是，人作为一种生命现象，其基于身体的生命权和尊严如果不能被正视，那么，个体的社会贡献也就很难得到公允的评判，所以，身体的文化价值一旦被重新考量，原有社会的文化体系就会出现危机。接下来，本书将沿着历史轨迹探讨身体观、社会意识、权力建制、现代科技之间的关系变迁，揭示积聚于身体的社会不平等。

5.2 身体危机与现代科技社会化

恩格斯在追溯人类起源时强调，"直立行走"完成了从猿转变到人的具有决定性意义的一步，随后，手变得自由了，而手不仅是劳动器官，它

---

① Max Horkhermer, Theodor W. Adorno. Dialectic of Enlightenment: Polophical Fragments [M]. tranlated by Edmund Jephcott. Stanford: Stanford University Press, 2002: 192-196.
② 朱晓东. 通过婚姻的治理——1930~1950 中国共产党的婚姻和妇女解放法令中的策略与身体 [M] //汪民安. 身体的文化政治学. 开封：河南大学出版社，2004：51.

还是劳动的产物,在劳动的基础上人的智力才逐步发展起来,所以,恩格斯说,劳动创造了人本身。① 也就是说,身体变化、体力劳动对人类群体的出现起到了关键作用。而人类最初的劳动目的也都是观照身体,比如寻找和搭建栖息之所的活动、采摘食物以及人工种植的活动、狩猎以及人工畜牧的活动等。这些活动的基本特征是在利用已有事物的原有属性和功能之基础上,通过改变"物与物"(包括其内部)、"人与物"之间的空间位置和时间秩序,来组建人们需要的各种"人↔物""物↔物"关系。在这些活动中,蕴含着科技萌芽的建造性活动与集体或自给自足的生产性活动朴素地融合在一起。这些"建造 – 生产"活动为人类社会能从自然界中分化出来提供了现实的物质基础,同时也为人类的伦理观念建构了物质基轴。"建造 – 生产"的价值取向以及它带来的实际利益后果成为生活世界的基本内容之一;"建造 – 生产"活动中存在和发展着的主体间关系成为最基本的主体间关系,这些都为人类伦理观念的形成提供了现实经验。② 人类初期为解决基本的温饱问题而进行的"建造 – 生产",是人类安身立命之本,体现了对生命之生理本体的尊重,也就是人类伦理原初的身体向度。

5.2.1 被压制的身体与被歧视的体力劳动

由于人类社会后来发展起来的各种社会分工形式、经济关系、政治关系、竞争模式赋予了这种普遍性的"建造 – 生产"活动多重价值内涵、利益分配规则和称谓,本书即用"工程活动"来统指那些自发或被组织的、自愿的或被迫的、"精英/大众"共同参与的或仅有大众参与的"建造 – 生产"活动。人类早期的"工程活动"之基本目标是维护人的生命安全与延续,而负载生命的是身体,因此,观照身体是这些活动的首要价值。但是,人类历史上的伦理观念不断被各种权力建制所整改,统治阶层推崇的各种意识形态通过压制身体来掩盖社会不公。在西方,古希腊时期的贵族

---

① 恩格斯. 自然辩证法 [M]. 北京: 人民出版社, 1971: 149 – 153.
② 李伯聪. 工程伦理学的若干理论问题——兼为"实践伦理学"正名 [J]. 哲学研究, 2006 (4): 99 – 100.

运用哲学的二分法来诠释灵魂与身体的对立①，身体被视为欲望、本能、冲动、疾病、烦躁的根源，总在侵扰灵魂的思索与安详；到了中世纪，宗教神学以上帝的名义进一步宣扬灵魂的优越地位，身体被视为人世一切罪恶的渊薮，人要克己、禁欲、斋戒、苦行、安于贫困，并最终弃绝肉身，才能魂归天国，获得新生。盛行于东方的佛教和伊斯兰教也曾向民众传授相同的理念。中国虽然没有大一统的宗教观念，但却有选拔封建官僚的忠孝尺度和科举体制，在官僚权位的功利诱导下，封建文人竭尽所能地在守孝仪式中折磨自己的躯体，父母对后代的期望则诉诸私塾先生崇尚的体罚，而"头悬梁""锥刺股"式的自我体罚至今仍被传为佳话。最为极端的案例是五代十国之一的南汉，其国君历来认为"群臣皆自有家室，顾子孙，不能尽忠，惟宦者亲近可任"②，至后主刘鋹时期，则发展到科举中的"进士状头"，"皆下蚕室（阉割男人的地方）"之地步③，"亦有自宫以求进者"，致使"宦者近两万人"。④

在权力话语导引的中外传统伦理观中，身体成为贬斥、拷问和残害的对象，身体所代表的基本生命权也随之被挤兑，由此形成的文化观念在社会分工上表现为对体力劳动者的歧视，正如霍克海默所言，统治阶层越是依赖他人的劳动，就会越蔑视（体力）劳动。⑤ 中国两千多年的封建社会尊奉着"劳心者治人，劳力者治于人"的儒家思想，形成了轻视体力劳动的传统。⑥ 西方也不例外，从古希腊时期的柏拉图、亚里士多德到中世纪的阿奎那，这些思想巨匠都在强调着脑力劳动者对体力劳动者的支配权。歧视性的社会分工使工匠和劳工在工程活动中的群体性贡献经常被边缘化，宏大工程业绩的署名权都归属了某个时代的英雄人物，而受制于封建政治和经济关系的工匠和劳工，也通常不是工程的受益人。

---

① Dermot Moran. Introduction to Phenomenology [M]. New York: Routledge, 2000: 448 - 450.
② （宋）欧阳修. 新五代史（第三册）[M]. 北京: 中华书局, 1974: 817.
③ （清）梁廷楠. 南汉书 [M]. 广州: 广东人民出版社, 1981: 29.
④ （宋）司马光. 资治通鉴（第二十册）[M]. 北京: 中华书局, 1956: 9606.
⑤ Max Horkhermer, Theodor W. Adorno. Dialectic of Enlightenment: Polophical Fragments [M]. Tranlated by Edmund Jephcott Stanford: Stanford University Press, 2002: 192.
⑥ 李伯聪. 工程共同体中的工人——"工程共同体"研究之一 [J]. 自然辩证法通讯, 2005, 27 (5): 67.

5.2.2 现代科技精英与体力劳动者

封建社会解体以后,上述现象并未改观。西方的文化启蒙颠覆了宗教权威,使科学成为主流文化形态,现代科技在工程中的广泛应用,极大地提高了工程的运行效率,这也使现代科技的思想程序成为工程活动的重要原则,科技知识分子从边缘走向中心,科技精英也随之跻身于工程活动中的权威阶层,而主要从事体力劳动的工人则依然地位低下、收入低薄。[①]

青年马克思通过剖析资本主义生产过程发现,"工人同自己的劳动产品的关系就是同一个异己的对象的关系","工人把自己的生命投入对象;但现在这个生命已不再属于他而属于对象了"。[②] 之所以出现这种状况,是因为被雇佣者首先要把自己安置在"工人"这个从属性的地位上,其次才作为"肉体的主体","才能够生存"。[③] 马克思在经济学语境中揭露的这种颠倒秩序意味着,从事工程活动的人,首先要进行高低贵贱的人格区分,然后再以这种区分来规划生存的权益,这样的伦理标尺产生了深远的影响,它使大多数工人在工程活动中面临着精神和身体上的双重失落。

在现代社会中,工人似乎可以通过掌握科学技术成为精英中的一员,从而改变自身的境遇。的确,科技精英的地位在原则上不能世袭,科技新秀通过科技创新可以取代旧精英,似乎每个人都享有通过竞争而成为精英的平等机会,以至于那些出身卑微的科学家和发明家都成为公众学习的楷模。但是,精英即意味着区别于大众的少数派,也就是说,无论大众如何努力,只有少数人能够攀缘到金字塔结构的上层,掌握核心的尖端科技。当这些科技成果一旦为公众所熟知和掌握,其权力和经济效应也随之消逝,而公众还未涉猎的新科技又被精英人物研发出来。像瓦特和爱迪生这样"草根"出身的发明家毕竟是少数,底层群体要从各种显性和隐性的筛选体制中脱颖而出的"机会"很小,大多数人在工程活动中处于使用已有科技成果的状态。而且,无论何种出身的科技精英都会很容易地转化成经

[①] 李伯聪. 工程共同体中的工人——"工程共同体"研究之一 [J]. 自然辩证法通讯, 2005, 27 (5): 67.

[②] 马克思. 1844 年经济学哲学手稿 [M]. 刘丕坤译. 北京: 人民出版社, 1985: 48.

[③] 马克思. 1844 年经济学哲学手稿 [M]. 刘丕坤译. 北京: 人民出版社, 1985: 49.

济和政治上的权力阶层，底层社会成员绝不可能以本阶层利益代表的身份跻身于精英队伍。例如，在19世纪，诞生了诸如爱迪生、西门子、诺贝尔等一批"科学实业家"，他们不但拥有自己的实验室，而且拥有自己的工厂，还享有崇高的社会威望。作为既得利益者，他们所要维系的政治、经济、文化结构，并非底层群体能够轻易突破的。例如，法律形式上的"知识产权""专利权"既可以理解为对个体智慧的尊重，又可以理解为对特权垄断的维护，因为在这些提法出现以前，人类科技史上不止一次地出现过，互不知情的人有了相似甚至相同的发现和发明。"知识产权""专利权"出现以后，率先取得这些法律形式的发现和发明就会受到保护，而其他相同或者类似的发现和发明如果投入生产和使用，则被视为侵权，将面临法律的制裁。

由上可见，相当一部分工人无法进入科技精英的队伍，并非他们无能、缺乏奋斗精神，而是因为科技创新的竞争体制是与社会经济、政治、文化耦合在一起的。这种体制表面上符合"物竞天择，适者生存"的达尔文法则，使底层群体遭受的歧视具有了"合理性"，但事实上却掩盖了各种社会资源先天占有上的不均等。所以，工人在现代工程活动中因主要从事体力劳动而被削减各种权利，本质上是不公正的待遇。

现代工程活动的全过程必然涉及部分精英人物的认识、判决和创造能力，但这都是工程活动某些环节上的要求，不能抽象为工程活动的特质，所以被标榜为精英活动的科学认知和技术发明不能等同于工程活动，它们只是工程活动中的部分要素。在从古至今的工程活动中，尤其是在大型工程中，古代工匠、劳工和现代工人的集体协作，也是工程得以开展和实现的充要条件。① 规模宏大的科技创新都是工程化的，像前文提及的制造原子弹的曼哈顿工程、阿波罗登月工程，这些科技工程的完成都需要动用大量的非科研型工作人员，像曼哈顿工程动用了35万人、阿波罗登月工程动用了40万人（参见本书4.4.2节）。而且，阿波罗登月计划最终成功的标志是由宇航员的身体来定义的，他们通过乘载飞船、登陆月球、再返地球的身体行动，证明了人类有能力安全地往返于地球与月球。虽然登月计划

---

① 李伯聪. 工程共同体中的工人——"工程共同体"研究之一 [J]. 自然辩证法通讯，2005，27（5）：66.

的动力源于冷战背景下美苏激烈的太空竞赛，但美国宇航员从第一次登月成功到最后一次离开月球，都以全人类的名义表达了登月工程的价值。①这是因为成功登月的宇航员，在没有政治纷争和资源划界的月球空间上，与地球同类之间纯粹地呈现出了相互依存的身体间关系。然而，在工程活动中，附加了政治身份、经济地位的身体之间却总存在着不平等的生命权，工人时常承担着精英团队认为"可以接受"的现场风险。②

5.2.3 身体危机与社会风险

工程活动中，所谓"可以接受"的风险，往往基于精英团队立场之上，而非设身处地的评估结果，即使这样，工人也经常被剥夺知情权。1986年苏联切尔诺贝利核电站泄漏事件，就是最典型的例证。这场灾难爆发的一个重要原因是切尔诺贝利核电站的工作人员没有受过应对突发事件的模拟训练③，事后，驻维也纳的苏联代表团主席 Valery Legasov 表示："……必须加强核电站工作人员的训练，尤其是要通过计算机模拟可能发生的意外事故来进行这种训练……"④，而这种化解工程危机的训练与工人的求生训练是一体两面的。如果抛开"出身""身份"这些社会等级符号，将"肉体的主体"放在第一位，给予切尔诺贝利核电站一线工作人员与高层平等的待遇，明晰地告知他们工程中潜在的风险，他们必然会在工程操作中自觉地防范关涉自身安危的工程风险。但已经发生的灾难，恰恰证明了工人更多地被视为工程运行中的一个"构件"，其身体行为主要服从于工程"中枢"的操控，他们的生命也就处于一种被动的境遇之中。

在工程活动中轻视工人的生命权，也必然意味着工程活动中存在着威胁人类生命的隐患，而任何一个身体都可能成为隐患的受害者。因此，当隐患沿着工程活动的链条引发一系列灾难时，曾经的伦理偏见也就演

---

① A Perfect Ending for the Final Apollo [J]. Science News, 1972, 102 (23): 404.
② William T. Lynch, Ronald Kline. Engineering Practice and Engineering Ethics [J]. Science, Technology, & Human Vlaues, 2000, 25 (2): 205.
③ John F. Ahearne. Nuclear Power after Chernobyl [J]. Science, New Series, 1987, 236 (5): 677.
④ John F. Ahearne. Nuclear Power after Chernobyl [J]. Science, New Series, 1987, 236 (5): 677.

变成了人类的生存危机。切尔诺贝利电站的核泄漏不仅使普里皮亚季（Prypiat）变成了空城，而且让核污染扩散到了周边国家。那些遭受过核污染的生命要么过早离开了人世，要么继续承受着不可逆转的病痛。1990年国际原子能机构证实，曾暴露于核尘辐射的儿童患甲状腺癌的人数趋于增长，据世界卫生组织报道，这群儿童中的甲状腺癌患者在2000年已增至2000人左右，到2005年则翻了一番。① 在这具有毁灭性的工程灾难面前，地位差异、权力差异、贫富差异、文化差异都让位于身体的差异，人的前景和希望必须仰仗于人的身体。②

正是由于工程风险的存在，工人们在协同的工作中需要通过尊重伙伴来获得安全感③，因此，他们彼此之间是互为主体的平权关系。这种关系很容易派生出生活世界中的友谊，而友谊作为人与人之间道德情感的联结，是建构社会伦理网络的重要环节。那么，工人们源发于工程活动的平等互助观念转化为集体的情感纽带后，就会依据本团体的伦理标尺对抗文化上的等级观念和制度上的分层结构，进而自觉地形成维护自身权益的职业群体组织。在西方先发展国家，工会已经成为干预企业运营模式和市政规划的重要力量。据统计，美国消防员一直是参加工会人数最多的，这是因为他们长期从事高风险的工作，却工资普遍很低④，他们的生命意义被放置在职业分工的范畴之内，而不是身体的限度之内，他们需要借助同命相连的身体间的关系组织起来，对抗脱离身体的生命权利划分。当这种对抗激化时，就会演变成身体之间的暴力冲突，社会秩序的重构最终归返到了身体，然而当权者时常会把这种急待爆发的身体能量引出国境，转化成对另一个民族的杀戮，这就是第二次世界大战爆发的重要原因。富有讽刺意味的是，第二次世界大战也是那个时代科技发展的主要推动力，当我们用核能来发电时，不应忘记它最早的实践是二战末期投放于日本的原子弹。为打赢这场战争，融入现代科技的机械工艺、动力装置、运载工具、

---

① Keith Baverstock, Dillwyn Williams. The Chernobyl Accident 20 Years on: An Assessment of the Health Consequences and the International Response [J]. Environmental Health Perspectives, 2006, 114 (9): 1312.
② 汪民安. 身体、空间与后现代性 [M]. 南京: 江苏人民出版社, 2005: 88.
③ 〔美〕约翰·罗尔斯. 正义论 [M]. 何宏怀, 何包钢, 廖申白译. 北京: 中国社会科学出版社, 1988: 338.
④ 〔美〕尼古拉斯·亨利. 公共行政学 [M]. 项龙译. 北京: 华夏出版社, 2002: 250.

材料工程、生化产品、通信工程都被集中运用于军事征战,各国通过巨额的财政投入去组织规模空前的科技研发。这种服务于国家战略工程的科研方式在二战期间正式形成①,到美苏争霸时期则成为冷战的重要形式,科技精英成为直接或间接服务于杀人机器的"刽子手"。虽然,科技精英具有相对独立的道德信仰,会反思其发明创造应用于军事之后的人道主义灾难,但现代科学家共同体的竞争机制强调的是发明创造的优先权,他们首先关注的是"产出",而非"后果"。另外,科技精英的个人命运毕竟与其所在国家的政治、经济、文化状况联系更为密切,因此,以国家和民族利益的名义而进行的号召,很容易得到他们的响应②,科技精英就会按照军事工程立项之初已经设定的基调,违背工程庇护人类生命的首要价值,而将其逆转为残害和毁灭身体的有效工具。于是就有了二战期间德国和日本军方的科研人员在为研制生化武器而成立的专门机构中进行的一系列人类活体实验。美国为对抗日德法西斯,则纠集了1000多名科技精英实施了研发原子弹的曼哈顿工程。当原子弹在广岛爆炸时,突然消逝的七万多条生命也就成为验证核威力的实验品。第二次世界大战的创伤还未抚平,核军备竞赛已拉开序幕,现在各个国家储备的核武器已完全足够把人类彻底从地球上消灭掉。

  面对这种人类种群灭绝的可能性,每个身体的死亡机会都是平等的,权力、财富、地位在此失去了意义。正是这些失去意义的标尺驾驭着工程的价值,使其背离了观照生命的初衷,而受制于工程方向的西方现代科技则加速了这种背离,将人类的未来抛入核大国的政治博弈之中。反观核恐慌中的身体,又何尝不是生命的起点呢?作为生命起始点的身体,奠定了人类生命最基本的权利和义务,支撑人类物质生活的工程活动要现实化,必须通过造物的身体行为,因此,"我造物故我在"③,工程活动及其产物都明证了每一个身体力行的生命尊严,所以,对生命的认同应从身体开始。尽管工程活动会在某些经济和政治关系中发生扭曲,但其原初蕴含的

---

① 李磊. 科学技术的现代面孔——国家科技与社会化认知 [M]. 北京:人民出版社,2006:48.
② 肖平. 工程伦理学 [M]. 北京:中国铁道出版社,2000:220.
③ 李伯聪. "我思故我在"与"我造物故我在"——认识论与工程哲学刍议 [J]. 哲学研究,2001(1):21.

伦理归宿，恰是社会成员追求公平和正义、反抗压迫的依据，亦如唐代诗人杜甫向往的"安得广厦千万间，大庇天下寒士俱欢颜"；又如国内战争时期中国农民呐喊的"耕者有其田"。至今仍屹立在地球上的古代工程，如万里长城、兵马俑、金字塔、古罗马斗兽场等，都无法留驻帝王的疆域和荣华，而成为"世界文化遗产"，这正是人民群众创造历史的物证。

5.3 主体性身体观与复杂性科学观

  古代工程中的权力编码被历史祛魅之后，留迹后世的工程都成为今人赞美过往生命的人文景观，而今人在审美过程中也能获得同为人类生命的自豪感，这是感同身受的换位思考，无论是何种信仰、智力、身份、族谱、语言、肤色、性别、年龄的人，只要具有血肉之躯，就可以找到人类起码的生命价值。全球蔓延的艾滋病，突如其来的 SARS、甲型 H1N1，以及 2020 年初开始在世界范围传播的新型冠状病毒（COVID–2019），足以让我们认识到每一个生命的灾难和痛苦都可能在"同构相联"的身体间播散，拯救他者的身体也是在拯救自身，这就是人道主义始终存在的根源，也是恃强凌弱的国家行为总受到谴责的原因。因此，作为生命始基的身体，是人类相互体恤、诉求平等生命权的向善根基，体现着道德主体之间相互尊重的平等性。多么伟大的意识都构想不出没有身体的社会，集中人类一流智慧的生物工程和基因技术总止步于人类身体的重构，否则，原有的伦理基架将面临瘫痪的风险。所以，身体理应从历史的阴霾中被解放出来，而这种"解放"面对着根深蒂固的传统文化观念，但尼采为此迈出了第一步。

  从尼采开始，历经现象学运动到后现代主义，不断有思想家为身体"正名"，身体在后现代思潮中逐渐成为解构西方现代价值体系的坐标原点，而曾经"风光无限"的科学技术作为贯穿现代社会的发展动力和进步标志，其积极的社会面相也不可避免地遭到了"身体"的解构。在后现代主义哲学的领军人物福柯看来，身体始终处于其内力与（由各种社会关系加诸身体的权力）外力的冲突之中，当内力冲破外力的压制时，知识就要形塑新的"正常人"形象，为人与人、人与自然之间的秩序重建提供基础;当外部权力过分压制源自身体的内力时,知识又会为这种内力塑造出新的精神面貌,以抵制那些加诸身体的权力。总之,知识就是调节外力与内力的工具,科学作为一种知识也会扮演同样的角色。福柯为我们呈现出一个长期被精神格式所规训的身体,为对抗这种规训,受到福柯赏识的另一位后现代主义代表人物德勒兹(Deleuze,也被翻译为"德留兹""德勒泽"等)否定了唯心论的欲望观①,在他看来,欲望先于意识,身体就是自发"生产"欲望的"机器",欲望不是匮乏而是无意识的流动和满溢(比如我们的呼吸)。② 可见,后现代身体观不断地解构人的"精神-主体"性,这种解构的本质对象其实是西方由来已久的"二分法"思维,即在二元对立中树立一个中心,居于中心地位的一方支配、压制另一方,正如第三章所述,这种"二分法"思维的通过"灵魂(精神、意识)与身体"和"人与自然"这两组基本配型主导着西方主流文化的变迁(哲学→神学→科学),这两组基本配型都是偏正式结构,即"意识"和"人"是能动的主体,"身体"和"自然"是受动的客体,在现代科技开启的文化语境中,主体与主体平权搭配、客体和客体平权搭配就会生成这样一种观念:"有意识的人"支配"身体↔自然"。尼采试图将身体树立为新的中心,这依然没有摆脱"二分法"的框架,而深受尼采思想影响的福柯和德勒兹则似乎给我们树立了一个伺机"复仇"的身体。科学技术曾是一种让人们欢欣鼓舞的"革命性"力量,它是否还能突破"二分法"以化解来自后现代身体观的"诘难"呢?虽然,科学不可避免地会渗透人的价值取向,但"不以人的意志为转移"的"客观事实"始终是科学发展的依据;人类创造的"技术"则既负载着人类的价值目标,又必须遵循客观的自然规律,也就是说,技术具有自然和社会的双重属性(这一点在本书1.2.3节中已提及),所以,纠正原有科技成果中不符合"客观事实"的成分是科技革命的重要内容,第三次科技革命以来兴起的复杂性科学纠正了传统科学对世界单极化的片面认识。复杂性科学揭示了简单性的对立面同样客

---

① 〔法〕吉尔·德勒兹,费利克斯·伽塔里. 反俄狄浦斯:资本主义与精神分裂症(节选),王广州译 [M] //汪民安,陈永国,马海良. 后现代性的哲学话语. 杭州:浙江人民出版社,2000:47.
② 〔法〕吉尔·德勒兹,费利克斯·伽塔里. 反俄狄浦斯:资本主义与精神分裂症(节选),王广州译 [M] //汪民安,陈永国,马海良. 后现代性的哲学话语. 杭州:浙江人民出版社,2000:36-37.

观不可消除，真实的世界是"确定性"与"随机性"、"线性"与"非线性"、"可逆性"与"不可逆性"、"有序"与"无序"、"统一性"与"多样性"交互共存的状态，对立属性两方应当被平等地考察是各流派复杂性科学共同的价值取向（参见本书2.2节）。复杂性科学观的社会化必将推进社会平权意识，而事实上，在梅洛－庞蒂（Merleau-Ponty）的"身体现象学"中早已具有了与复杂性科学观相通的思维方式。

梅洛－庞蒂被称为"法国最伟大的现象学家"，但也时常被归入存在主义哲学家的行列，夏基松教授将其学说称为"现象学的存在主义"。① 赵敦华教授认为，现象学要求人们将最熟悉、最接近、最本真的东西作为研究对象。海德格尔将胡塞尔所说的"现象"从"先验自我"转向"人的存在"，这是现象学发展的必然，而存在主义者大都从研究胡塞尔的著作开始，又独立地得出了与海德格尔相似的结论，所以，存在主义属于"广义的现象学运动"。② 就梅洛－庞蒂而言，他在研究过程中采用的是胡塞尔式的"描述"法，也被誉为胡塞尔现象学论点的最好解释者③，故本书沿用学术界较为流行的称谓，即"身体现象学"，来指代梅洛－庞蒂关于身体的哲学思想。

梅洛－庞蒂对身体、性别和他（她）者的关注使梅洛－庞蒂被许多学者（尤其在美国）推崇为"后现代主义之父"，福柯、德勒兹、德里达这些影响世界的法国后现代主义哲学家都不同程度地受到过梅洛－庞蒂的影响，但从现实状况来看，福柯、德勒兹的身体观更倾向于尼采。④ 如果说尼采还未走出"二分法"思维的窠臼，那么，梅洛－庞蒂则通过重新界定身体而成功地突破了"二分法"的框架，在身体现象学里，身体是一种"灵肉不分"的"模糊"体，这个"模糊"体与"物"之间是相互"僭越"的，两者也不能被明晰地区分为自为的主体和自在的客体，而"同构相联"的身体之间也是主客不分的。梅洛－庞蒂用"左手摸右手"的案例

---

① 夏基松. 现代西方哲学 [M]. 上海：上海人民出版社，2006：296.
② 赵敦华. 现代西方哲学新编 [M]. 北京：北京大学出版社，2001：136.
③ 〔法〕莫里斯·梅洛－庞蒂. 知觉现象学 [M]. 姜志辉译. 北京：商务印书馆，2003：573.
④ Dermot Moran. Introduction to Phenomenology [M]. New York：Routledge，2000：432.

来说明身体是"主动"与"受动"、"主体"与"客体"交融的统一体①，而"我"与"他（她）人"就如同"左手"和"右手"的关系，当"我"作为"主体"看到"他（她）人"时，我也看到了自己熟悉的行为方式，因为，"我"与"他（她）人"的身体是"同构"的。②"我"与"他（她）人"能够相互效仿、学习，以及"我"与"他（她）人"能够彼此分享经验、情感、思想、工具，皆因彼此的身体是对应的。③ 身体间的"同构关系"使"我"和"他（她）人"之间通过"平等"的相互"开放"而彼此"占有"④，"我"不再是一个有限的"我"，每个人的世界都包含着另一个人的世界，每个人都能体验到人与人的共存。⑤

人与人之间基于身体的"同构相联"符合分形几何原理。分形几何作为复杂性科学的重要分支，兴起于20世纪60年代末期，它向我们揭示了，欧氏几何只是人们对世界图式的理想化简约处理，真实的世界以分形结构的形式存在，物种在时间上演化的系谱图（地球生物进化的树型分叉图）也是一种分形结构。分形系统的基本特征之一是无标度的自相似性，即系统的每个组元都与其他组元以及系统的局部和系统的整体在结构上是相似的（参见本书2.1.3节中的分形图）。梅洛-庞蒂指出，身体间的"同构相联"使"我们"互为合作者，互通彼此的看法，并通过同一个世界而共存⑥，而这个被人们共同"感知"的世界又与每个人的身体之间有着一种"同构"关系。⑦ 可见，不但每个身体之间在结构上是相似的，而且每个身体与他们共同"感知"的同一个世界之间在结构上也是相似的。传统的

---

① 〔法〕莫里斯·梅洛-庞蒂.知觉现象学[M].姜志辉译.北京：商务印书馆，2003：129-130.
② 〔法〕莫里斯·梅洛-庞蒂.知觉现象学[M].姜志辉译.北京：商务印书馆，2003：445.
③ 〔法〕莫里斯·梅洛-庞蒂.知觉现象学[M].姜志辉译.北京：商务印书馆，2003：446-450.
④ 〔法〕莫里斯·梅洛-庞蒂.知觉现象学[M].姜志辉译.北京：商务印书馆，2003：450.
⑤ 〔法〕莫里斯·梅洛-庞蒂.知觉现象学[M].姜志辉译.北京：商务印书馆，2003：449.
⑥ 〔法〕莫里斯·梅洛-庞蒂.知觉现象学[M].姜志辉译.北京：商务印书馆，2003：446.
⑦ 〔法〕莫里斯·梅洛-庞蒂.知觉现象学[M].姜志辉译.北京：商务印书馆，2003：264.

"加和还原"法不能求得分形图的特征量,如科赫曲线(参见第二章中的图2-10),它处处相连却处处没有导数,所以传统的积分方法无法求出该曲线的长度。同样,梅洛-庞蒂所说的被人们共同"感知"的世界也不能"分解→还原"为每个身体的"知觉"之和,因为个体的"知觉"产生于自身与物、他(她)者身体的"互为主体"的交流之中,也就是说,"知觉"无法被严格地限定于个体的范畴之内[①],就像我们无法从科赫曲线中找到用以"加和还原"的最小公度线段一样。

梅洛-庞蒂的身体观与分形几何学存在共性,这并非偶然。梅洛-庞蒂致力于用"身体↔主体"消解笛卡尔树立的身心二元论。我们知道,笛卡尔也是一位数学家,他创立的解析几何对西方现代科学方法产生了深远影响,解析几何实现了欧氏几何与代数学的统一,也为微积分的出现奠定了基础,笛卡尔的数学思想和哲学思想肯定是相互影响的,因此扬弃传统几何学的分形几何与颠覆二元论的身体观具有汇通之处,也就不足为奇了。笛卡尔将人的主体性归结为"我思",而身体则被笛卡尔置于无关紧要的位置,只有意识才是自身明晰、可靠的主人,正如汪民安所言,在笛卡尔树立的"身体/精神"二分法中,身体代表着错觉、感性、不确定性、偶然性;而精神则意指真理、理性、确切性、稳定性。[②] 笛卡尔的观点符合人们这样一种普遍的心理感受:人的身体会发育、成熟,然后衰变、消亡,而人的精神却是一个不断丰富和深刻的过程,许多人的精神镜像在其身体消亡以后依然留存于世。这种普遍的心理感受经常被权力阶层所利用,从而成为一种有效规训身体的意识形态:当生命的意义被诠释为永生的灵魂、流芳百世的名节时,现世中许多基于身体的生命权利就被"合理"地削夺了。永生的灵魂是没有"时间性"的,而身体是受到时间约束的,所以,笛卡尔"超越"身体的"我思"也会对作为认知对象的"自在"之物进行"去时间化"的处理。欧氏几何空间里没有时间之维,笛卡尔虽然用"变数"将"运动"引入了数学[③],但是,时间却没有寓于"运动"之中。在牛顿的力学方程式里时间只是一个描述事物运动的外在参量

---

① 〔法〕莫里斯·梅洛-庞蒂. 知觉现象学 [M]. 姜志辉译. 北京:商务印书馆,2003:308.
② 汪民安. 身体的义化政治学 [M]. 开封:河南大学出版社,2004:1.
③ 恩格斯. 自然辩证法 [M]. 北京:人民出版社,1971:236.

(参见本书1.2.3节),在相对论和量子力学中,时间本质上也都是一个描述运动的外部参量:不可逆(对称破缺)的时间被理想化地处理为可逆(反演对称)的时间,这与笛卡尔沿承"无时间"的欧氏几何不无关系,因为现代科学的典型特征之一就是数学化,那么,现代科学长期片面推崇的"加和还原"法也在笛卡尔这里找到了一支重要的源流。分形几何不但表达空间,也表达时间,一个没有随机因素的迭代方程(如逻辑斯蒂方程,参见本书1.1.3节)经过一定时间的迭代之后就会产生不确定性,数学上将这种现象称为"混沌",混沌区域的几何形式是分形图,可以说,混沌是时间上的分形。分形几何将"时间""演化""不确定性"联系起来,在分形几何中,"不确定性"不是人的"错觉",它和"确定性"一样在客观上不可消除,因此,"时间性"的身体感知到的"不确定性"也不一定是"错觉"。

从梅洛-庞蒂的身体现象学中很容易引申出"人人平等""尊重他(她)者""关爱生命"的观念,这与梅洛-庞蒂的所处的时代背景有着密切关系。梅洛-庞蒂的代表作《知觉现象学》成书于1945年,此时的法国才刚刚结束被纳粹占领的状态,反思二战中的非人道行为必然会成为法国乃至欧洲的一个文化主题。霍克海默说,个人与身体、个人与他(她)人身体之间的关系最能反映统治的残暴程度[1],在霍克海默看来,正因为启蒙理性依然在本质上延续了传统的身体观,才"造就"了现代技术手段武装起来的法西斯暴徒。[2]而梅洛-庞蒂的身体现象学则通过复原人类"完整"的身体,强调了人与人之间基于身体的"同构关系",由此派生的人与人应互相敬爱的价值观符合战后欧洲进行伦理重建的需要。然而,在福柯揭示的那些无处不在的加诸身体的权利面前,梅洛-庞蒂的身体现象学似乎成为"乌托邦"的理论基础。如果科学知识真像福柯指出的那样是一种调节身体内力与加诸其上的外力的工具,那么,复杂性科学作为"新型工具"则正在支持身体现象学的思维方式。加之探索复杂性的科学家共同体也已在科学的社会建制上践行复杂性科学蕴含的平权意识,例

---

[1] Max Horkhermer, Theodor W. Adorno. Dialectic of Enlightenment: Polophical Fragments [M]. tranlated by Edmund Jephcott. Stanford: Stanford University Press, 2002: 192-193.

[2] Max Horkhermer, Theodor W. Adorno. Dialectic of Enlightenment: Polophical Fragments [M]. tranlated by Edmund Jephcott. Stanford: Stanford University Press, 2002: 194.

如，前文中提及的美国圣塔菲研究所就在努力破除学科壁垒以推动各维度的知识形态平权共进，为防止某种单一的利益导向控制科研方向，该所努力在科研资金的来源上寻求多元化（参见本书2.3节），这有利于科学技术多维的社会功能获得平等释放。

如果说圣塔菲研究所的工作还远离民众的生活世界，那么，互联网则正在向民众展示着"复杂性"。如果马尔库塞能看到微观个体在"去中心化"的复杂网络中挑战权威（参见第四章第6节），他或许就要"修正"自己的批判理论了。"去中心化"是后现代思潮的核心主张之一，那么，互联网的社会化岂不是契合了这一主张？而事实上，后现代主义的代表人物之一利奥塔（Lyotard，也被译为"李奥塔"）也早于70年代就将社会的"计算机化"视为后现代社会（后工业社会）的基础。① 计算机技术与复杂性科学是相互促进的，这一点在分形几何的发展上十分明显地体现出来（参见第二章第3节），所以，复杂性科学观的进一步社会化只是时间问题。后现代主义最初的表达的形式是文学和艺术，同时也以改造人的现实处境的形式显现，20世纪70年代，一些建筑师通过"复苏"乡土风俗式的建筑景观来对抗钢板、混凝土、玻璃大厦覆盖的城市图景，他们的设计风格大受欢迎，现代主义的城市规划受到广泛质疑，城市发展空间的差异性、城市样态的多元性逐渐受到关注。② 哲学作为"时代精神的精华"也不可能对此保持缄默，利奥塔、福柯、拉康（Jacques Lacan）、罗兰·巴特（Roland Barthes）、德里达、德勒兹、罗蒂（Richard Rorty）等西方哲学家的学说使后现代主义成为一种广泛的社会思潮和文化氛围。③ 罗森纳（P. Rosenau）将后现代主义哲学分为"破坏性"和"建设性"两类，其实后者是对前者的改良，正所谓"不破不立"。福柯、德勒兹的后现代身体观显然带有"破坏性"色彩，而梅洛-庞蒂的身体现象学则更具"建设性"色彩，建设性后现代主义主要流行于美国，这也是梅洛-庞蒂在美国备受推崇的原因。无论是"破坏性"的，还是"建设性"的，

---

① 〔法〕让-弗朗索瓦·利奥塔. 后现代状况——关于知识的报告 [M]. 岛子译. 长沙：湖南美术出版社，1996：34-38.
② 〔美〕戴维·哈维. 后现代的状况——对文化变迁之缘起的探究 [M]. 阎嘉译. 北京：商务印书馆，2004：57-58.
③ 赵敦华. 现代西方哲学新编 [M]. 北京：北京大学出版社，2001：290.

他们都对社会化的"笛卡尔－牛顿"理性范式予以了否定，只不过前者"矫枉过正"，后者采取了批判式肯定的态度。就身体观而言，福柯、德勒兹试图借助身体对意识领域进行全面的"物性"诠释，而梅洛－庞蒂的身体现象学并不是为了否定精神、驱逐灵魂，现象学中的身体强调心灵的肉身化和肉身的灵性化。① 故而身体现象学更符合建设性后现代主义的主张，像美国哲学家格里芬（David Ray Griffin）所倡导的人与自然的和谐、人与人的平等、国家及民族间的平权对话等②，其实都可以从梅洛－庞蒂的理论中找到共通之处。与身体现象学不同的是，格里芬试图从科学的革命式发展（如牛顿力学→相对论、量子力学）中为后现代主义寻找依据，他认为"笛卡尔－牛顿"范式是现代主义的基础，而相对论、量子力学则是后现代主义的科学基础。③ 可见，格里芬肯定了科学自身具有不断自我完善的能力，所以，他对"现代性"是一种批判式肯定。但事实上，正如本文前面所论证的那样，复杂性科学观所蕴含的平权意识才更符合他的建设性后现代主张，这也说明，在社会发展的总体语境中，身体现象学具有契合时代趋势的超前性。

身体现象学的超前性不但体现在社会价值导向上，也体现在它对科学的启示上。20世纪50年代兴起的认知科学一开始奉行"表征计算主义"，试图将认知过程抽象为符号的逻辑运演过程，但是这种方法既不能解释认知的起源和发展，也没有实现研究者承诺的高级人工智能。强调生态效应的生态主义范式和以大脑为隐喻的联结主义范式融入表征计算主义范式以后也同样未能使认知科学走出困境，最后研究者不得不返回身体，而梅洛－庞蒂的身体现象学则成为他们求助的重要思想资源。20世纪80年代中期以来，"具身认知""具身心智"在神经科学、计算机科学、人工智能等领域日益受到关注。④ 在生活世界日益互联网化的当代，人们的社会交往似乎越来越依赖于一个"去身体化"的数码空间，但事实上，这个虚拟的交往空间依然扎根于"同构相联"且"灵肉不分"的身体间关系，它依

---

① 杨大春. 从身体现象学到泛身体哲学 [J]. 社会科学战线, 2010, (7): 27.
② 夏基松. 现代西方哲学 [M]. 上海: 上海人民出版社, 2006: 459.
③ 夏基松. 现代西方哲学 [M]. 上海: 上海人民出版社, 2006: 458.
④ 陈波, 陈巍, 丁峻. 具身认知观: 认知科学研究的身体主题回归 [J]. 心理研究, 2010, (4): 3.

然属于"共同感知的世界",网络社会的"拟人化"是以"完整"的身体为蓝本的。网络活动中规则性与随机性交互共存的复杂状态也体现着"意识"与"肉身"交互共存的复杂性:身体间的同构关系使个体间具有了相互贯通并共享世界的基础,而个体的意向性活动又总试图根据自我留存的"知觉"镜像构建一个为"我"的世界图景。①

5.4 女性主义认识论与复杂性科学观

身体现象学对二分法的超越还体现在两性问题上,梅洛-庞蒂认为身体间的性别区分是"模糊"的②,在这一点上他与尼采有很大区别。正如前文所述,尼采在反对"意识/身体"的二分结构时,试图将身体树立为新的中心,这依然没有摆脱"二分法"的框架,所以,在尼采性别化的哲学格言里,他"扶正"了"弟兄(男性)"们的身体③,却用"母狗""母牛"来隐喻缺乏"自觉"的、依附性的女性之身。④ 尼采的哲学格言让我们窥见了"二分法"思维在西方文化史中的另一种配型:"男性"和"女性"。显然,男性在"男性/女性"的二分结构中占据着主导地位,性别观像身体观一样也是文化建构的产物,在西方社会,性别不只是一种生理区分:sex;更是一种文化区分:gender。追求性别平等的女性主义思潮是西方现代文化危机显现的另一个维度。启蒙思想曾是早期(17、18世纪)女性主义思潮的理论依据,但女性主义者逐渐发现,启蒙时代事实上依然是"男性的启蒙时代"。文艺复兴以来,西方现代科学迅速崛起,其思维方法和知识内容深刻地影响和改造了西方文化,女性主义者在对西方社会观念和文化建制中的男性霸权进行全面批判时,不可避免地要遭遇西

---

① 〔法〕莫里斯·梅洛-庞蒂. 知觉现象学 [M]. 姜志辉译. 北京:商务印书馆,2003:431-435.

② 〔法〕莫里斯·梅洛-庞蒂. 知觉现象学 [M]. 姜志辉译. 北京:商务印书馆,2003:206-207.

③ 〔德〕尼采. 查拉图斯特拉如是说 [M]. 钱春绮译. 北京:生活·读书·新知三联书店,2007:32.

④ 〔德〕尼采. 查拉图斯特拉如是说 [M]. 钱春绮译. 北京:生活·读书·新知三联书店,2007:56-60.

方现代科学。

20世纪60年代末，男性在科学共同体中居于主导地位的基本事实，成为女性主义学者揭示科学中男性统治结构的切入点，从而开启了女性主义关于男女平等参与科学事业的研究。但女性主义学者逐渐发觉，即使女性消除各种障碍，取得与男性相当的科学成果，也依然是对男性标准的服从，科学共同体内在的男性中心主义模式并不会因此而改变。所以，女性主义学者开始考察作为科学成果的知识体系，并试图在此基础上建构出女性主义的认识论，以替代传统男权式的认识论，但女性主义学者在知识重构的主张上存在分歧，主要形成了女性主义经验论、女性主义立场论、后现代女性主义三个流派。[1] 这些流派形成了许多理论成果，然而，大多数实际工作中的科学家并不了解这些女性主义理论，即使少数的女性主义论著进入了科学家的视野，也通常不被关注和看好，而且女性主义学者主张的科研方法也很少结合科学实践中的具体案例来证明其合理性。[2] 这种状况说明女性主义科学观与科学现实的动态发展之间出现了彼此的疏离，那么，要探讨女性主义认识论的合理性，就应该以女性主义的视角重新勘察科学的发展趋势。

5.4.1 三个向度的科学批判导引知识重构的三种策略

启蒙时代以来，科学被标榜为"自然之镜"，它凭借精确的数学法则对经验事实进行逻辑推证，从而形成科学知识，这种知识被认为是对自然秩序客观公正的描述和反映。但是，女性主义认识论的所有流派都否认科学的绝对客观性和价值中立。

女性主义经验论者认为，科学过程排斥女性经验，在前提假设、论据收集、结论推证上皆带有性别偏见。早期的女性主义经验论者相信，只要严格地遵循科学的方法程序，性别偏见将会从科学中消除，这种观念逐渐成为区分"好科学"（good science）与"坏科学"（bad science）的标

---

[1] Matha MacCaughey. Redirecting Feminist Critiques of Science [J]. Hypatia, 1993, 8 (4): 72.
[2] Lisa Weasel. Dismantling the Self/Other Dichotomy in Science: Towards a Feminist Model of the Immune System [J]. Hypatia, 2001, 16 (1): 27-28.

准。① 后来，女性主义经验论的代表人物海伦·朗基诺（Helen E. Longino）提出了"语境经验论"（contextual empiricism），她不赞同，科学方法论的目标是要确保科学研究独立于价值判断，以防止科学研究的程序被价值渗入而导致"坏科学"。② 海伦·朗基诺指出，逻辑实证主义及其后继者希望形成固定的科学推理模式，但是无法剔除辅助假说（auxiliary hypothesis）的科学研究中并不存在具有优先权的固定法则，因为假说要么被世界观形而上地引领；要么未经现有技术设备验证；要么出于某种利益需要。总之，科学假说是负载价值（value-laden）的，而为假说选取的证据和搜集的数据已经表征了假说的逻辑结果，那么被语境价值（contextual value）导引的推论过程就不应被判定为"坏科学"。③ 海伦·朗基诺主张改变现有科学的社会语境，为女性参与科学创造条件，但女性主义介入科学也不是为了排斥男性，而是要与现有的科学形态共处④，通过男女科学家们彼此之间的学术交流来减少科学中的价值偏见。⑤

女性主义立场论者认同海伦·朗基诺关于社会背景可以塑造科学的观点，但是她（他）们却反对海伦·朗基诺完善现有科学结构的策略。在女性主义立场论者看来，现有的科学认知框架是男性精英的一种统治模式，女性科学家进入这种模式运作，只会成为男性统治者的同谋。桑德拉·哈丁（Sandra Harding）指出，科学知识在价值和利益上服从于西方白人男性的政治目的，它被用来压迫其他社会群体，这些受压迫群体的知识主张因男权主义而缺乏根基，但现有的科学恰恰是男性霸权合法化的工具。这种科学专制又紧密联系着社会上延续的政治力量和隐性传袭的特权，因此在造就了现有科学的条件中去实现大众科学（science-for-all）的民主理想是不可能的。⑥ 另一位女性主义立场论者南希·哈特索克（Nancy C. M. Harstock）则揭示了西方二元论的思维传统与男权主义社会结构之间的内在关

---

① Lisa Weasel. Dismantling the Self/Other Dichotomy in Science: Towards a Feminist Model of the Immune System [J]. Hypatia, 2001, 16 (1): 33.
② Helen E. Longino. Can There Be a Feminist Science? [J]. Hypatia, 1987, 2 (3): 53–54.
③ Helen E. Longino. Can There Be a Feminist Science? [J]. Hypatia, 1987, 2 (3): 55.
④ Helen E. Longino. Can There Be a Feminist Science? [J]. Hypatia, 1987, 2 (3): 62.
⑤ Lisa Weasel. Dismantling the Self/Other Dichotomy in Science: Towards a Feminist Model of the Immune System [J]. Hypatia, 2001, 16 (1): 34.
⑥ Cassandra L. Pinnick. Feminist Epistemology: Implications for Philosophy of Science [J]. Philosophy and Science, 1994, 61 (4): 647–648.

联。她认为自西方古代城邦制度建立以来形成的二元性思维，使哲学、技术、政治理论、社会组织都呈现出二元性，这种二元对立的模式已成典范，它拒斥现实世界的关联，人的本质与社会文化之间的联系也被二分法割裂，从而否认了社会多元互动中的知识偏好，但事实上，所谓来源于本质的原理仅仅是以男权本质为基础的。① 女性主义立场论者对性别与认识立场之间的关系做了大量解释，通过劳动的性别分工来说明女性整合了各种劳动者的气质；通过女性的生理特征来说明男女体验上的差异；通过女性生育和抚养后代的活动来说明女性认知模式更具普适性；等等。② 这些理论都试图证明女性是更优越的认知主体，她们将会克服二元对立的模式，代表公众的利益去描述世界，因此要创立一种女性主义科学来取代现有的男性主义科学。

后现代女性主义对经验论和立场论均持反对态度，她（他）们质疑人类力图反映的"既成世界"（ready-made world）是否真正存在，以及人类心智是否有能力完整地反映这个被指称的世界。她（他）们认为，即使在不涉及权力的情况下，也没有哪种认识世界的视角能摆脱价值偏见，或者说也没有哪个群体和个人的价值取向更具优越性。③ 后现代女性主义者唐娜·哈拉维（Donna Haraway）把科学看作"物质符号的实践（material-semiotic practices）"，或者说是世界的物质符号化，这种转化也会重构行为、事件、事物的意义。物质符号的实践以具体的历史图景为媒介来显现，并在相互斗争的叙事场景中获得意义。科学认知并非单纯的智力活动，而是在情趣、文化、政治互动的各种图式中建构的，因此，世界在认识论上应是"情境化的知识"（situated knowledges）。④ 伊夫林·福克斯·凯勒（Evelyn Fox Keller）则认为，多维度的自然、文化和权力被性别化和科学化的语言解读成一个维度上的斗争，要化解这种斗争则需要一种能包

---

① Nancy C. M. Harstock. The Feminist: Standpoint: Developing the Ground for a Specifically Feminist Historical Materialism [M] // Sandra Harding. Feminism and Methodology: Social Science Issue. Bloomington and Indianapolis: Indiana University Press, Milton Keynes: Open University Press, 1987: 169-170.
② Matha MacCaughey. Redirecting Feminist Critiques of Science [J]. Hypatia, 1993, 8 (4): 76.
③ Matha MacCaughey. Redirecting Feminist Critiques of Science [J]. Hypatia, 1993, 8 (4): 78.
④ Joseph Rouse. New Philosophies of Science in North America: Twenty Years Later [J]. Journal for General Philosophy of Science, 1998, 29 (1): 103.

容多样性的语言体系，它能在理性和知性层面上调和分化与同质；能接受各个种族；能体现出对个性、差异、性别的尊重而不潜藏某种偏向，这对于知识来说至关重要。在凯勒看来，探究性别差异的意义在于它使我们明白，人类作为一个整体，内部既存在差异又彼此无法分割，然而，由于传统认识论对多样性的排斥，自然界只为人类呈现出了同一性的一面。[1]

5.4.2 女性主义科学批判指向经典科学范式

纵观二个流派的女性主义认识论，虽然在知识的形成与知识的标准上存在分歧，但她（他）们都对已有科学内在的价值偏见提出了尖锐的批判。她（他）们从科学方法、科学背景、科学建制、科学思维、科学用语等角度揭示了科学知识中隐含的价值取向，这种价值取向一方面来源于西方文化的男权传统，另一方面来源于西方科学的文化使命，这两方面是交织在一起的，对一个面相的追究，也会折射出另一个面相。

回顾西方主流文化的变迁，主要经历了哲学、神学、科学三个前后相继的形态，这三种文化的建构基本上是女性缺席的。科学诞生之初，其使命是要取代神学成为主流文化，但科学的胜利是一种男权文化取代另一种男权文化，因此科学的革命性中会呈现出男权意识。为对抗神话传说对人类经验的束缚，培根创立了实验归纳方法论；为对抗迷信崇拜对人类理性的抑制，笛卡尔提出了数学演绎方法论。牛顿则将实验观察与数学演绎相结合，在伽利略、开普勒、惠更斯、哈雷（Edmond Halley）、胡克等科学"巨人"的理论基础上，总结出力学三大定律和万有引力定律，把地球物体和宇宙天体的运行规律进行了一次统一的概括，实现了人类历史上自然科学理论的第一次大汇总，创建了经典力学体系。经典力学描述出一幅绝对时空背景下由一定质量的单元个体通过机械力和引力联结而成的世界图景，在这幅图景中，只要知道力、质量和加速度中的任意两项，就可以计算出物体的运动状态，而笛卡尔创立的解析几何、牛顿与莱布尼茨创立的微积分，则为计算的精确性提供了数学工具。经典力学把复杂多样的物质

---

[1] Evelyn Fox Keller. The Gender/Science System: Or, Is Sex to Gender as Nature Is to Science? [M] // Mario Biagioli. The Science Studies Reader. New York and London: Routledge, 1999: 242.

运动都归结为简单的机械运动，试图用力学理论解释一切自然现象，在今天看来这是不可取的，伊夫林·福克斯·凯勒批判的正是这种单一的科学逻辑方法对自然界的片面反映，同时也勘证了海伦·朗基诺关于科学假说负载价值的理论。但是，经典力学通过简单确定的方式去明晰地认识和把握自然，剔除了宗教神学的幻想与臆测，使人们在心理上认同了经典力学框架支撑的机械自然观。由此可见，经典力学是在两种文化相互斗争的历史情境中获得合法地位的，所以，唐娜·哈拉维认为科学是"情境化的知识"。

当经典力学的方法论成为科学研究的典范后，线性因果论与加和还原的思维方式主导了这一时期的科学，因此这个时期的科学一般被称为经典科学。在科学思维获得统一的背景下，许多科学组织和科研机构也随之建立，同时科学权威的弊端也开始显现，最为典型的事件是关于光的性质而展开的争论。当时存在微粒说与波动说的分歧，后来坚持微粒说的学派利用牛顿的权威使微粒说成为对光的正统解释，但事实上光是波粒二象性的。这一事件折射出西方传统二分法框架下的中心主义，即在相异的两面中确立一个压倒对方的中心。正如前文第三章所述，古希腊哲学是一种"信仰"与"知识"合聚一体的文化形态，它预设了两组对立，即"灵魂与身体"的对立、"人与自然"的对立。中世纪的宗教神学抛弃了"人与自然"的对立，宣扬灵魂至上，贬斥肉体，要求人们通过规诫世俗的欲望来保持忠贞的信仰，实现魂归天国的终极梦想。科学则把人类引向了"人与自然"的对立，人以自然的主人自居，把自然视为被动支配的对象，科技带动工业文明产生的生态危机，足以证明这种人类中心主义。宗教神学与科学在二分法上的同构相联，被南希·哈特索克所揭示，而这种"二元对立之中确立中心"的思维方式派生到两性之间，就会形成一种男性中心主义，因此，西方文化形态的变迁中，依然像桑德拉·哈丁所指出的那样隐性沿袭着男性特权。于是乎，经典科学推崇的那些演绎的、分析的、原子论的、理性的、量化的认知方式，都被贴上了男性标签；而直观的、综合的、整体的、感性的、定性的认知方式，则都被贴上了女性标签。[①] 伊

---

① Elizabeth Anderson. Feminist Epistemology and Philosophy of Science [R/OL]. Stanford: Leland Stanford Junior University [2009-2-5]. http://plato.stanford.edu/entries/feminism-epistemology.

夫林·福克斯·凯勒把上述现象概括为性别化的科学语言对多维自然、文化和权力的单向裁决。

5.4.3 复杂性科学与女性主义认识论的共同旨归

经典科学的诞生背景、逻辑方法、社会功能在女性主义的科学批判中全面祛魅，但是科学，更确切地说是自然科学，远超出了基督教文明预设在主体内部的对立，即"灵魂与肉身"的对立范畴。在科学实践中，人类的主体意识不断受到来自"自然主体"的挑战，自然界不以人的意志为转移的客观性使科学在发展过程中，不断出现知识形态和运思方法上的"反叛"与革命。

1. 在科学革命中兴起的复杂性科学

进入 19 世纪以后，康德-拉普拉斯星云学说、赖尔的地质演化学说、达尔文的进化论、克劳修斯的熵增原理，都从不同角度揭示了自然界在时间上不可逆转的演化，而在经典力学的运动方程中时间却是可逆的；原子-分子论、元素周期律、细胞学说、能量守恒定律、电磁场理论，则证明了自然界内在的多样联系，而经典力学描述的自然界中却仅有进行机械运动的离散单元。前述的这些科学成果，突破了经典力学的单一模式，涌现出许多新的学科门类，形成了科学史上的第二次革命，但是，这些理论也大都继承了经典力学的基本方法与公设，即原有的数学理论与绝对时空的观念。因此，以麦克斯韦方程组为基础的电磁场理论、以热力学三定律为基础的宏观理论、以分子运动论和统计物理学为基础的微观理论，与经典力学一起被统称为经典物理学。然而，到了 20 世纪初，爱因斯坦的相对论证明了时空是伸缩和弯曲的，这就否定了经典力学的绝对时空观。支撑经典力学绝对时空观的是欧几里得几何，而相对论则论证了黎曼几何的合理性，这使得支撑经典力学的数学理论在宏观领域显露出局限性。在微观领域，量子力学则揭示了用经典力学的数学方法去描述波粒二象性的微观粒子运动，将无法得到确定值。至此，深刻影响科学发展的经典力学，在基本方法与公设上也失去了普适性，但第三次科学革命并非仅限于此，随后兴起的复杂性科学对经典科学范式开始了更彻底的清算。

正如前文所述，复杂性科学发端于系统论，其代表是 20 世纪 40 年代前后贝塔朗菲创立的一般系统论、维纳创立的控制论、申农创立的信息论。到了20世纪60年代至80年代，普里戈金创立了耗散结构理论、哈肯创立了协同学、艾根创立了超循环理论、托姆创立了突变论、洛伦兹提出了混沌学说、曼德布罗特创立了分形几何学，以及圣塔菲研究所的CAS理论等（参见本书第二章）。前期理论把传统科学研究的视野从"分析→还原"带回到"整体-综合"，它强调一种整体关联的结构性存在；而后期理论则更关注系统在时间维度上演化的复杂动力机制及其多重后果。

上述的后期科学理论（系统论之后）一般被统称为复杂性科学，它们大多源于物理、化学、生物、数学等各门类传统学科，却为整个科学图景提供了一个全新而有共性内涵的视角，使非线性、随机性、非对称性、模糊性、无公度性、不规则性等，这些曾经被经典科学屏蔽的或者认为可消除的特性，在当代科学视野中得到了恢复和承认。这些特性在现有的概念体系中无法统一定义，但却在语义上具有"家族相似"的特征，相对于经典科学以抽象分析、加和还原的运思方法去追求简单确定性而言，复杂性科学则扬弃了这种单一的使命，主张以多维度的复杂方法去应对上述特性，这种复杂的方法是通向本真事实的信仰标示，从这个意义来讲，复杂性是一种价值命名，它反映了科学研究中新的共同价值取向，旨在形成一种新的科学范式，即复杂性科学范式。

2. 复杂性科学与女性主义认识论共同的价值追求

复杂性科学范式意欲取代的是经典科学范式，而女性主义认识论的批判对象亦是经典科学范式，也就是说，从事复杂性研究的科研人员与女性主义学者均对经典科学范式持否定态度，而两者在否定同一对象的基础上又都试图去修正和完善科学，这就使复杂性科学与女性主义认识论在基本价值目标一致的前提下，呈现出科学观上的共性，进而使女性主义的知识重构策略在复杂性科学的知识拓展中获得支持。

复杂性科学与经典科学的基本差异在于对客观世界的看法，如前文所述，经典科学认为事物均由不可再分的单元组构而成，用经典数学工具对这些单元进行量化的精确描述，就可以把握事物的整体特质，进而要求在单元和整体之间建立一种互逆的线性还原关系。按照这种设想，经典科学在理论上追求尽可能少的概念和公设，然后依据这些无法再简化的概念和公设推演出对客观世界普遍有效的逻辑描述，由此形成的科学观，将不确定性、非线性、不可逆性、随机性、模糊性等属性，视为可在本体论意义上消除的特性，复杂性科学观正与之相反，而女性主义认识论通过揭示科学中的价值偏见，也在反对经典科学片面推崇的简单确定性和线性还原论。

女性主义经验论者海伦·朗基诺通过考察科学研究的一般流程，发现科学并不是纯粹指向自然界的，置身于特定社会背景之中的科研人员，不可避免地会将社会赋予自己的观念和利益附加于科学研究之中，从而在一定社会价值目标的引领下建构科学知识。那么，缺乏女性认知经验的经典科学在理论价值上只能还原为单一的男性精神，而不是观照各方的普遍性知识。所以，海伦·朗基诺拒不承认传统科学认知方法中存在着"具有优先权的固定法则"，这种"固定法则"曾把科学追求的终极目标规定为简单确定性，但复杂性科学用以证明本体论上的"不确定性"而创立的新方法，则结束了它的统治地位。海伦·朗基诺颠覆"固定法则"是为了引入与男性平权的女性认知方略，她并不主张排斥男性，而倡导两性平权的学术交流。同样，复杂性科学也并非要消除简单性、确定性、线性、可逆性、必然性等被经典科学所片面强调的客观属性，它从各个层面整合了第二次科学革命以来所有"反叛"经典力学的成果，运用了兼容传统方法的复杂性思路，力求显示自然界整体与组成部分、单质与多性、必然与偶然、确定与随机、明晰与模糊、有限与无限、绝对与相对、对称与破缺、有序与无序交互共存的非线性状态。按照海伦·朗基诺的科学主张，两性认知模式交互影响下产生的科学知识，也将会呈现出优势互补的非线性状态。可见，复杂性科学从实践上支持了女性主义经验论者的认知导向。

女性主义立场论者南希·哈特索克认为，经典科学仍然继承了"已成为典范"的"二分法"思维，这种思维方法通过割裂现实世界中的各种关联来强化二元对立，并在其间树立一个压倒另一方的中心。经典科学以简化思想为中心，去片面地追求一个维度上的自然状态，而从事科学的社会成员在性别上又基本上是单一的男性维度，于是，女性主义立场论者南希·哈特索克把二者联系起来，都归结为"二分法"思维下的权力表达。因此，经典科学"所谓来源于本质的原理仅仅是以男权本质为基础的"，另一位女性主义立场论者桑德拉·哈丁则直接将其称为"隐性传袭"男性特权的"科学专制"。女性主义立场论者主张由女性认知主体建构一种新的科学范式，去克服"二分法"，并"代表公众的利益去描述世界"。复杂性科学要复苏曾被经典科学排斥和驱逐的一面,将简单与复杂放置于平等的位势上去思考,进而探究两者"交互共存"的自然状态,这势必超越西方由来已久的"二分法"思维。虽然复杂性科学对"二分法"的克服依然是由男性科学家来实现的,但这也证明了基于女性主义立场的知识构想具有现实可行性。而复杂性科学能平等看待两种对立属性的态度,一方面会增强了科学"描述世界"的能力;另一方面则会通过科学的社会影响力把平权意识带给公众,进而也会为女性突破男权中心获得应有的社会权益创设文化语境。

后现代女性主义认识论者是最为激进的一派,她(他)们要进一步揭示人类的主观意志在建构科学内容上的作用,把批判的矛头指向了统摄科学研究纲领的世界观,质疑曾被人们预设为认识对象的"既成世界"是否真正存在。20世纪60年代以后的复杂性科学不断证实和强调着万物在时间上不可逆转的演化,同时,宇宙膨胀论也不断被天文学上的新发现所证明,这都使经典科学预设的静态宇宙模型失去了根基,因此,这个在科学中"被指称的世界"并非"既成"的。而经典科学之所以预设出一个"既成世界",是因为人与认识对象之间不只是反映与被反映的简单对应关系,其间还存在着价值关系,掌握科学话语权的社会成员会在利益导向的暗示下预设对象世界。唐娜·哈拉维认为"科学认知并非单纯的智力活动",而是"情境化的知识",因此,后现代女性主义认识论者会进一步质疑,受制于一定价值偏见的"人类心智是否有能力完整地反映这个被指称的世界"。后现代女性主义的质疑,是要从认识论上倡导多样性,既然价值主体是多元化的,那么科学认知模式也就存在多种可能性,因此,伊夫林·福克斯·凯勒主张通过人类多元价值的和解,建构"一种能包容多样性的语言体系",来反映自然的整体多样性。复杂性科学群的兴起正是各门类学科共同纠正传统偏见形成新知识体系的结果,这些知识从不同角度廓勒出了客观世界的各种复杂属性,这些属性彼此交叉重叠,相似却又不同质,于是复杂性科学必然认同异质的多样性。

后现代女性主义认识论者倡导多样性,其理论归宿也就不再局限于女性,而是所有被排斥在科学话语之外的弱势群体,这样才会避免产生新的主宰中心。凯勒认为,"探究性别差异的意义在于它使我们明白,人类作为一个整体,内部既存在差异又彼此无法分割",她试图由此推进认知主体的多元化,通过多重认知视角来展现自然界的多样性。后现代女性主义在本体论上谋求的多样性,已被复杂性科学所验证,虽然复杂性科学的出现,源于学科内部已有理论与客观事实之间以及已有理论彼此之间的矛盾,而非后现代女性主义基于社会建制的科学构想,但科学与社会是双向建构的。正如哈拉维所说,物质世界转化为科学符号的过程,"也会重构行为、事件、事物的意义",复杂性科学也将会像经典科学那样,去影响人类社会的文化、经济、政治结构,使包容多样性的复杂性思维逐渐社会化,进而为包括女性在内的多元认知主体进入科学领域铺设社会氛围。

通过上述各流派女性主义认识论与复杂性科学的比对,我们可以看到,所有流派的女性主义科学构想都能在复杂性科学观中获得支持,这说明女性主义的科学主张并非缺乏现实根基的理论空想,也说明复杂性科学范式的兴起符合女性主义的科学期望。但复杂性科学的出现也提醒女性主义应关注科学研究内在的价值转向,将其理论建构在科学发展的现实动态之上。这样,女性主义认识论中具有建设性的策略才能在一个动态的参照系中不断发展,从而为女性追求平等的主观诉求找到更多为科学界所能理解的客观依据。

无论研究复杂性的科学家是否了解女性主义认识论,复杂性科学与女性主义认识论都指向了西方文化持久传承的内核:"二分法"思维,在这一点上,两者与身体现象学也是共通的。可见,"二分法"虽然衍生广泛,却也遭到多维"反叛"。但复杂性科学并非要否定简单性、女性主义认识论并非要否定男性知识、身体现象学也并非要否定意识,那样只是一种新的"二分法"取代原有的"二分法",它们"扶正"在"二分法"中被遮蔽的一方之同时,强调二分双方的交互共存。随着此类"反叛"文化的不断汇聚,社会平权意识将会日渐盛行。男女平权之于科技进步具有智力资源层面上的现实意义。从历届诺贝尔奖获得者的总体性别比例可以看出,科学家共同体由男性主导,这并非女性天生智力不适于科技创新,在鼓励女性参与的生物和医学界,她们获得诺贝尔奖的比例就较高。这说明社会性别文化对女性从业选择的暗示和引导是主要原因,当前大学理工科学生的性别比例也可以佐证这点。但女性与科学家共同体的疏离,即意味着近一半的智力资源疏离于人类最富创造力的科技领域,这无疑是人类社会进步的一大缺憾。

第六章　现代科技与中国社会的多维互动发展

爱因斯坦说，"物理上真实的东西一定是逻辑上简单的东西"①，这是一种本体论上的承诺，也是一种认识论上的信念，它代表着启蒙时代以来科学界的主流世界观。对简单确定性的追求能满足人类的主体意识，因为，简单就好控制，现代技术革命则使人类的控制欲进一步膨胀，可见，早期现代科学和技术都体现着人类对自身"权能"的"自觉"。科学内隐着权能理性，技术是外显的权能工具，人类的"权能"在高歌猛进的现代化进程中呈现出一体两面：科学用"奥姆剃刀"为客观世界"祛魅"；轰鸣的机器在客观世界运转。随着科学技术一体化，"工具理性"大行其道，似乎一切都在人类的掌控之中，现代技术手段竭力将"参差不齐"的自然界向抽象简化的欧氏几何体还原，然而，自然界并不会因为人们对简单性的偏好而放弃复杂性。随着科学视野的拓展，复杂性开始以不同形式呈现于各个学科，复杂性科学群逐渐兴起。复杂性科学的出现说明，科学在"社会期望"与"客观真理"的互动中发展，复杂性科学通过扬弃传统科学而重置了科学与自然之间的对应关系，这也为我们反思科学技术与社会之间的对应关系开启了新的视角。

现代科学技术在西方社会背景中经历了数次革命式的发展，每一次革命都给人类带来生存观念和生存方式的巨大转变，复杂性科学作为科技革

---

① 〔美〕阿尔伯特·爱因斯坦. 爱因斯坦文集（第一卷）[M]. 许良英，范岱年译. 北京：商务印书馆，1976：380.

命的成果，正在从西方传向世界，当然，也传到了中国。那么，以复杂性思维重新勘考现代科技在中国的发生、发展，也是中国正视未来前景的一种必要。前文各章中都或多或少地涉及了中国的科技发展模式，笔者根据撰写前文各章时所掌握的资料认为，中国接引西方现代科技的初始条件很值得运用复杂性思维深入研究。从混沌理论可知，事物的演化路径对初始条件有着敏感的依赖性，也就是说，由于初始条件的差异，现代科技在与中国社会的互动发展中带来的一系列后果，都不可能根据西方已有的经验去简单预测。

6.1　中国现代科技缘起与城乡二元化

近代中国反殖民侵略失败后，面对西方列强极具摧毁力的现代战争机器，中国人为谋求民族独立的反思，不得不以这种机器的生产背景为参照，这也改变了中国人心目中的"大国"概念。通过鸦片战争让清廷屈服的英国，其国土面积无法与中国比拟，这种反差带来的启示是，农业大国广袤的沃土良田在小疆岛国的工业体系面前已不再具有政治优势，工业强国才是新时代的政治大国。伙同西方列强镇压太平天国运动的清廷大吏，在战火中进一步领略了西方现代军事技术的政治威力，因此，他们极力主张"师夷长技"，从而成为统治集团中的洋务派。洋务派以创办西式军工为先导，带动了能源、动力、通信、交通等一系列工业部门的兴起。于是，中国的许多传统城市逐渐被改造为各种工业群的聚集地，而在矿山开采和铁路延伸的过程中，又诞生了一批新兴的矿冶城市和交通枢纽城市。西式现代工业格局逐渐成为重构中国城市图景的基轴。由于工业体系是西方科技成果广泛应用的产物，科技人才的培养也就成为工业运转中不可或缺的环节，为此，洋务派兴办新式学堂、派遣海外留学生，以接引西方现代科技。中国的工业化城市成为传播西方现代科技的前沿地带，科举制度统领的知识体系首先在这些城市中被西方舶来的现代器物、技能、知识所解构，这就为各种西方社会意识形态的涌入开辟了道路，洋务派的"中学为体，西学为用"开始陷入自我诘难，而清军在中日甲午战争中的失败则彻底宣告了这种政治伦理学的破灭，清廷随之进入"变法""新政"时期，

1905年存在于中国1300多年的科举制度被废除。可见，西方工业体系的移植造就了工业化城市，工业兴起又将西方现代科技引入城市。随着城市工业化程度的提升，清廷决策者对工业文明的期望也在攀升，现代科技人才的地位逐渐上升，进而冲击科举制并引发政治上的连锁反应，城市接着成为体制变革的中心、催生文化新理念的中心，乡村则一开始就处于被边缘化的现实境地，中国城市的现代化是城乡日趋疏离的过程。

中国传统的城乡关系是乡村在政治上依附于城市；而城市在经济上依附于乡村，城市和乡村在整个社会系统中分别承担着政治中心和经济中心的角色，[①] 二者处于对称的状态。洋务派引进西方现代科技主要出于政治目的，因此，政治成为当时推进现代科技在中国大规模发展的强势动力，而城市作为政治中心则自然成为现代科技的扎根之隅，以科学技术为核心的现代化进程也于城市启动。那些亲历中国现代化进程的城市知识分子理解和支持科举制的废除，但工业文明远未波及广大农村，大量散落于乡间的知识分子还未接触过西方科学知识，他们遵循原有的教育模式，期望通过科举考试来实现政治理想、提升社会身份，科举制的终结，带给他们更多的是无所适从，科举制关联的宗礼纲纪也在乡间失去了合法性基础。此时的中国乡村社会在生产领域、知识领域、信仰领域都处于被城市抛离的状态。在科举制废除之前，中国本土的政治势力并未在乡间有意识地培养过现代化观念，以致中国的乡村社会与市民社会中产生了两种相反的世界观。一方面，主要由农民构成的义和团组织到处围攻教堂，[②] 在抵御八国联军之同时，企图毁灭一切外来的和西化的器物与精神；另一方面，西方传教士却被渴望获得新知的青年学子所包围，他们请求传教士介绍新学、传授外语、推荐留学。[③]

19世纪末，随着频繁的天灾人祸以及西方商品经济的冲击，农业生产日趋衰败；新兴的革命家试图全面改造国家政治秩序之时，农业才成为现代科技的观照对象。1895年，康有为在草拟的"公车上书"中说："宜命使者译其农书，遍于城镇设为农会，督以农官。农人力薄，国家助之。比

[①] 蔡云辉. 城乡关系与近代中国的城市化问题 [J]. 西南师范大学学报（人文社会科学版），2003, 29 (5)：117.
[②] 程歗. 晚清乡土意识 [M]. 北京：中国人民大学出版社，1990：346.
[③] 程歗. 晚清乡土意识 [M]. 北京：中国人民大学出版社，1990：346.

较则弃枯而从良，鼓舞则用新而去旧，农业自盛"。① 同年，孙中山上书李鸿章："我国自欲引西法以来，唯农政一事未闻仿效，派往外洋肆业学生，亦未闻有入农政学堂者。"② 1898 年光绪帝接受康有为的建议下诏："各省州县皆立农务学堂"③，试图"兼采中西各法"振兴农业，随后，官府督导、商绅控制的农学会在全国兴起，其主旨是研究农学、讲求农务、发展农业、经济自助。④ 1899 年，清政府向新崛起的日本派出十名农科留学生，同年又派员去欧美学农。⑤

尽管戊戌变法夭折于慈禧太后的政变，但此后的清廷迫于现实危机，基本上延续了光绪帝时期的农业政策，因此，清末的十余年里，清政府一直积极地在全国兴办各种农事试验场、农学教育机构，推动农民参加农学会，并向海外增派农科留学生。可见，当时的清廷已经开始关注中国农业的现代化，并采取了实际行动，但相对于 19 世纪 60 年代开始的洋务运动晚了 30 多年，也就是说，在洋务派开启的现代化语境中，农业长期处于缺席状态。尽管在清末的十余年里，统治者企图通过现代科技改造农业、复兴农村，却始终未把农业摆在一个与工业同样高度的位置上去考量。那个时期，在官方主导和推动的海外留学运动中，中国人并不青睐农科。1901—1911 年，中国农科留学生的总数为 312 人⑥，而此间西化楷模日本成为中国的主要留学目的地，从 1896 年到清朝统治结束，中国向日本输送的留学生就在 22000 人以上⑦，前后两个数字进行对比，可见农科留学生所占权重甚小。废除科举制度以后，清廷开始对归国留学生进行考查，并授予成绩优异者一定级别的"功名"，从 1905—1911 年有 1252 名留日生应考，其中农科被录取 76 人，仅占录取留日生总数的 6.1%⑧，此数据进

---

① 邹德秀. 世界农业科技史 [M]. 北京：中国农业出版社, 1995：147.
② 邹德秀. 世界农业科技史 [M]. 北京：中国农业出版社, 1995：151.
③ 邹德秀. 世界农业科技史 [M]. 北京：中国农业出版社, 1995：150.
④ 李永芳. 清末农会述论 [J]. 清史研究, 2006 (1)：14.
⑤ 《中国近代农业科技史稿》编写组. 中国近代农业科技史事纪要 (1840—1949) [J]. 古今农业, 1995, (3)：70.
⑥ 沈志忠. 农科留学生与中国近代农业科技体制化建设 [J]. 安徽史学, 2009, (5)：6.
⑦ 周棉. 近代中国留学生群体的形成、发展、影响之分析与今后趋势之展望 [J]. 河北学刊, 1996, (5)：78.
⑧ 包平, 王利华. 略述中国近代农业教育体系的创立 (1897~1937) [J]. 中国农史, 2002, 21 (4)：34.

一步说明农业只是中国"师夷长技"的边枝末节。

农业在留学生心目中的地位,可从国人熟知的两位著名学者王国维和胡适的清末留学经历中窥见一二。王国维留学日本之前,投靠于因创办"学农社"而成维新名流的罗振玉门下,他的主要工作是翻译日本《农事会要》,并连载于罗振玉创办的《农学报》。然而,1901 年王国维在罗振玉的日本好友藤田剑峰(丰八)的帮助下赴日留学后,却选择了物理学专业。① 王国维一生曾四次赴日,真正对其产生影响的是日本学者译介的西方哲学思想②,他借此开创了运用现代哲学思维剖析和评论中国传统文化的学术体例,也因此扬名学术界。胡适 1910 年通过留美庚款考试到达美国后,报名进入康奈尔大学农学院,然而,他在学了三个学期的农科后,甚感中国亟待改造的是文化信仰,于是,他毅然改修哲学专业③,归国后成为新文化运动的主将之一。王国维和胡适留学之际,中国的西学进程开始在信仰层面上深入文化根基,此前中国在器物层面上兴办工业,引进西方科技,随后又在制度层面上尝试"变法""新政",效仿西方政体。乡村地位的失落与"农科"在西学东渐中的式微,因果相袭。洋务运动之后,中国政治格局历经变换,但现代科技的引入和发展却从未中断,其开启的城乡二元式现代化社会格局也延续至今。

6.2 政治理念驱动中国现代科技发展

政治格局历经变换不会中断现代科技引入和发展的原因是,中国在西方现代文明主导的世界体系中,无论要"富",还是要"强",都须仰仗科学技术。中国反殖民侵略的失败,被直观地归咎于器物层面,因此,西方现代工程技术被首先引入,而西方则是现代科学革命先于技术革命。中国的技术水平在 16 世纪之前一直领先世界,随后才被原本相对落后的西方超越。究其原因,又引出前文第三章曾述及的"李约瑟问题",李约瑟认为,

---

① 窦忠如. 王国维传 [M]. 天津: 百花文艺出版社, 2007: 66 - 68.
② 乔志航. 王国维学术思想与日本中介资源问题 [J]. 江汉论坛, 2000 (2): 90 - 92.
③ 章清. 近代中国留学生发言位置转换的学术意义——兼析近代中国知识样式的转型 [J]. 历史研究, 1996 (4): 64 - 65.

古代中国只有技术而没有科学。中国在接引西方现代实用技术时，不可避免地学习现代科学，因为当时现代科学与技术已紧密融合，只是在中国现代技术发展先于现代科学，造成技术需求引导科学发展的态势。现代科学的文化价值受到重视，是在历经中日甲午战争失败、清廷维新变法失败、辛亥革命果实被袁世凯窃取之后。渴求中国进步的知识分子开始认识到，科学精神对改造落后思想文化的重要性，1915年兴起的新文化运动就是这种思潮持续深入发展的结果。当时中国出现了一批民间性质的科学社团，五四运动以后随着留学归国人员的不断增加，又出现了一批专业性科学团体，由此推动中国现代科学从引进为主转向独立研究。20世纪30年代，科学的社会建制逐渐在中国形成。① 北伐战争结束之后，1928年，国民党政府在南京正式建立"中央研究院"，次年建立北平研究院，并形成了较为完备的组织管理制度、学术评议制度、奖励制度、人才教育和培养制度。这标志着政府主导的科学建制确立，由此推动中国现代科学研究在数学、物理学、化学、地质学、生物学、考古学等许多领域取得了重要成就，并开始汇入世界主流科学体系。② 但在已有科技强国主导的世界格局中，后发展国家的科技发展首先面临的往往是政治使命。20世纪30年代中期以后，面对日本侵华规模的不断扩大，向来主张学术独立自由的"中央研究院"院长蔡元培也呼吁，科学家关注国家现实，发展应用科学为国家急需服务。科技创新应服务于民族复兴的政治理想，是当时中国的主导理念。

  1949年中华人民共和国成立，这并未妨碍新生政权向资本主义国家学习先进科技的主张③，从1956年开始，一批国家级科研及其管理机构相继建立；大学和工业系统的研究机构也纷纷建立。由此初步建立了新中国科技体制的基本框架，形成了包括国家研究机构、大学研究机构、产业部门研究与开发机构、地方科研机构、国防科研机构，以及以中科院为最高学术中心，国家科委为最高科技管理中心的体制格局。④ 这种科研体制依托

---

① 张剑．从"科学救国"到"科学不能救国"——近代中国对科学认知的演进[J]．史林，2010，(3)：107．
② 段治文．当代中国的科技文化变革[M]．杭州：浙江大学出版社，2006：4．
③ 段治文．当代中国的科技文化变革[M]．杭州：浙江大学出版社，2006：56．
④ 封颖．中国科技体制的历史回顾与当前面临的两个核心问题[J]．科技创新月刊，2006(1)：29-30．

计划经济，带有明显的行政主导色彩，但在紧张的国际环境中却能发挥其独特优势。20世纪50年代的科技体制形成后，国际局势朝不利于中国的方向逆转，先是中苏关系恶化，苏联单方面中止援助，使中国陷入两个超级大国的夹击之中，随后又爆发了中印边境冲突。面对如此严峻的国际形势，我国充分发挥举国办大事的制度优势，在国家战略需要的关键领域实现重大科技突破，20世纪六七十年代创造的"两弹一星"，为我国保持政治独立奠定了战略性科技基础。

在国家安全保障进入太空领域的形势下，21世纪以来，我国在载人航天、深空探测、人造地球卫星这三大领域取得显著成就。

在载人航天方面，20世纪末我国研发的神舟一号实验飞船发射成功，使我国成为继美、俄之后世界上第三个拥有载人航天技术的国家。2003年中国宇航员杨利伟乘"神舟五号"飞船成功进入太空，2008年中国宇航员翟志刚从载其进入太空的"神舟七号"飞船出舱，进行太空行走。2011年我国首个自主研发的载人空间实验室"天宫一号"发射成功，同年，"天宫一号"与"神舟八号"飞船成功完成我国首次空间飞行器自动交会对接。2012年我国宇航员刘旺操作"神舟九号"飞船顺利完成与"天宫一号"的手控交会对接，这标志着我国完全掌握了载人交会对接技术，随同刘旺的刘洋成为我国首位进入太空的女性宇航员。2016年"天宫二号"空间实验室发射成功，2017年我国成功发射自主研制的货运飞船"天舟一号"，并顺利与"天宫二号"自动交会对接，随后完成推进剂补加实验。

在深空探测方面，2007年我国成功发射月球探测卫星"嫦娥一号"，迈出深空探测第一步。2013年我国成功发射"嫦娥三号"探测器，并顺利在月球表面实现软着陆，其携带的玉兔号月球车随后开始对月球的巡视探测工作，该月球车历经31个月的超长工作后于2016年8月正式退役。2019年1月"嫦娥四号"探测器抵达月球背面，成为人类首个在月球背面软着陆的巡视探测型航天器，其携带的"玉兔二号"月球车接替退役的月球车继续探测月球。2020年7月23日我国自主研发的火星探测器"天问一号"成功发射，开启了我国深空探测的火星之旅。

在人造地球卫星方面，2020年6月北斗三号系统的最后一颗全球组网卫星成功发射并进入预定轨道运行，这标志着中国北斗卫星导航系统（BDS）全面建成。从2000年北斗一号系统首星发射，到2020年北斗三号系统末星入轨，北斗导航系统工程建设已耗时 20 年，其间来自 300 多家研发单位的 8 万多名工作人员参与了此项庞大工程。我国的 BDS 是继美国的 GPS、俄罗斯的 GLONASS 之后第三个成熟的全球卫星导航系统。我们以前利用手机进行快捷定位和导航，都依赖 GPS，GPS 隶属美国空军，它面向全球开放，能为全球用户提供低成本、高精度的时空导航信息。但为了避免国家安全陷入被动，我国决定自主研发 BDS。这方面已有前车之鉴，1999 年印度和巴基斯坦在卡吉尔（Kargil）地区发生大规模武装冲突，印军凭借大量装备的 GPS 定位设备，在复杂的山区中发挥出机动作战优势，占据上风，但美国却切断战区的 GPS 服务，致使印军行动受限。经过此次教训以后，印度放弃自己原先开发的 GPS 增强系统，转向独立研发一套区域性的导航系统。而且，全球卫星导航系统提供的时空信息关涉新兴产业生态链的形成，那么，BDS 建设将关系到"提高我国在全球经济治理中的制度性话语权"，这是中共十八届五中全会规划的国际目标之一。

21 世纪以来，我国在人造地球卫星、载人航天、深空探测这三大领域取得的显著成就，凭借的是集中力量办大事的制度优势，这是中共十九届四中全会明确要求坚持的优势，这种优势转化为上述成就，为我国在国际竞争中巩固和提升政治地位夯实了战略性科技基础。可见，政治理念驱动战略性科技创新，科技创新成果又会增强我们的道路自信、制度自信。

6.3 "科学"在毛泽东政治话语中的多维含义

驱动现代科技发展的政治理念在形成中，也使"科学"的政治语境发生扩展。自五四时期"科学"与"民主"并揭以后，"科学救国"即成为中国的主流政治话语之一，"科学"一词逐渐成为修辞政治主张的重要概念，其内涵也日益超出其本体意义，即指代人类认识事物本质及其运行规律的一种实践活动。那么，作为修辞语的"科学"究竟意指哪些性态呢？这一问题关系到公众的政治理解。毛泽东作为党的第一代中央领导集体的核心，他对我党的政治话语风格产生了深远影响，在其留世的政治文本中"科学"就具有丰富的修辞意义。毛泽东政治话语中的"科学"，为理解我国当代政治话语体系中的"科学"提供了历史根据，本书将在逐篇检索

《毛泽东早期文稿（1912年6月—1920年11月）》、《毛泽东选集》（共四卷）、《毛泽东文集》（共八卷）中修辞性"科学"概念的基础上，通过语境分析，还原"科学"的各种修辞意义，并进而探讨"科学"概念修辞化的历史动因及其社会影响。

6.3.1 "科学"在毛泽东早期革命话语中的修辞意义

出席中国共产党第一次全国代表大会（1921年）之前，青年毛泽东在其话语文本中并未将"科学"作为修辞语使用过。当时，毛泽东只是讨论"科学"的知识特征，或者强调"科学知识"本身的进步意义，诸如在1915年《致萧子升信》中、1917年发表于《新青年》的《体育之研究》中、1919年发表于《湘江评论》的《不信科学便死》中、1919年起草的《问题研究会章程》中提及的"科学"皆属于此范畴。① 毛泽东1919年发表于《湘江评论》的《健学会之成立及进行》中，有这样一句话："于学卫〈术〉上有废除科举，兴办学校，采取科学的行动。"② 此处"采取科学的行动"是指设置"科学课程"的行动，与其下文"学生为科学吸去"中的"科学"是同义。从毛泽东1919年发表于《湘江评论》的《陈独秀之被捕及营救》中可以看出，毛泽东认同陈独秀倡导的"科学"与"民主"，但他在此没有就"科学"超出知识功能的社会价值展开讨论。③

根据现今可查史料，作为修辞语的"科学"最早见诸毛泽东1929年6月14日《给林彪的信》。毛泽东在信中针对当时红四军内"两个思想系统的斗争"列出了十四种表象，第十种为"科学化、规律化问题"④，此处的"科学"显然不指代"规律"，否则就是"同义语反复"，在后续信文中毛泽东解释道："共产主义者的思想和行动总要稍为科学一点才好，而一部分同志则恰恰与科学正相反对，一篇演说、一个行动已可以找出很多的矛

---

① 中共中央文献研究室，中共湖南省委《毛泽东早期文稿》编辑组编. 毛泽东早期文稿（1912年6月—1920年11月）[M]. 长沙：湖南人民出版社，2008：22, 63, 353, 366.
② 中共中央文献研究室，中共湖南省委《毛泽东早期文稿》编辑组编. 毛泽东早期文稿（1912年6月—1920年11月）[M]. 长沙：湖南人民出版社，2008：334.
③ 中共中央文献研究室，中共湖南省委《毛泽东早期文稿》编辑组编. 毛泽东早期文稿（1912年6月—1920年11月）[M]. 长沙：湖南人民出版社，2008：282.
④ 毛泽东文集（第一卷），[M]. 北京：人民出版社，1993：65.

盾出来。说话完全不顾及这话将要发生的影响，不管对不对，乱说一顿便了。'你乱说就是，横直他们只晓得那多'，这是何种非科学的态度！"① 可见毛泽东表述的"非科学"现象是指部分同志说话缺乏条理性，那么前述"科学化"应指"条理化"。1929 年 12 月毛泽东为中共红四军第九次代表大会所写的决议第一部分，即旨在继续肃清旧式军队影响的《关于纠正党内的错误思想》中，他提出纠正"主观主义"的方法主要是"教育党员使党员的思想和党内的生活都政治化、科学化"。"为达到这个目的"，毛泽东接下来提出三点建议，第一点是"教育党员用马克思列宁主义的方法"；第二点是"使党员注意社会经济的调查和研究"，"使同志们知道"调查实际情况的重要性；第三点强调"说话要有证据"。② "马克思列宁主义"对应"政治化"；调查研究实际情况，"说话要有证据"则对应"科学化"。此处的"科学化"在毛泽东的语境中应指言行要"依据事实"。1930 年 1 月 5 日毛泽东为纠正林彪对待革命前景的悲观态度给他写了一封信，这就是著名的《星星之火，可以燎原》。在此文中，毛泽东指出"1927 年革命失败以后"呈现出的敌强我弱态势是"现象"而非"实质"，小小的革命力量"在中国的环境里……简直是具备了发展的必然性"，"我们看事物必须要看它的实质，而把它的现象只看作入门的向导，一进了门就要抓住它的实质，这才是可靠的科学的分析方法"。③ 此处的"科学"可归结为"透过现象认识本质"，这其实是一种马克思主义哲学的思维方式，在毛泽东看来，马列主义就是一种"革命的科学"，学习这种"革命的科学"不仅要了解经典作家们"关于一般规律的结论，而且应当学习他们观察问题和解决问题的立场和方法"。④ 1938 年 5 月毛泽东在《论持久战》中将不符合马克思主义唯物辩证论的"主观的""片面的"⑤ 看问题方法

---

① 毛泽东文集（第一卷）[M]. 北京：人民出版社，1993：70.
② 毛泽东选集（第一卷）[M]. 北京：人民出版社，1991：92.
③ 毛泽东选集（第一卷）[M]. 北京：人民出版社，1991：99.
④ 参见毛泽东《中国共产党在民族战争中的地位》，《毛泽东选集》（第二卷），人民出版社 1991 年版，第 533 页。
⑤ 不同历史阶段的自然科学成果都具有一定的"片面性"，比如，恩格斯就曾经在《自然辩证法》的《导言》中批判过依托牛顿经典力学的机械自然观。从自然科学史的角度看，新科学革命的主要内容之一就是纠拨前有科学成果的片面性。毛泽东曾在 1937 年撰写的《实践论》和《矛盾论》中曾运用马克思主义唯物辩证法批判过"唯心论和机械唯物论"的"主观和客观相分裂"以及"孤立的、静止的、片面的"认识论。

都归结为"非科学的"。① 可见,"科学的"在毛泽东革命年代的话语中有时同义于"马克思主义的",毛泽东后续的革命话语中也不断强调马列主义的"科学性"。如1942年2月1日在《整顿党的作风》中:"我们学马克思列宁主义……,只是因为它是领导无产阶级革命事业走向胜利的科学"②;又如1943年《关于领导方法的若干问题》中:"我党一切领导同志必须随时拿马克思主义的科学的领导方法"③;再如1947年12月25日《目前的形势和我们的任务》中:"中国共产党依据马克思列宁主义的科学"④,以及"只要我们能够掌握马克思列宁主义的科学"⑤;还如1949年9月16日《唯心历史观的破产》中:"中国人民学会了的马克思列宁主义的新文化,即科学的宇宙观和社会革命论"。⑥

毛泽东不仅始终强调马克思主义的"科学性",他也在践行"科学"的马克思主义实证方法,1930年5月的《寻乌调查》、1933年11月的《长冈乡调查》和《才溪乡调查》都是毛泽东在第二次国内革命战争时期进行实证研究的代表作。毛泽东的这些工作积累为其日后《实践论》的形成奠定了基础,在《实践论》中毛泽东认为马克思列宁主义认识论的特征是"科学的社会实践",与其相对立的特征是"主观和客观相分裂""认识和实践相脱离"⑦,那么,此处的"科学"应指"主观与客观相统一""认识与实践相统一"。但这种释义并不适用于此篇文稿中的其他两处"科学"修辞语。其一,"人的社会实践,不限于……,还有多种其他的形式,……,科学和艺术的活动,总之……"⑧,此句中的"科学"显然是指创造科学知识。其二,"由于实践,由于长期斗争的经验,经过马克思、恩格斯用科学的方法把这种种经验总结起来,产生了马克思主义的理论"⑨,(自然)科学理论形成的一般方法流程是,选题→获取科学事实→进行思维加工→验证→建立理论体系,将此流程对照前句描述的马克思主

---

① 毛泽东选集(第二卷)[M].北京:人民出版社,1991:441.
② 毛泽东选集(第三卷)[M].北京:人民出版社,1991:820.
③ 毛泽东选集(第三卷)[M].北京:人民出版社,1991:902.
④ 毛泽东选集(第四卷)[M].北京:人民出版社,1991:1245.
⑤ 毛泽东选集(第四卷)[M].北京:人民出版社,1991:1260.
⑥ 毛泽东选集(第四卷)[M].北京:人民出版社,1991:1514.
⑦ 毛泽东选集(第一卷)[M].北京:人民出版社,1991:295.
⑧ 毛泽东选集(第一卷)[M].北京:人民出版社,1991:283.
⑨ 毛泽东选集(第一卷)[M].北京:人民出版社,1991:288.

义理论的产生过程，可发现"科学的方法"应指"进行思维加工"的环节。

6.3.2 延安时期"科学"在毛泽东革命话语中的修辞意义

1940年1月毛泽东在《新民主主义论》中开始将作为修辞语的"科学"与中国传统话语风格接轨，他说："科学的态度就是'实事求是'。"接着毛泽东强调"惟有科学的态度和负责的精神，能够引导我们民族到解放之路。"然后引申出："真理只有一个，究竟谁发现了真理，不依靠主观的夸张，而依靠客观的实践"。① 1941年5月19日毛泽东在《改造我们的学习》中详细解释了"实事求是"："'实事'就是客观存在着的一切事物，'是'就是客观事物的内部联系，即规律性，'求'就是我们去研究。"② "实事求是"至今仍是中国共产党的核心指导思想，它言简意赅地表述了严格按照客观事实思考和行事之义。毛泽东对"实事求是"的新释义既符合科学知识的形成原则也符合马克思主义的唯物辩证论。所以，毛泽东随后于1942年在《整顿党的作风》中说："马克思、恩格斯、列宁、斯大林是老实人，科学家是老实人。什么人是不老实的人？……一切狡猾的人，不照科学态度办事的人，……都是没有好结果的。"③ 毛泽东1941年在《改造我们的学习》中已强调，"马克思列宁主义是科学，科学是老老实实的学问"，"主观主义态度"是"反科学""反马克思列宁主义"的，与其相对的是"科学态度""马克思列宁主义的态度""实事求是的态度"。④ 在毛泽东的语境中，三种"态度"意义相通但层次不同，它们之间的逻辑关系是：中国共产党人"在马克思列宁主义一般原理的指导下"通过"实事求是"引出关于中国革命的"科学的结论"。⑤ 在这里，"科学的结论"其实就是马克思主义中国化的革命理论成果。

在《新民主主义论》的第三节中，毛泽东评价马克思关于"社会存在

---

① 毛泽东选集（第二卷）[M]. 北京：人民出版社，1991：662~663.
② 毛泽东选集（第三卷）[M]. 北京：人民出版社，1991：801.
③ 毛泽东选集（第三卷）[M]. 北京：人民出版社，1991：822.
④ 毛泽东选集（第三卷）[M]. 北京：人民出版社，1991：800~801.
⑤ 毛泽东选集（第三卷）[M]. 北京：人民出版社，1991：801.

决定人们的意识"之论断"是自有人类历史以来第一次正确地解决意识和存在关系问题的科学的规定"。① 对应同稿前文毛泽东关于"科学的态度"之定义，将此处的"科学"理解为"实事求是"是最贴切的。毛泽东随后于1942年在《整顿党的作风》中的论述也支持此义。他在该文中批判中国缺乏"科学形态的""真正科学的"理论时指出："马克思列宁主义是马克思、恩格斯、列宁、斯大林他们根据实际创造出来的理论，从历史实际和革命实际中抽出来的总结论。"② "实"是"实事求是"的起点，因此，毛泽东注重从"求实"的角度阐释"实事求是"。1945年5月31日毛泽东在《在中国共产党第七次全国代表大会上的结论》中讲解"实事求是问题"时强调："我们要以科学的精神、革命的现实主义，切切实实、一点一滴、一个一个地夺取敌人的阵地，这样才是比较巩固的"，此句承接前句"斯大林告诉我们，要学习美国人的实际精神，还有俄国人的革命气概，把二者结合起来"③，可见，此处的"科学"主要指"讲求实际"。所以，"科学"作为修辞语之于毛泽东的不同语境既可注解"事实求是"又可对应于"实事求是"。1948年6月3日针对"各地领导机关（包括中央局、区党委两级）对于报纸、通讯社等极端重要的宣传机关放弃领导责任，……，听任许多错误观点广泛流行"之情况，毛泽东指出必须以严肃的科学的态度对待宣传工作。④ 此处"科学的态度"即是与"听任许多错误观点广泛流行"相对立的"实事求是的态度"。

在《新民主主义论》的第十五节中，毛泽东指出"新民主主义的文化是科学的"，这种"科学的"新民主主义文化"是反对一切封建思想和迷信思想，主张实事求是，主张客观真理，主张理论和实践一致的。"⑤ 后面四个连续的定语都包含在"科学"的修辞意义之内。在这个意义上，"中国无产阶级的科学思想和中国还有进步性的资产阶级的唯物论者和自然科

---

① 毛泽东选集（第二卷）[M]. 北京：人民出版社，1991：664.
② 毛泽东选集（第三卷）[M]. 北京：人民出版社，1991：814.
③ 毛泽东文集（第三卷）[M]. 北京：人民出版社，1993：419.
④ 参见毛泽东为转发中共中央华东局1948年5月31日关于一年来办报情况给中宣部的报告写的批语《必须以严肃科学态度对待宣传工作》，《毛泽东文集》（第五卷），人民出版社1993年版，第101页.
⑤ 毛泽东选集（第二卷）[M]. 北京：人民出版社，1991：707.

学家"建立反对帝国主义的民族统一战线。① 毛泽东所说的"中国无产阶级的科学思想"应指"马克思主义思想"。因为，后来即 1945 年，毛泽东《在中国共产党第七次全国代表大会上的结论》中曾有这样的阐述："资产阶级在自然科学方面有很多好的预见，但在社会科学方面还是盲目的。只有产生了马克思主义，才对社会发展有了预见，……"②，而且，毛泽东于 1949 年 6 月 30 日在《论人民民主专政》中谈及马克思主义传入中国之前的资产阶级民主主义文化时，专门指出这种文化包括"社会学说和自然科学"，可见，毛泽东并不承认这种资产阶级民主主义"社会学说"是"社会科学"。毛泽东在《新民主主义论》中认为，"中国无产阶级的科学思想"代表着当时"全民族中百分之九十以上的工农劳苦民众"的文化诉求，所以，毛泽东将中国共产党倡导的新民主主义文化归结为"民族的科学的大众的"。③ 新民主主义是一种解放社会的主张，中华民族要挣脱外来压迫获得解放；"工农劳苦民众"要挣脱阶级压迫获得解放，"科学"则"是人们争取自由的一种武装"，此语出自 1940 年 2 月毛泽东《在陕甘宁边区自然科学研究会成立大会上的讲话》。在该文中毛泽东指出："人们为着要在自然界里得到自由，就用自然科学来了解自然"，"人们为着要在社会上得到自由，就要用社会科学来了解社会"。④ 毛泽东将"科学"的价值引申为"自由"，"自由"的使动化替代就是"解放"。那么，"科学"在"民族的科学的大众的"语境中与"民族独立""人民解放"就有了共通的价值内涵。1945 年 4 月 24 日毛泽东在《论联合政府》中多次强调"民族的、科学的、大众的文化"，并借此反对"少数人所得而私"的文化、"国民党的党化教育"，主张"几万万人民的个性的解放和个性的发展"。这些主张其实与"科学社会学之父"默顿所揭示的科学精神特质之"公有性""无私利性"⑤ 都有契合之处。

默顿揭示的科学精神共有四种特质，另外两种是"普遍性（主义）"

---

① 毛泽东选集（第二卷）[M]. 北京：人民出版社，1991：707.
② 毛泽东文集（第三卷）[M]. 北京：人民出版社，1993：394.
③ 毛泽东选集（第二卷）[M]. 北京：人民出版社，1991：708.
④ 毛泽东文集（第二卷）[M]. 北京：人民出版社，1993：269.
⑤ 〔美〕R. K. 默顿. 科学社会学：理论与经验研究（上册）[M]. 鲁旭东、林聚任译. 北京：商务印书馆，2003：369～375.

和"有条理（组织）的怀疑性（精神）"①，这两种特质在本书前面讨论的毛泽东的"科学"内涵中也有体现。但默顿所说的"科学"是指"自然科学"，而毛泽东政治话语中的"科学"不仅指"自然科学科学"，还几乎泛化到了"上层建筑"的所有领域。自然科学成果呈现为"价值无涉"的客观逻辑，这种客观性使自然科学成果独立于其创造者（科学家）的阶级、信仰、品质、种族、国籍等，由此奠定了科学家们的"普遍主义"精神特质。②自然科学范式是人文领域所有"冠名科学"的基本参照，尽管人文学科在"科学化"的进程中努力遵从客观性原则，但其研究对象和终极归宿又使其总或多或少地带有某种价值立场，这种状况在毛泽东的政治文本中也必然有所反映。1942年5月毛泽东《在延安文艺座谈会上的讲话》中指出："也应该容许各种各色艺术品的自由竞争；但是按照艺术科学的标准给以正确的批判"，进而使艺术水平向"高级"方向提升；使艺术"适合广大群众斗争要求"。③此处的"科学"有"规律"之义。接下来，毛泽东又强调艺术具有一定的独立性，"政治并不等于艺术"，"一般的宇宙观也并不等于艺术创作和艺术批评的方法"，但毛泽东所言"艺术科学的标准"绝对不可能像自然科学那样具有"普遍性"，按照毛泽东的艺术观，"我们的要求则是……革命的政治内容和尽可能完美的艺术形式的统一"。④然而，政治主张借助"科学"的名义威信加以申明的过程容易带来"科学"的意义僭越，1942年2月8日毛泽东在《反对党八股》中赞同"五四"科学、民主精神的马克思主义改造，反对"形式主义向右的发展"和"向'左'的发展"，针对"党八股"的"装腔作势，借以吓人"，毛泽东强调："科学的东西，随便什么时候都是不怕人家批评的，因为科学是真理，决不怕人家驳。"⑤"科学是真理"的命题是难以完全对应（自然）科学发展史的，任何科学定理的成立都有边界条件，比如：爱因斯坦的相对论证明牛顿定律只适用于物体运动远低于光速的范围内；量子力学

---

① 〔美〕R.K.默顿.科学社会学：理论与经验研究（上册）[M].鲁旭东、林聚任译.北京：商务印书馆，2003：365~369，375~376.
② 〔美〕R.K.默顿.科学社会学：理论与经验研究（上册）[M].鲁旭东、林聚任译.北京：商务印书馆，2003：366.
③ 毛泽东选集（第三卷）[M].北京：人民出版社，1991：869.
④ 毛泽东选集（第三卷）[M].北京：人民出版社，1991：869~870.
⑤ 毛泽东选集（第三卷）[M].北京：人民出版社，1991：835.

证明牛顿经典力学方法不适用于微观粒子运动状态的描述。科学家们崇尚"有条理的怀疑精神",这是科学发展的重要文化动力。如果按照毛泽东的"社会科学"观,将此处的"科学"等同于"马克思主义理论",这种符合当时中国革命境遇的"科学"确实是"真理",但人们日常观念中的"科学"毕竟还是"自然科学","科学是真理"的命题社会化容易造成空洞而盲目的科学崇拜。

6.3.3 新中国成立后"科学"在毛泽东执政话语中的修辞意义

纵观新中国成立之前"科学"在毛泽东革命话语中的修辞意义,它指代科学知识创造或具体科学方法的情况并不多,但它所指代的"条理化""依据事实""主观与客观相统一""认识与实践相统一""实事求是""反对迷信""规律"也基本都符合(自然)科学的"逻辑实证"特征。毛泽东革命话语中的"科学"修辞语又有价值引申意义,诸如"自由",这与(自然)科学精神也有契合之处。毛泽东革命话语中的"科学"修辞语也时常与"马克思主义"同义,马克思主义理论内在的方法体系确实与(自然)科学方法论有共通之处,从毛泽东的系列文本中可以看出,他有意强调马克思主义理论的出现才实现了社会研究的科学化,在"科学"意识已广受推崇的情况下,毛泽东作为一位努力灵活运用马克思主义理论改造中国社会的革命家,采取这种话语方式也是可以理解的,但相对于民众直观印象中的"科学"即"自然科学",同义于"马克思主义"的"科学"还是陌生的。

新中国成立之后,"科学"在毛泽东执政话语中的修辞意义基本沿承了其在革命话语中的意义。1952年7月10日毛泽东在《对军事学院第一期毕业学员的训词》中指出:"为了组织这种复杂的、高度机械化的、近代的战役和战斗,没有健全的、具有头脑作用的、富于科学的组织和分工的司令机关不行"。① 此句中的"科学"是军事意义上的"科学",其目标是发掘新式"战役和战斗"的规律,所以,此处"科学的"应指代"符合战争规律的"。1955年3月21日毛泽东在《在中国共产党全国代表会议

---

① 毛泽东文集(第六卷)[M]. 北京:人民出版社,1999:234.

上的讲话——开幕词》中所使用的"科学"修辞语也指"规律",只是这里的"规律"属于更广阔的范畴。他在此篇的结尾说:"这种乐观主义是有科学根据的。只要我们更多地懂得马克思列宁主义,更多地懂得自然科学,一句话,更多地懂得客观世界的规律,少犯主观主义错误,我们的革命工作和建设,是一定能够达到目的的"。① 显然,"科学根据"中的"科学"是指符合"客观世界的规律"。"科学"在毛泽东的执政话语中还指代独立于政治立场、意识形态的"规律"。1956年4月25日毛泽东在《论十大关系》中指出,我们应"坚决抵制和批判""外国资产阶级的一切腐败制度和思想作风",但我们可以"学习资本主义国家的先进的科学技术和企业管理方法中合乎科学的方面",这些"方面"表现为"用人少,效率高,会做生意"。② 这些"方面"有利于任何性质的企业,它们是把握客观经济规律的结果,所以,此处"合乎科学的"应指"符合客观经济规律的"。

　　注重"客观规律",必然"反对迷信"。1954年6月14日毛泽东在中央人民政府委员会第三十次会议上发表《关于中华人民共和国宪法草案》(以下简称《草案》)的讲话中指出,"宪法草案中删掉个别条文"不是"由于某些人特别谦虚","而是因为那样写不合适、不合理、不科学","科学没有什么谦虚不谦虚的问题","搞宪法是搞科学","我们除了科学以外,什么都不要相信,就是说,不要迷信"。③ 可见,"不科学"即"迷信"。毛泽东接着强调,"破除迷信",相信"正确的","批评"错误的,"才是科学的态度"。④ 毛泽东早前将"科学的态度"定义为"实事求是","事实求是"正是指一种"反对迷信"的行为倾向,符合此处语境。1958年5月20日毛泽东针对"有些干部"的"官僚主义""习气"在中共八大二次会议上发表《干部要以普通劳动者的姿态出现》的讲话,他指出,"如果你的官很大,可是真理不在你手里,也不能服从你",干部应"以科学的态度,以谦虚的态度,是正确的谦虚态度而不是虚伪的谦虚态度待人,以普通劳动者的姿态出现"。⑤ 此处"科学的态度"指"实事求是"

---

① 毛泽东文集(第六卷)[M]. 北京:人民出版社,1999:393.
② 毛泽东文集(第七卷)[M]. 北京:人民出版社,1999:43.
③ 毛泽东文集(第六卷)[M]. 北京:人民出版社,1999:330.
④ 毛泽东文集(第六卷)[M]. 北京:人民出版社,1999:330.
⑤ 毛泽东文集(第七卷)[M]. 北京:人民出版社,1999:378~379.

把握"真理"的态度,"科学"在这里与"正确的谦虚"并联,强调真理与价值的统一,《草案》中所说"科学没有什么谦虚不谦虚的问题"强调的是事实判断先于价值判断,两种"强调"并不矛盾。1963 年 12 月 16 日毛泽东在听取聂荣臻汇报十年科学技术规划时指出,"要有革命精神和严格的科学态度"①,此处"革命精神"与"科学态度"并联,则应强调的是政治热情与"实事求是"的统一,因为此前即 1963 年 5 月毛泽东在审阅《中共中央关于目前农村工作中若干问题的决定(草案)》时,曾于第十个问题处写道:"……的同志,并不懂得或者不甚懂得马克思主义的科学的革命的认识论,他们的世界观和方法论还是资产阶级的,或者还有资产阶级思想的残余"②,在毛泽东看来,马克思主义认识论兼具科学性和阶级革命性,所以,与"科学"并联的"革命"多表达政治立场。从此处也可以看出,毛泽东秉承着马克思主义理论范式是一种科学蓝本的观念。

毛泽东也秉承着"马克思主义是一种科学真理"的观念,这种真理"是不怕批评的"③,此语出自 1957 年 2 月 27 日毛泽东《关于正确处理人民内部矛盾的问题》(以下简称《问题》)。这个判断句不能抽离语境,毛泽东此话旨在强调马克思主义理论经得起考验,各种文化形态的繁荣"不会削弱马克思主义在思想界的领导地位"。④ 社会主义建设时期马克思主义理论在思想界的"领导化",伴随着毛泽东"社会科学"观的转变,毛泽东开始承认"资本主义国家""企业管理方法中"有"合乎科学的方面",也主张学习外国"社会科学的一般道理"⑤,但正如《问题》中所说,要"科学的分析""什么是真的毒草,什么是真的香花"⑥。"科学的分析"指非"教条主义"的"谨慎""辨别"⑦,其实就是经过实际调查的分析。这种分析既要参照具体学科标准,也要参照宏观的"六条政治标准",其中

---

① 毛泽东文集(第八卷)[M]. 北京:人民出版社,1999:351.
② 毛泽东文集(第八卷)[M]. 北京:人民出版社,1999:323.
③ 毛泽东文集(第七卷)[M]. 北京:人民出版社,1999:231.
④ 毛泽东文集(第七卷)[M]. 北京:人民出版社,1999:232.
⑤ 参见毛泽东《同音乐工作者的谈话》,《毛泽东文集》(第七卷),人民出版社 1993 年版,第 78 页。
⑥ 毛泽东文集(第七卷)[M]. 北京:人民出版社,1999:233.
⑦ 毛泽东文集(第七卷)[M]. 北京:人民出版社,1999:233.

第五条是"有利于巩固共产党的领导"①。用马克思主义原理及其学术方法指导"社会科学"是共产党巩固其思想文化领导的必然选择。1963年毛泽东在与聂荣臻商谈十年科学技术规划时强调,"社会科学也要有一个十年规划",但"社会科学的研究不能完全采用实验的方法","例如研究政治经济学不能用实验方法,要用抽象法,这是马克思在《资本论》里说的"。②此前(1959年12月至1960年2月毛泽东组织读书小组期间),毛泽东曾批评苏联版的《政治经济学教科书》"有许多观点是离开马克思主义的",与"唯物史观"脱节,"很少涉及上层建筑,即阶级的国家、阶级的哲学、阶级的科学"。③但是,"阶级的科学"如果包括"自然科学",则似乎有悖于马克思经典文本中的论述,马克思在《政治经济学批判(1857—1858年手稿)》中写道:"在固定资本中,劳动的社会生产力表现为资本固有的属性;它既包括科学的力量,又包括生产过程中社会力量的结合,最后还包括从直接劳动转移到机器即死的生产力上的技巧"。④而且,毛泽东也指出:"现在生产关系是改变了,就要提高生产力。不搞科学技术,生产力无法提高。"⑤"科学"到底属于"上层建筑"还是属于"生产力"呢?其实,(自然)科学的功能是多维的,它在文化上可以改变人们的思维方式和世界观;它应用于生产则会提高工作效率。前者属于思想上层建筑,后者属于生产力范畴。但阶级意识、科学的文化功能、科学的生产力功能之间并不存在线性的联动共进关系。1960年3月毛泽东指示要把"技术革命群众运动""引导到正确的、科学的、全民的轨道上去"⑥,这种运动的目的是促进生产,此处"科学的"应指"符合(自然)科学本身属性的"。然而,史实已证明群众运动式的革命热情往往与科学理性背道而驰,"全民"参与"技术革命"的热潮最终演化成了阶级情感的宣泄。实质性技术创新的集体涌现需要科学知识的真正普及。

---

① 毛泽东文集(第七卷)[M]. 北京:人民出版社,1999:234.
② 毛泽东文集(第八卷)[M]. 北京:人民出版社,1999:351~352.
③ 毛泽东文集(第八卷)[M]. 北京:人民出版社,1999:138.
④ 马克思恩格斯选集(第二卷)[M]. 北京:人民出版社,2012:792.
⑤ 毛泽东文集(第八卷)[M]. 北京:人民出版社,1999:351.
⑥ 毛泽东文集(第八卷)[M]. 北京:人民出版社,1999:152~154.

6.3.4 "科学"进入毛泽东政治话语的历史背景及其社会影响

"科学"作为修辞语进入中国现代①政治话语的渊源可追溯到新文化运动,"科学"与"民主"是新文化运动的主题,两者并提使"科学"具有了提携"民主"的政治意义。尽管五四运动时期出现了保守主义②、社会主义和自由主义三足鼎立的思想格局,但对"科学"持批判态度的保守主义者们试图重树的古典伦理无法匹配现代社会秩序要求的合法性价值。所以,在"五四"以后的"科学"与"玄学(理学)"之争中,张扬"科学"的共产主义知识分子和自由主义知识分子占据了上风,"科学"的声誉获得进一步提升。当时,已转向共产主义的陈独秀以唯物史观为"科学"辩护,这与毛泽东的立场一致。毛泽东在其1937年撰写的经典作品《矛盾论》中将中国传统"玄学"等同于"形而上学"③,为反对形而上学"孤立、静止、片面"的宇宙本体论,并澄清世界在普遍的矛盾中不断变化,毛泽东引用恩格斯和列宁在自然科学中发现的辩证法进行佐证。

毛泽东的论证方式也是一种马列主义科学观的中国化形态。这种中国化形态发端于陈独秀的信仰转向。作为《新青年》的创办者和主要撰稿人之一,陈独秀是新文化运动当之无愧的旗手。1919年初陈独秀还认为中国当时面临的所有社会问题都可以通过"科学"与"民主"解决,但同年4月底出炉的《凡尔赛和约》给予中国这个战胜国的耻辱,极大地刺激了包括陈独秀在内的主张学习西方的知识分子,他们认识到世界大战的结局并非"公理战胜强权"。随着对西方摹本的幻灭,"五四"之后,几乎所有与西方主流意识形态相对立的思想在中国都获得了同情,其中脱胎于俄罗斯民粹主义思潮的新村主义、泛劳动主义、互助主义、工读互助主义最具影响力。然而,依托俄罗斯古典村社体制的民粹主义虽具有反西方主流政治模式的"社会主义"外形,却不像马列主义那样具有改造社会的现实可行

---

① 此处的"现代"不是历史分期概念,指"现代化"。
② "保守主义"是指当时宣扬中国传统文化价值优越性的思想主张。"五四"时期,随着中国民族主义热情的高涨以及第一次世界大战引发的西方文明危机,以孔、老、墨为代表的中国传统文化被一批中国学者重新确认,这批学者通过护存中国传统文化价值来重建终极关怀,当时其代表人物有杜亚泉、梁启超、吴宓、梅光迪、柳诒徵、梁漱溟等。
③ 毛泽东选集(第一卷)[M].北京:人民出版社,1991:300.

性，因此，在中国知识分子出现理想真空时俄国民粹主义满足了他们一时的乌托邦情绪之后即被疏离，许多激进的中国知识子进而转向了俄式马列主义。加之，苏俄政府在巴黎和会后不久即宣布废除沙俄政府与中国签订的一系列不平等条约，中国知识分子益愈移情苏俄。毛泽东认为，"这时，……中国人从思想到生活，才出现了一个崭新的时期"①。

　　苏俄垂范的马列主义引发了中国知识分子的进一步分化，1919年夏天的"问题与主义"之争凸显了共产主义知识分子与自由主义知识分子的分途，此后，陈独秀逐渐转向马克思主义，并开始筹建共产党组织。改宗共产主义之后的陈独秀并未改变其拥戴"科学"的基本立场，这一点与自由主义知识分子一致，因为，马克思主义也是一种现代化主张，科学则是现代化的文化动力。在世界现代化进程中，科学是无可替代的主流文化形态，马克思、恩格斯这些经典作家曾努力将自然科学成果有机地融入其理论体系，恩格斯创作的《自然辩证法》就是通过全面反思自然科学来明证马克思主义哲学思维的标志性成果。马克思和恩格斯用"科学"定义他们的事业追求、学术活动、研究成果，他们的核心思想成果被命名为"科学社会主义"。在恩格斯看来，马克思不但是一位思想家、革命家，也是一位发现"人类历史的发展规律""资产阶级社会的特殊的运动规律"，关注并参与自然科学研究的"科学家"。②在马克思经典作家的语境中，"科学"并未超出"解释世界客观逻辑"的范畴，这种逻辑需要实证，即"逻辑实证"。1937年的毛泽东认为"对社会的认识变成了科学"是马克思主义的科学③，这种"科学"的形成主要是他们参加了当时的阶级斗争和科学实验的实践。④毛泽东当时的论述强调的是"马克思主义的科学"的"实证"性，这符合前述经典作家的语用范畴。但在陈独秀式的马克思主义中"科学"却是所有正面价值的化身，陈独秀的政治实践路线虽然在1927年以后被新的党中央全面纠拨，然而，他作为中共创始人之一，其并不具有路线特征的科学观却会以语用惯习的潜在形式附丽于中共话语体

---

① 参见毛泽东《论人民民主专政》，《毛泽东选集》（第四卷），人民出版社1991年版，第1470页。
② 马克思恩格斯选集（第三卷）[M]．北京：人民出版社，2012：1002~1004.
③ 参见毛泽东《实践论》，《毛泽东选集》（第一卷），人民出版社1991年版，第283~284页。
④ 参见毛泽东《实践论》，《毛泽东选集》（第一卷），人民出版社1991年版，第287页。

系，这对毛泽东不无影响。正如毛泽东 1945 年在《中国共产党第七次全国代表大会的工作方针》中所言："他是五四运动时期的总司令……我们那个时候学习作白话文，听他说什么文章要加标点符号，这是一大发明，又听他说世界上有马克思主义。我们是他们那一代人的学生。"[①] 可见，陈独秀作为中国新式文本体例的重要开创者之一，必然影响毛泽东的话语表达转型。

陈独秀从"民主主义"到"共产主义"的范式转变过程中，其崇拜"科学"的热情始终如一，但这种带有强烈政治使命的崇拜导致"科学"的价值功能和意识形态功能遮盖了"科学"的知识功能。陈独秀的科学观代表了当时中国思想界的主流科学观，这种科学观社会化的后果是科学知识的普及远落后于"科学"在民众思想中的价值赋义和意识形态化。除了保守主义思想阵营与"科学"保持距离外，中国当时所有的思想派别都拥戴"科学"，但是，"科学"严肃的知识本体特征模糊化之后，它就很容易沦为任一思想派别修辞自身主张合理性、合法性、正义性的概念标签，这就很容易造成"科学"名义下的非科学性活动。俄式民粹主义虽缺乏实践性魅力，但它调动起来的民粹主义情绪混杂着中国传统的"大同"思想和依托小农经济的"平均主义"情结，也渗入"五四"前后的"科学"崇拜浪潮。而"科学"在"五四"前后被以价值功能优先、意识形态功能优先的形式推广，本身就会激发民粹主义科学观。掌握科学知识的水平会因个体的智力差异和努力程度呈现出高低不同，但"科学"崇拜的情绪却很容易在群体中均势化蔓延，这就为"科学崇拜"与"人民崇拜"的联袂铺垫了文化基础。这是民粹主义科学观嫁接政治现实的历史形变。当民粹主义科学运动颠覆正常的科学建制、科学家共同体时，科学精神也随之无所附依，"科学"也就成为一个空心化的价值定义。"科学"从无所不包的正面价值赋义到价值空心化，这是中国政治化科学观历史演化的一体两面，无论哪一面都会带来"科学"在价值语用上过多的理解想象。虽然这种"想象"并不会导致毛泽东的政治话语被误解，但会滞缓受众的心理回应，进而影响政治导向的明确，所以，在我国的政治话语发展史中"科学"被泛化的修辞意义应向"科学"的本体意义回归。

---

① 毛泽东文集（第三卷）[M]. 北京：人民出版社，1996：294.

6.4 中国民粹主义科技观的历史形变及其社会影响

民粹主义科学观作为"科学"概念在语用修辞意义上被泛化的重要背景，反映出大众期望掌握"科学"的主体意识。由于科学技术的一体化，这种主体意识通常涵盖"科学与技术"两个联通范畴，即科技活动。新中国成立以后，在人民当家做主的政治语境中，具有精英特征的科技人员共同体面临大众化改造的社会诉求。这种改造在实施过程中表现出大众参与科技活动、科技发展服务大众等积极形式。然而在20世纪五六十年代，随着群众性政治运动的高涨，科技发展规律经常性地让位于普通民众的主观价值理想，强调科研主体均等化的民粹主义科技观获得广泛社会认同，合理的科研建制遭到破坏。改革开放以后，知识分子合理的社会身份重新得到确认，成建制的科技工作恢复正常，但民粹主义科技观在民间依然有广大信众，这成为各种伪科学活动得以扩散的文化温床。民粹主义科技观是民粹主义思想、民粹主义策略、民粹主义社会运动作用于科技活动后所产生的一种关于科学技术的总体看法，它属于民粹主义精神的分支形态。民粹主义精神是在反对精英主义的社会运动中逐渐生成的。精英主义者一般认为，精英是社会竞争的产物，社会发展需要竞争，社会进步必然产生精英。但是，当精英族群日益固化时，社会分层的对流就会阻滞，随着底层民众不满情绪的积聚，精英共同体居于优越位势的合法性就会遭到普遍质疑。自秦末农民起义提出"王侯将相宁有种乎"以来，人人皆能改变社会政治格局的思想，就成为历代农民革命爆发的精神支柱。然而，以能力分层为基础的革命组织架构及其衍生的社会秩序，又不可能将权力平均分配给每个参与革命的农民，因此，主张平均社会资源的民粹主义思想虽然能激发社会运动，却不能转化为社会运动的现实成果。

民粹主义思想能调动民众，还与一种"集体的无意识"的社会心理现象密切相关，即受到某种情绪感染的人群中个体会逐渐丧失自己独立的理性思考和判断，由此迅速形成一种均质化的合力。个体进入"集体的无意识"状态，既有主动也有被动。就被动而言，我们一般会有过这样一种社会体验：当自己的观点与群体意见不合时，出于集体归属的需要，自己会逐渐妥协直至放弃己见，选择跟从群体。无论主动还是被动，个体都会"隐匿"于群体。因此，个体在大规模群体性事件中往往认为自己不用独立承担相应的社会责任，所以，许多个体在群体性事件中表现出偏离主题的过激行为，往往只是借助集体庇护发泄自身不满。正是在这个意义上，法国 19 世纪的著名社会心理学家古斯塔夫·勒庞（Gustave Le Bon）将"集体的无意识"人群称为"乌合之众"。因为"集体的无意识"，盲从的民众只是一个个同质化个体组成的群体，这种群体智商低于个体。"集体的无意识"也是民粹主义科技观存在的社会心理基础。在民众普遍认同"科学"但又缺乏专业的科学规则判别力时，一些投机者就会打着"科学"的旗号去神化包装一些所谓的"超常能力"，制造一种人人皆可能潜藏并激活某些"超常能力"或人人皆可能快捷地被某些"超常能力"所惠及的假象，进而带动群体性的迷信盲从，甚至一些职业科研人员也会被引入其中。

群体性迷信盲从使个体选择同质化，这正是造"神"的需要。改革开放以后，社会上相继出现一批顶着"科学"招牌的"神"，他们经常以"特异功能者""气功大师""神医"等称谓面世。20 世纪八九十年代伴随着纸媒的频频报道，我国兴起"特异功能"热潮，社会上涌现了一批具有特异功能之人士。所谓的"特异功能"后经验证都是魔术表演或通同作弊，将其作为研究对象只能浪费科技资源，扰乱正常的科研秩序。所谓的"气功大师"，常通过杜撰"伪科学"逻辑和事实骗取受众信任，其活动的根本目的是敛财或享受特殊的社会待遇，当蛊惑门徒过多时，随着精神控制范围的扩大，还会危害国家安全，20 世纪末出现的"法轮功"事件就是典型。至于"神医"则是被"包装"后的江湖骗子，"神医"经过某些纸媒的报道渲染以及个别知名作家的文学作品神化，加之某些地方利益集团推动，误导广大患者，而事实上，他们不但不能救死扶伤，反而会加重患者病情，甚至"医"死患者，从 20 世纪 90 年代中期延续到 2013 年的胡万林非法行医事件就是典型，这已严重危害到公共安全。民众对现代科技的依赖日益增加，他们渴望通过科技手段迅速改善生活状况，但真正的科研活动从来不是一蹴而就的事业，它不可能同步于民众日益攀高的生活期望。那些迎合民众急进需求、贴着科学标签的"特异功能""气功""神医"等伪科学活动注定是对大众的愚弄和伤害。这些伪科学活动的核心道具都是些在正规科学程序中"既不能被证实又不能被证伪"的"超常能力","既不能被证实又不能被证伪"的设想,不是科学的研究对象。但这并不妨碍人们在已有科技成果的基础上展开联想,然而,这种联想已不属于科学范畴,却经常被误认为是"科学原理的运用"。比如相对论和量子力学这些超出日常经验范围的科学认知,近年来经常被某些人比附性地用以解释一些在人类社会流传千年的神秘臆想,这完全在科学的边界之外,却使科学真理的明晰呈现被玄幻色彩所蒙蔽,为那些比附真科学的伪科学制造了粉墨登场的机会。

真科学是客观地祛魅,伪科学却是主观地赋魅,主观意向优先于可实现性判断,正是民粹主义科技观联通伪科学活动的枢纽。就主观意愿而言,相对于伪科学,民粹主义科技观主要源于正面诉求。正如民粹意识在当代中国流行的原因是贫富差距拉大造成阶层之间的隔阂加重,财富阶层基本上被认为通过权力寻租和官商勾结等不正当手段攫取了本属于民众共有的资源。在科学家共同体中也同样存在着资源分配不公的现象,也就是前文曾提及的"马太效应",即科学家共同体会因科学家的声望大小而产生一种分层结构,在这种分层结构中,知名科学家和普通科研人员相同的科学贡献会受到不同的社会关注,进而使知名科学家的威望和优势地位不断被强化,一些新人的贡献却因缺乏认同而被长期埋没。这种状况会导致科学资源向少数人集中,这就意味着许多"天才"失去了发挥科研特长的平等机会。当科学家共同体内在的金字塔式权威结构限制了底层人员平等参与科研的机会时,民粹主义作为一种反权威的激进主张就会萌生。但民粹主义的"平均"思想具有排斥竞争的保守性,并不符合科技创新的现实逻辑,纾解"马太效应"应从实现"机会平等"入手,因此,民粹主义科技观不具有推动科技进步的现实可行性。

6.5 经济理念驱动中国现代科技发展

民粹主义科技观在改革开放以后能转化为各种伪科学活动涌现的文化温床,也与科研工作市场化带来的急功近利风气相关,但在当时科技发展服务经济建设也是必然选择。20世纪70年代末期,随着中美关系缓和,以及中共十一届三中全会的召开，中国开始对内改革，对外开放。随着邓小平提出"科学技术是第一生产力"的命题，1982年我国确立了"经济建设必须依靠科学技术，科学技术必须面向经济建设"的科技发展指导方针，这为科技体制改革的起步做了思想准备。1992年中国经济体制开始迈进社会主义市场经济的新阶段，为配合这一举措，政府发布《国家中长期科学技术发展纲领》，重点是调整组织结构，鼓励广大科技人员面向国民经济建设主战场。1995年5月6日中共中央、国务院发布了《关于加速科技进步的决定》，提出"稳住一头、放开一片"的重要方针。所谓"放开一片"，就是要放开、搞活与经济密切相关的技术开发和技术服务机构，使其以多种形式、多种渠道与经济结合。① 这些机构运行要以市场机制为主，它们除按照竞争机制承担政府的研究开发任务以外，主要按照市场需求进行研究开发、技术服务、技术承包和技术成果商品化、产业化活动。1998年国务院决定对国家经贸委管理的10个国家局所属的242个科研院所进行管理体制改革，发布《关于加强技术创新，发展高科技，实现产业化的决定》。文件指出，要广泛开展国际交流与合作，把自主研究开发与引进、消化吸收国外先进技术相结合，防止低水平重复；加强国家高新技术产业开发区建设，形成高新技术产业化基地；支持发展高等学校科技园区，使产、学、研更加紧密地结合；国家通过创新基金支持多种形式的民营科技企业。纵观科技体制改革历程，其理念就是调动所有科研资源服务经济建设的潜力。国家科技体制改革推动科技发展与经济发展结合，高新科技民营企业大量涌现，市场经济日趋繁荣，但许多科研机构被截断财政支持、推向市场后无所适从，没有明显市场效益的基础性科研受到冷落，急功近利的浮躁风气开始盛行，致使基础性科研方能带动的许多原创性核心技术长期依赖进口。

在我国的高新技术企业中，发展最快的当属互联网企业，像阿里巴巴、腾讯、百度、京东、拼多多等互联网企业提供的服务已成为国民生活的必需。网络购物、扫码支付、共享单车这三样与互联网密切相关的新生事物，连同高速铁路被称为中国的"新四大发明"。高速列车的生产技术原引进自日、德、法等国，但现在高速列车不仅实现了国产化，还在关键

---

① 陈凡，李兆友. 现代科学技术革命与当代社会 [M]. 沈阳：东北大学出版社，2004：165.

技术上进行创新，使列车性能超越原有技术水平。例如，日本川崎原型车的车头由多块钢板焊接而成，我国制造的车头则是利用水压机一次锻造成型；我国还利用风洞测试结果对原型车头的形状进行了改进，由此可窥见我国制造技术水平的提升。在网络购物方面，阿里巴巴开创了不同于美国亚马逊的经营模式，其网络平台是为买卖双方提供交易平台并附带监管，为配合这种交易，阿里巴巴研发出本公司特有的在线支付软件，即"支付宝"，今天我们日常生活中产生的水、电、燃气等费用都可通过"支付宝"在智能手机上随时随地完成支付，它也是国民现在"扫码支付"的主要工具，能与之抗衡的是"微信支付"。"微信"是腾讯公司研发的一款主要在智能手机上供客户使用的网络社交软件，随着移动互联网的不断扩展，它已成为国民不可或缺的通信方式，凭借移动网络的便捷优势，"微信支付"成为普及化的"扫码支付"工具之一。

"支付宝"和"微信支付"的普及，使中国人几乎告别了现金，可谓是一项创举，在这方面美国作为头号科技强国远不如中国，但这并不能说明美国研发手机支付软件的能力不足。前文中提及的美国企业科技创新领军人物马斯克，1999年就已研发出网络在线支付工具"PayPal"，现已成为全球使用最广泛的第三方支付工具之一。而阿里巴巴旗下的"支付宝"于2003年才推出，"微信支付"的上线时间则为2013年。"PayPal"迁移到移动网络客户端非常容易，之所以没有流行，是由于美国人的生活习惯等原因使这项技术缺乏广泛需求，而非研发能力的缺乏。由此也可看出，我国的互联网企业已由模仿国外走向适应国情的自主创新，然而，在基础性技术的研发上这些企业仍缺乏关注和投入，像手机支付软件搭载的操作系统仍由美国原创和主导，同为互联网企业的美国谷歌公司领导开发了现今全球使用最广泛的安卓操作系统。基础性研发受到关注的前提条件是市场逻辑与科学精神的融合。

6.6 中国现代科技发展需要增强文化理念驱动

关于科技领域的基础性研究和原创性成果，习近平总书记在十九大报告中曾强调："要瞄准世界科技前沿，强化基础研究，实现前瞻性基础研究、引领性原创成果重大突破"①，前瞻性基础研究、引领性原创成果需要符合现代科学精神的文化理念驱动。由前文可知，在西方，贯彻文化理念的科技创新主要集中于大学，其主要成果形式是基础性科学的突破，这是科技创新具有原创性的根本，也是在科技竞争中占据制高点的关键，但其潜在价值往往是政治和经济逻辑无法预见的。驱动科技创新的文化理念能在一定程度上抵御政府对科技发展的"专断"和产业科技的"急功近利"。② 中国现代科技的发展历程与西方对比，两者驱动理念的出现顺序正好相反。西方现代科技发展始于文化理念的驱动，随后依次是经济理念和政治理念的介入；中国现代科技发展始于政治理念的驱动，随后是经济理念的加入，文化理念至今则相对薄弱。两种相反的发生机制都是不可逆的历史过程，正如"路径依赖"理论所揭示，一个系统一旦进入某一路径，该系统在演化过程中就会依赖以前的路径，"路径依赖"反映出系统对初始条件的"敏感"。③ 但这并不意味着西方的演进模式天然优于中国，中国在科技发展上赶超西方无望。

在我国当前已有的发展路径上，增强文化理念对科技发展的驱动是实现"逆袭"的关键，这就要求文化理念驱动的科技发展模式在成长机会上，能与政治理念和经济理念驱动的科技发展模式相平衡。当前，这种成长机会在我国可主要通过改变高等教育政策和科研基金分配比例来实现。高等教育界是文化传承、人才培养和科技研发的主场，当前高校的学科设置、培养方案、科研规划都受到市场效应的引导，使基础性学科萎缩。基础性学科是科研立场、观点和方法的根本所在，国家应在政策上鼓励高校培养基础性学科人才和发展基础性科研。科研基金尤其是国家级科研基金应向基础性科研倾斜，科研基金的决策机构和评审组织应适当增加基础性科研人员的话语权。我国科技发展的资源布局现已向基础性研究倾斜，最为典型的投入是 500 米口径球面射电望远镜（FAST）的建成。FAST 是目前世界上口径最大、最精密的单天线射电望远镜，它能为宇宙大尺度物理

---

① 习近平. 决胜全面建成小康社会 夺取新时代中国特色社会主义伟大胜利［M］. 北京：人民出版社，2017：31.
② ［美］伯纳德·巴伯. 科学与社会秩序［M］. 顾昕等译. 北京：生活·读书·新知三联书店，1991：86-87.
③ 吴彤. 复杂性的科学哲学探究［M］. 呼和浩特：内蒙古人民出版社，2007：198-199.

学、物质深层次结构和规律等基础性研究领域的突破提供高效的技术支持，该设备的建成也展现出我国对高科技原始创新力的倾注。FAST虽然具有我国独立自主的知识产权，但我国却将其定位为促进人类科学进步的共享技术，2018年美国加州大学伯克利分校地外文明研究团队为FAST研发的地外文明搜索设备，成功加装在FAST上，开启了以FAST为基础的国际科研合作与交流，体现出"科学无国界"的现代科学精神，也符合习近平总书记提出的人类命运共同体理念。在未来，FAST带动的国际科研合作与交流，将展现出更多超越国家间利益分歧的人类命运共同体意蕴。通过诸如FAST这样的建设，促进没有直接经济效益的基础性科研，能保障学科体系链的完整，为国家未来战略和产业创新前景提供广阔的科技选择空间，随之充实的文化理念又能预防学术投机给国家和产业科研投入造成浪费。政治理念、经济理念、文化理念对科技创新的驱动互为条件，任何一方的欠缺都会限制其他方面的功能实现。我国的现状是文化理念相对薄弱，因此，驱动科技创新的文化理念广泛社会化，是我国成为科技强国的必由之路，这一过程又会提升我国的文化软实力，增强我国的文化自信。

参考文献

〔英〕A. N. 怀特海. 科学与近代世界［M］. 何钦译. 北京：商务印书馆，1989.

〔美〕阿尔伯特·爱因斯坦. 爱因斯坦文集（第一卷）［M］. 许良英，范岱年译. 北京：商务印书馆，1976.

〔法〕阿敏·马洛夫. 阿拉伯人眼中的十字军东征［M］. 彭广恺译. 台北：河中文化实业有限公司，2004.

〔法〕埃德加·莫兰. 复杂性思想导论［M］. 陈一壮译. 上海：华东师范大学出版社，2008.

〔德〕埃德蒙德·胡塞尔. 欧洲科学危机和超验现象学［M］. 张庆熊译. 上海：上海译文出版社，1988.

白利鹏. 历史复杂性的观念［M］. 北京：中国社会科学出版社，2009.

包平，王利华. 略述中国近代农业教育体系的创立（1897～1937）［J］. 中国农史，2002，21（4）：33-38.

〔南非〕保罗·西利亚斯. 复杂性与后现代主义：理解复杂系统［M］. 曾国屏译. 上海：上海科技教育出版社，2006.

〔美〕伯纳德·巴伯. 科学与社会秩序［M］. 顾昕等译. 北京：生活·读书·新知三联书店，1991.

蔡云辉. 城乡关系与近代中国的城市化问题［J］. 西南师范大学学报（人文社会科学版），2003，29（5）：117-121.

陈波，陈巍，丁峻. 具身认知观：认知科学研究的身体主题回归［J］. 心理研究, 2010, (4): 3-12.

陈凡, 李兆友. 现代科学技术革命与当代社会 [M]. 沈阳: 东北大学出版社, 2004.

陈方正. 继承与叛逆——现代科学为何出现于西方 [M]. 北京: 生活·读书·新知三联书店, 2009.

程歗. 晚清乡土意识 [M]. 北京: 中国人民大学出版社, 1990.

David A. Hounshell. 爱迪生和十九世纪美国的纯粹科学观念 [J]. 傅学恒译. 世界科学, 1981, (2): 47-52.

[美] 戴维·哈维. 后现代的状况——对文化变迁之缘起的探究 [M]. 阎嘉译. 北京: 商务印书馆, 2004.

[英] 戴维·赫尔德等. 全球大变革: 全球化时代的政治、经济与文化 [M]. 杨雪冬等译. 北京: 社会科学文献出版社, 2001.

窦忠如. 王国维传 [M]. 天津: 百花文艺出版社, 2007.

杜维明, 黄万盛. 启蒙的反思 [J]. 开放时代, 2005, (3): 5-22.

杜小军. 从学界观点看日本经济"平成萧条"的成因 [J]. 生产力研究, 2008, (18): 95-96.

段琦. 论当代美国基督教中的反进化论思潮 [J]. 世界宗教研究, 2002, 24 (3): 77-87.

段治文. 当代中国的科技文化变革 [M]. 杭州: 浙江大学出版社, 2006.

恩格斯. 自然辩证法 [M]. 北京: 人民出版社, 1971.

方锦清, 汪小帆, 刘曾荣. 略论复杂性问题和非线性复杂网络系统的研究 [J]. 科技导报, 2004, (2): 9-12.

封颖. 中国科技体制的历史回顾与当前面临的两个核心问题 [J]. 科技创新月刊, 2006 (1): 29-30.

冯昭奎. 日本成为"世界老二"的前因后果 [J]. 日本学刊, 2011, (2): 67-80.

顾基发, 唐锡晋. 综合集成方法的理论及应用 [M] // 北京大学现代科学与哲学研究中心. 复杂性新探. 北京: 人民出版社, 2007.

郭爱民. 土地产权的变革与英国农业革命 [J]. 史学月刊, 2003 (11): 68.

郭建良. 维基解密下的众生相——国际主流报纸对维基解密新闻图片的使用 [J]. 新闻记者, 2011, (1): 93-96.

参考文献

郭元林. 论复杂性科学的诞生 [J]. 自然辩证法通讯, 2005, 27 (3): 53-58.

国家教委社会科学研究与艺术教育司. 自然辩证法概论 [M]. 北京: 高等教育出版社, 1991.

﹝德﹞H. 哈肯. 信息与自组织——复杂系统的宏观方法 [M]. 郭治安译. 成都: 四川教育出版社, 1988.

﹝美﹞H. 伊夫斯. 数学史概论 [M]. 欧阳绛译. 太原: 山西人民出版社, 1986.

﹝英﹞赫·乔·韦尔斯. 世界史纲——生物与人类的简明史 (下卷) [M]. 吴文藻, 谢冰心, 费孝通等译. 桂林: 广西师范大学出版社, 2001.

﹝美﹞赫伯特·马尔库塞. 单向度的人: 发达工业社会意识形态研究 [M]. 马继译. 上海: 上海译文出版社, 1989.

﹝德﹞赫尔曼·哈肯. 协同学——大自然构成的奥秘 [M]. 凌复华译. 上海: 上海译文出版社, 2001.

黄欣荣, 吴彤. 复杂性科学兴起的语境分析 [J]. 清华大学学报 (哲学社会科学版), 2004, 19 (3): 38-45.

﹝英﹞J. D. 贝尔纳. 科学的社会功能 [M]. 陈体芳译. 桂林: 广西师范大学出版社, 2003.

﹝英﹞J. D. 贝尔纳. 历史上的科学 (上册) [M]. 伍况甫译. 北京: 科学出版社, 1959.

﹝英﹞J. D. 贝尔纳. 历史上的科学 (下册) [M]. 伍况甫译. 北京: 科学出版社, 1959.

﹝英﹞J. F. 斯科特. 数学史 [M]. 侯德润, 张兰译. 北京: 商务印书馆, 1981.

﹝法﹞吉尔·德勒兹, 费利克斯·伽塔里. 反俄狄浦斯: 资本主义与精神分裂症 (节选), 王广州译 [M] // 汪民安, 陈永国, 马海良. 后现代性的哲学话语. 杭州: 浙江人民出版社, 2000.

计海庆. "维基解密": 越界的信息自由 [N]. 文汇报, 2010-12-13 (05).

﹝英﹞卡尔·波普尔. 客观的知识——一个进化论的研究 [M]. 舒炜光等译. 杭州: 中国美术学院出版社, 2003.

﹝美﹞科佩尔·S. 平森. 德国近代史: 它的历史和文化 (上册) [M]. 范

德一译. 北京: 商务印书馆, 1987.

匡跃平. 从日本的技术战略看其化学工业的发展 [J]. 石油化工技术经济, 2000, 16 (2): 49-53.

乐宁. 李比希: 振兴德国化学工业的巨擘 [J]. 自然辩证法通讯, 1983, (3): 69-79.

[法] 勒内·托姆. 突变论: 思想和应用 [M]. 周仲良译. 上海: 上海译文出版社, 1989.

黎仁凯, 姜文英等. 直隶义和团运动与社会心态 [M]. 石家庄: 河北教育出版社, 2001.

李伯聪. "我思故我在"与"我造物故我在"——认识论与工程哲学刍议 [J]. 哲学研究, 2001 (1): 21-24.

李伯聪. 工程共同体中的工人——"工程共同体"研究之一 [J]. 自然辩证法通讯, 2005, 27 (5): 64-69.

李伯聪. 工程伦理学的若干理论问题——兼为"实践伦理学"正名 [J]. 哲学研究, 2006 (4): 95-100.

李存山. 莱布尼茨的二进制与《易经》 [J]. 中国文化研究, 2000, 8 (3): 139-144.

李刚. 恩格斯对科学技术哲学的重大贡献 [J]. 西南师范大学学报 (人文社会科学版), 2006, 32 (2): 84-88.

李工真. 纳粹德国流亡科学家的洲际移转 [J]. 历史研究, 2005, (4): 143-164.

李磊. 科学技术的现代面孔——国家科技与社会化认知 [M]. 北京: 人民出版社, 2006.

李丽. 科学主义的本土化特质 [J]. 自然辩证法通讯, 2010, 32 (5): 81-85.

李水根. 分形 [M]. 北京: 高等教育出版社, 2004.

李文林. 数学史概论 (第二版) [M]. 北京: 高等教育出版社, 2002.

李喜先. 技术系统论 [M]. 北京: 科学出版社, 2005.

李喜先. 科学系统论 [M]. 北京: 科学出版社, 2005.

李翔. 维基解密: 信息恐怖主义抑或信息的民主化 [N]. 经济观察报, 2010-12-06 (16).

李永芳. 清末农会述论 [J]. 清史研究, 2006 (1): 1-16.

李忠．迭代　混沌　分形［M］．北京：科学出版社，2007．

梁国钊．爱迪生科学研究方法的特点［J］．学术论坛，1988，(4)：27-31．

（清）梁廷楠．南汉书［M］．广州：广东人民出版社，1981．

林夏水．分形的哲学漫步［M］．北京：首都师范大学出版社，1999．

刘大椿．科学技术哲学导论［M］．北京：中国人民大学出版社，2000．

刘二中．电气化技术的开拓者：尼古拉·特斯拉［J］．自然辩证法通讯，1997，19（3）：64-72．

刘华杰．分形之父芒德勃罗［J］．自然辩证法通讯，1998，20（1）：55-64．

刘劲杨．哲学视野中的复杂性［M］．长沙：湖南科技出版社，2008．

〔美〕刘易斯·芒福德．技术与文明［M］．王克仁，李华山译．北京：中国建筑工业出版社，2009．

〔英〕罗素．西方哲学史（上卷）［M］．何兆武，李约瑟译．北京：商务印书馆，2005．

罗文东．论现代社会意识形式的人道主义［J］．社会科学辑刊，2001，23（6）：36-40．

〔德〕M．艾根，P．舒斯特尔．超循环论［M］．曾国屏，沈小峰译．上海：上海译文出版社，1990．

〔美〕M．克莱因．数学：确定性的丧失［M］．长沙：湖南科技出版社，1997．

马丁·特罗．从大众高等教育到普及高等教育［J］．濮岚澜译．北京大学教育评论，2003，1（4）：5-16．

马克思．1844年经济学哲学手稿［M］．刘丕坤译．北京：人民出版社，1985．

马克思恩格斯选集（第二卷）［M］．中共中央编译局编译．北京：人民出版社，2012．

马克思恩格斯选集（第三卷）［M］．北京：人民出版社，2012。

马克思恩格斯选集（第一卷）［M］．北京：人民出版社，1995．

马克思恩格斯选集（第四卷）［M］．北京：人民出版社，1995．

〔德〕马克斯·韦伯．新教伦理与资本主义精神［M］．于晓，陈维纲等译．北京：生活·读书·新知三联书店，1992．

〔英〕迈克尔·波兰尼．个人知识：迈向后批判哲学［M］．许泽民译．贵阳：贵州人民出版社，2000.

毛泽东文集（第一至二卷）［M］．北京：人民出版社，1993．

毛泽东文集（第三至五卷）［M］．北京：人民出版社，1996．

毛泽东文集（第六至八卷）［M］．北京：人民出版社，1999．

毛泽东选集（第一至四卷）［M］．北京：人民出版社，1991．

〔法〕米歇尔·福柯．必须保卫社会［M］．钱翰译．上海：上海人民出版社，1999．

〔美〕米歇尔·沃尔德罗普．复杂——诞生于秩序与混沌边缘的科学［M］．陈玲译．北京：生活·读书·新知三联书店，1997．

苗东升．复杂性研究的现状与展望［M］∥北京大学现代科学与哲学研究中心．复杂性新探．北京：人民出版社，2007．

〔法〕莫里斯·梅洛－庞蒂．知觉现象学［M］．姜志辉译．北京：商务印书馆，2003．

〔美〕N. 维纳．控制论（或关于在动物和机器中控制和通信的科学）［M］．郝季仁译．北京：科学出版社，1962．

〔德〕尼采．查拉图斯特拉如是说［M］．钱春绮译．北京：生活·读书·新知三联书店，2007．

〔美〕尼古拉斯·亨利．公共行政学［M］．项龙译．北京：华夏出版社，2002．

〔美〕尼古拉斯·雷舍尔．复杂性——一种哲学概观［M］．吴彤译．上海：上海科技教育出版社，2007．

年华．电子学历史的起点［J］．电子管技术，1983，（3）：59－60．

（宋）欧阳修．新五代史（第三册）［M］．北京：中华书局，1974．

〔美〕P. K. 默顿．科学社会学（全二册）［M］．鲁旭东，林聚任译．北京：商务印书馆，2003．

佩恩．维基解密创始人被捕被控强奸罪［N］．第一财经日报，2010－12－08（A05）．

乔志航．王国维学术思想与日本中介资源问题［J］．江汉论坛，2000（2）：90－92．

秦伯益．社会政治状况与科技发展［J］．文明，2006，(10)：8－9．

秦书生．复杂性技术观［M］．北京：中国社会科学出版社，2004．

Roger Bridgman. 马可尼——无线电报之星 [J]. 侯春风译. 世界科学, 2002, (10): 44-46.

〔英〕R. B. 沃纳姆. 剑桥世界近代史（第3卷），反宗教改革运动与价格革命: 1559—1610年 [M]. 中国社会科学院世界历史研究所组译. 北京: 中国社会科学出版社, 1999.

〔法〕让-弗朗索瓦·利奥塔. 后现代状况——关于知识的报告 [M]. 岛子译. 长沙: 湖南美术出版社, 1996.

〔日〕山田庆儿. 古代东亚哲学与科技文化——山田庆儿论文集 [M]. 沈阳: 辽宁教育出版社, 1996.

沈小峰, 吴彤, 曾国屏. 自组织的哲学——一种新的自然观和科学观 [M]. 北京: 中共中央党校出版社, 1993.

沈志忠. 农科留学生与中国近代农业科技体制化建设 [J]. 安徽史学, 2009, (5): 5-11.

〔美〕时代-生活图书公司. 骑士时代·中世纪的欧洲 [M]. 侯树栋译. 济南: 山东画报出版社, 2001.

舒小昀. 工业革命: 从生物能源向矿物能源的转变 [J]. 史学月刊, 2009 (11): 121.

(宋) 司马光. 资治通鉴（第二十册）[M]. 北京: 中华书局, 1956.

松鹰. 马可尼和波波夫 [J]. 自然辩证法通讯, 1981, (3): 64-75.

孙慕天. "李森科事件"的启示 [J]. 民主与科学, 2007, (3): 17-20.

汤泽林. 世界近代中期宗教史 [M]. 北京: 中国国际广播出版社, 1996.

〔英〕W. C. 丹皮尔. 科学史及其与哲学和宗教的关系 [M]. 李珩译. 桂林: 广西师范大学出版社, 2001.

汪民安. 身体、空间与后现代性 [M]. 南京: 江苏人民出版社, 2005.

汪民安. 身体的文化政治学 [M]. 开封: 河南大学出版社, 2004.

王均. 维基解密, 自由与安全间博弈 [N]. 国防时报, 2010-08-25 (16).

王溢嘉. 发明家与发现者——爱迪生与爱因斯坦 [J]. 世界研究与发展, 1991, (3): 42-46.

魏宏森等. 复杂性系统的理论与方法研究探索 [M]. 呼和浩特: 内蒙古人民出版社, 2007.

魏屹东. 科学主义的实质及其表现形式 [J]. 自然辩证法通讯, 2007, 29 (1): 10-15.

邬大光. 高等教育大众化理论的内涵与价值——与马丁·特罗教授的对话 [J]. 高等教育研究, 2003, 24 (6): 6-9.

邬焜. 复杂信息系统理论基础 [M]. 西安: 西安交通大学出版社, 2010.

邬焜. 信息哲学: 理论、体系、方法 [M]. 北京: 商务印书馆, 2005.

邬焜. 自然辩证法新教程 [M]. 西安: 西安交通大学出版社, 2009.

吴国盛. 科学的历程 (第二版, 上册) [M]. 北京: 北京大学出版社, 2002.

吴国盛. 科学的历程 (第二版, 下册) [M]. 北京: 北京大学出版社, 2002.

吴彤. 复杂性的科学哲学探究 [M]. 呼和浩特: 内蒙古人民出版社, 2007.

吴彤. 科学哲学视野中的客观复杂性 [J]. 系统辩证学学报, 2001, 9 (4): 44-47.

吴彤. 生长的旋律——自组织演化的科学 [M]. 济南: 山东教育出版社, 1996.

吴彤. 自组织方法论研究 [M]. 北京: 清华大学出版社, 2001.

习近平. 决胜全面建成小康社会 夺取新时代中国特色社会主义伟大胜利 [M]. 北京: 人民出版社, 2017.

夏基松. 现代西方哲学 [M]. 上海: 上海人民出版社, 2006.

肖平. 工程伦理学 [M]. 北京: 中国铁道出版社, 2000.

谢晓南, 雷炎, 秦鸥等. 谷歌让多国军方头疼 [N]. 环球时报, 2007-01-26 (01).

邢立, 腾子默. "维基解密" 乱天下 [N]. 人民日报 (海外版), 2010-12-04 (08).

徐治立. 科技与政治间干涉和自由之权力论争 [J]. 科学技术与辩证法, 2006, 23 (6): 100-104.

杨大春. 从身体现象学到泛身体哲学 [J]. 社会科学战线, 2010, (7): 24-30.

〔比〕伊·普里戈金, 〔法〕伊·斯唐热. 从混沌到有序——人与自然的新对话 [M]. 曾庆宏, 沈小峰译. 上海: 上海译文出版社, 1987.

〔比〕伊利亚·普里戈金. 从存在到演化: 自然科学中的时间及复杂性 [M]. 曾庆宏等译. 上海: 上海科学技术出版社, 1986.

〔德〕尤尔根·哈贝马斯. 作为"意识形态"的科学与技术 [M]. 李黎,

郭官义译. 上海：学林出版社，1999.

尤西林. "现代性"及其相关概念梳理 [J]. 思想战线，2009，35（5）：81-83.

余英时. 一个传统，两次革命——关于西方科学的渊源 [J]. 读书，2009，（3）：13-22.

〔美〕约翰·H. 霍兰. 隐秩序——适应性造就复杂性 [M]. 周晓牧，韩晖译. 上海：上海科技教育出版社，2000.

〔英〕约翰·厄里. 全球复杂性 [M]. 李冠福译. 北京：北京师范大学出版社，2009.

〔美〕约翰·霍兰. 涌现——从混沌到有序 [M]. 陈禹等译. 上海：上海科技教育出版社，2006.

〔美〕约翰·罗尔斯. 正义论 [M]. 何宏怀，何包钢，廖申白译. 北京：中国社会科学出版社，1988.

〔英〕约翰·齐曼. 知识的力量——对科学与社会关系史的考察 [M]. 徐纪敏，王烈译. 长沙：湖南出版社，1992.

张傲翔. 9月2日，从互联网诞生说起 [J]. 信息网络安全，2003，（10）：19-20.

张帆. 科技革命与科学思维方式的变革 [M] // 邬焜，霍有光，陈九龙. 自然辩证法新编. 西安：西安交通大学出版社，2003.

张剑. 从"科学救国"到"科学不能救国"——近代中国对科学认知的演进 [J]. 史林，2010，（3）：99-110.

张进中. "软件蓝领"培养有待加速 [N]. 中国教育报，2008-05-07（05）.

张敏谦. 美国对外经济战略 [M]. 北京：世界知识出版社，2001.

章清. 近代中国留学生发言位置转换的学术意义——兼析近代中国知识样式的转型 [J]. 历史研究，1996（4）：64-65.

赵晨. "维基泄密"：网民的情报站 [J]. 世界知识，2010，（17）：52-53.

赵敦华. 西方哲学简史 [M]. 北京：北京大学出版社，2007.

赵敦华. 现代西方哲学新编 [M]. 北京：北京大学出版社，2001.

赵歌东. 略论西方近代科学、哲学与宗教分离的现代意义 [J]. 齐鲁学刊，1997（5）：105-109.

赵树新. 科学技术概论 [M]. 西安：西安交通大学出版社，1999.

中共中央文献研究室，中共湖南省委《毛泽东早期文稿》编辑组编. 毛泽东早期文稿（1912年6月—1920年11月）[M]. 长沙：湖南人民出版社，2008.

周棉. 近代中国留学生群体的形成、发展、影响之分析与今后趋势之展望 [J]. 河北学刊，1996，(5)：77-83.

朱叔君. 爱迪生传 [M]. 北京：经济日报出版社，1997.

朱晓东. 通过婚姻的治理——1930～1950 中国共产党的婚姻和妇女解放法令中的策略与身体 [M] // 汪民安. 身体的文化政治学. 开封：河南大学出版社，2004.

邹德秀. 世界农业科技史 [M]. 北京：中国农业出版社，1995.

《中国近代农业科技史稿》编写组. 中国近代农业科技史事纪要（1840—1949）[J]. 古今农业，1995，(3)：64-83.

A Perfect Ending for the Final Apollo [J]. Science News, 1972, 102 (23): 404-406.

Albert-László Barabási, Réka Albert. Emergence of Scaling in Random Networks [J]. Science, 1999, 286: 509-512.

Blaise Zerega. Linux Keeps Computer-generated Special Effects Afloat [J]. InfoWorld, 1998, 20 (23): 104.

Britta Wülfing. Top 500: 85 Percent of All Super Computers Runs on Linux [EB/OL]. [2008-2-18]. http://www.linux-magazine.com/online/news/top_500_85_percent_of_all_super_computers_runs_on_linux.

Cassandra L. Pinnick. Feminist Epistemology: Implications for Philosophy of Science [J]. Philosophy and Science, 1994, 61 (4): 646-657.

C. E. Sannon. A Mathematical Theory of Communication [J]. The Bell System Technical Journal, 1948, 27 (7): 379-423.

David P. A. Clio and the Economics of QWERTY [J]. The American Economic Review, 1985, 75 (2): 332-337.

Dermot Moran. Introduction to Phenomenology [M]. New York: Routledge, 2000.

Dia Meh. Rivals Take Aim at the Search King [J]. Media, 2007, (6): S21.

Duncan J. Watts, Steven H. Strogaz. Collective Dynamics of "Small-world" Networks [J]. Nature, 1998, 393: 440 - 442.

Ed Welles, Maggie Overfelt. All the Right Moves [J]. FSB: Fortune Small Business, 2002, 12 (7): 24 - 32.

Elizabeth Anderson. Feminist Epistemology and Philosophy of Science [R/OL]. Stanford: Leland Stanford Junior University [2009 - 2 - 5]. http://plato.stanford.edu/entries/feminism-epistemology.

Eric R. Quinones. Gates Remains Atop Forbes Richest List [N]. Journal Record, 1997 - 07 - 15 (01).

Evelyn Fox Keller. The Gender/Science System: or, Is Sex to Gender as Nature is to Science? [M] // Mario Biagioli. The Science Studies Reader. New York and London: Routledge, 1999.

Helen E. Longino. Can There Be a Feminist Science? [J]. Hypatia, 1987, 2 (3): 51 - 64.

John F. Ahearne. Nuclear Power after Chernobyl [J]. Science, New Series, 1987, 236 (5): 673 - 679.

John Vo Neumann, Oskar Morgenstern. Theory of Games and Economic Behavior (Third Edition) [M]. Princeton: Princeton University Press, 1953.

Joseph Rouse. New Philosophies of Science in North America: Twenty Years Later [J]. Journal for General Philosophy of Science, 1998, 29 (1): 71 - 122.

Jules N. Pretty. Farmers' extension Practice and Technology Adaptation: Agricultural Revolution in 17 - 19th Century Britain [J]. Agriculture and Human Values, 1991, 8 (1): 132 - 148.

Keith Baverstock, Dillwyn Williams. The Chernobyl Accident 20 Years on: An Assessment of the Health Consequences and the International Response [J]. Environmental Health Perspectives, 2006, 114 (9): 1312 - 1317.

Lisa Weasel. Dismantling the Self/Other Dichotomy in Science: Towards a Feminist Model of the Immune System [J]. Hypatia, 2001, 16 (1): 27 - 44.

Matha MacCaughey. Redirecting Feminist Critiques of Science [J]. Hypatia, 1993, 8 (4): 72 - 84.

Max Horkhermer, Theodor W. Adorno. Dialectic of Enlightenment: Polophical Fragments [M]. Tranlated by Edmund Jephcott. Stanford: Stanford University Press, 2002.

Michel Foucault. Language, Counter-memory, Practice: Selected Essays and Interviews [M]. New York: Cornell University Press, 1977.

Nancy C. M. Harstock. The Feminist : Standpoint: Developing the Ground for a Specifically Feminist Historical Materialism [M] // Sandra Harding. Feminism and Methodology: Social Science Issue. Bloomington and Indianapolis: Indiana University Press, Milton Keynes: Open University Press, 1987: 169 – 170.

Robert Weisman. Outsider Steps in at Microsoft [N]. Knight Ridder Tribune Business News, 2005 – 03 – 20 (01).

Réka Albert, Hawoony Jeong, Albert-László Barabási. The Diameter of the World Wide Web [J]. Nature, 1999, 401: 130 – 131.

Steve Wozniak, Gina Smith. iWoz——Computer Geek to Cult Icon: How I Invented the Personal Computer, Co-Founded Apple, and Had Fun Doing It [M]. New York & London: W. W. Norton & Company, 2007.

Thomas S. Kuhn. The Structure of Scientific Revolutions [M]. New York: Random House, 1990.

Wilfred Dolfsma, Loet Leydesdorff. Lock-in and Break-out from Technological Trajectories: Modeling and Policy Implications [J]. Technological Forecasting and Social Change, 2009, 76 (7): 932 – 941.

William T. Lynch, Ronald Kline. Engineering Practice and Engineering Ethics [J]. Science, Technology, & Human Values, 2000, 25 (2): 195 – 225.

后 记

我对"科学技术与社会"的研究始于16年前在西安交通大学攻读硕士学位时期。我的硕士生导师霍有光教授运用他在科学技术史方面的研究专长,指引我从历史比较的视角发现问题,并使我明确了事实判断要先于价值判断的基本学术立场。广义的科学技术史几乎同步于人类文明史,两者的关系其实就是"科学技术与社会"的关系,从这浩繁的关系史中选取什么问题展开研究呢?我依据科研选题的可行性和现实性原则,将自己的视野聚焦于人类社会现代化进程中的科学技术。在"现代化"语境中"现代"不是一个简单的历史分期概念,它成为一种标识文明进步与否的概念。现代科学技术首先出现在西方社会,西方社会也率先进入现代化,随之世界各国相继投入学习、运用和发展现代科学技术的潮流中,但各国社会动力模式的历史形成都或多或少地存在差异,那么,究竟何种模式更有利于科技发展?我在西安交通大学攻读博士学位期间引入复杂性思维对此问题展开了更深入研究。

复杂性思维的引入,得益于我的博士生导师邬焜教授,他在信息哲学和复杂性研究领域取得的许多开创性成果,为我拓展思路带来颇多灵感和启发。复杂性思维方法随着复杂性科学的兴起而日渐成熟。复杂性科学揭示了客观世界的全貌是确定与随机、明晰与模糊、单质与多性、必然与偶然、有序与无序、对称与破缺、整体与部分、有限与无限、绝对与相对等一系列"对立"属性交互共存的复杂状态。在方法论上,复杂性科学并不是给"分析→还原"法"判死刑",它只是反对经典科学单纯依靠这种方法去理解事物,但并不否认分析方法在深入认识事物机理上的功效。复杂性科学整合了经典分析法，使其归宿不再只是线性还原，而是用它来发掘以系统方式存在的万事万物所具有的异质多元性组构要素以及要素间的非线性关系。就科学技术发展的社会动力而言，分处不同立场的社会成员都期望从科学技术与社会的互动中找到某种具有决定性意义的线性关系，并试图通过强化这种关系来实现自己设想的状态，但是，无论是科学，还是技术，都以客观规律为基础，这就使科技发展与主观价值取向之间出现了非线性关系。我借鉴复杂性科学的思维方式重新认识具体社会历史境况与科技体系及其功能之间的非线性关联，同等考量科技发展进程中同质必然性的一面与多元可能性的一面，进而推导科技发展的未来全景。

科学技术与社会互动发展的复杂化是复杂性科学兴起的外在动力，由于学界缺乏对前者的研究，使两者的关系未受关注，但这种研究之于"何种动力模式更有利于科技发展"的问题，却至关重要。鉴于此，本书按照历史逻辑运用复杂性方法推导出各种社会动力耦合的理想模型，并结合模型探讨了社会互联网化后科技发展动力变化的新趋势。在科学技术与社会的互动中，复杂性科学观与社会思潮的交互影响是一个有待深入研究的领域，本书已从主体性身体观和女性主义认识论两个维度切入这一领域。这两个维度能进入我的学术视野，缘于攻读博士学位期间张再林教授为我们讲授的相关课程。

入职福建省委党校以后，我在为在职研究生讲授"科技哲学""科学技术与社会"的过程中，不断追踪日新月异的科技前沿，并验证自己原有的理论框架。现已成书的内容既包含我攻读学位期间的研究成果，也增添了近年来我在教学科研工作中产生的新认识。在此我要感谢经常与我交流的党史教研部郭若平教授，他在概念史领域的研究成果为我透解现代科学观的中国化历程提供了新视角。我尤其要感谢哲学教研部原主任林默彪教授，没有他的督促，此书至今难以完成。我还要感谢社会科学文献出版社政法传媒分社社长王绯女士对此书出版的支持，以及责任编辑岳璘女士对书稿辛苦、认真、高效的审校。

书虽已完成，但"现代科技与社会的多维互动发展"永远在路上，相关研究也仍要继续。

王斌

2020 年 8 月

图书在版编目(CIP)数据

现代科技与社会的多维互动发展 / 王斌著. -- 北京：社会科学文献出版社, 2021.6
（哲学与社会发展文丛）
ISBN 978 - 7 - 5201 - 7699 - 6

Ⅰ.①现… Ⅱ.①王… Ⅲ.①科学技术 - 关系 - 社会发展 - 研究 Ⅳ.①G301

中国版本图书馆 CIP 数据核字（2020）第 248790 号

哲学与社会发展文丛
现代科技与社会的多维互动发展

著　　者 /	王　斌
出 版 人 /	王利民
责任编辑 /	崔晓璇　张建中
出　　版 /	社会科学文献出版社·政法传媒分社（010）59367156
	地址：北京市北三环中路甲29号院华龙大厦　邮编：100029
	网址：www.ssap.com.cn
发　　行 /	市场营销中心（010）59367081　59367083
印　　装 /	三河市东方印刷有限公司
规　　格 /	开　本：787mm × 1092mm　1/16
	印　张：14.25　字　数：232 千字
版　　次 /	2021 年 6 月第 1 版　2021 年 6 月第 1 次印刷
书　　号 /	ISBN 978 - 7 - 5201 - 7699 - 6
定　　价 /	78.00 元

本书如有印装质量问题，请与读者服务中心（010 - 59367028）联系

▲ 版权所有 翻印必究